U0195388

中国工程院 国家开发银行重大咨询项目

中国海洋工程与科技发展战略研究

海洋探测与装备卷

主　编　金翔龙

海洋出版社

2014 年·北京

内 容 简 介

中国工程院"中国海洋工程与科技发展战略研究"重大咨询项目研究成果形成了海洋工程与科技发展战略系列研究丛书，包括综合研究卷、海洋探测与装备卷、海洋运载卷、海洋能源卷、海洋生物资源卷、海洋环境与生态卷和海陆关联卷，共七卷。本书是海洋探测与装备卷，内容分为两部分：第一部分是海洋探测与装备工程与科技领域的综合研究成果，包括国家战略需求、国内发展现状、国际发展趋势、主要差距和问题、发展战略和任务、保障措施和政策建议、推进发展的重大建议等；第二部分是海洋探测与装备工程与科技 3 个专业领域的发展战略和对策建议研究，包括海洋环境探测与监测工程技术战略、海洋资源勘查与利用工程技术战略、深海作业装备工程技术等。

本书对海洋工程与科技相关的各级政府部门具有重要参考价值，同时可供科技界、教育界、企业界及社会公众等用作参考。

图书在版编目（CIP）数据

中国海洋工程与科技发展战略研究. 海洋探测与装备卷/金翔龙主编. —北京：海洋出版社，2014.12

ISBN 978 – 7 –5027 – 9025 – 7

Ⅰ. ①中… Ⅱ. ①金… Ⅲ. ①海洋工程 – 科技发展 – 发展战略 – 研究 – 中国②海洋调查 – 水下探测 – 科技发展 – 发展战略 – 研究 – 中国③海洋仪器 – 科技发展 – 发展战略 – 研究 – 中国 Ⅳ. ①P75 ②P715

中国版本图书馆 CIP 数据核字（2014）第 295288 号

责任编辑：方　菁
责任印制：赵麟苏

海洋出版社　出版发行

http://www.oceanpress.com.cn

北京市海淀区大慧寺路 8 号　邮编：100081

北京画中画印刷有限公司印刷　新华书店北京发行所经销

2014 年 12 月第 1 版　2014 年 12 月第 1 次印刷

开本：787mm×1092mm　1/16　印张：18.75

字数：320 千字　定价：90.00 元

发行部：62132549　邮购部：68038093　总编室：62114335

海洋版图书印、装错误可随时退换

编辑委员会

中国海洋工程与科技发展战略研究
项目组主要成员

顾　问	宋　健	第九届全国政协副主席，中国工程院原院长、院士
	徐匡迪	第十届全国政协副主席，中国工程院原院长、院士
	周　济	中国工程院院长、院士
组　长	潘云鹤	中国工程院常务副院长、院士
副组长	唐启升	中国科协副主席，中国水产科学研究院黄海水产研究所，中国工程院院士，项目常务副组长，综合研究组和生物资源课题组组长
	金翔龙	国家海洋局第二海洋研究所，中国工程院院士，海洋探测课题组组长
	吴有生	中国船舶重工集团公司第 702 研究所，中国工程院院士，海洋运载课题组组长
	周守为	中国海洋石油总公司，中国工程院院士，海洋能源课题组组长
	孟　伟	中国环境科学研究院，中国工程院院士，海洋环境课题组组长
	管华诗	中国海洋大学，中国工程院院士，海陆关联课题组组长
	白玉良	中国工程院秘书长
成　员	沈国舫	中国工程院原副院长、院士，项目综合组顾问

丁　健　　中国科学院上海药物研究所，中国工程院院士，生物资源课题组副组长

丁德文　国家海洋局第一海洋研究所，中国工程院院士

马伟明　海军工程大学，中国工程院院士

王文兴　中国环境科学研究院，中国工程院院士

卢耀如　中国地质科学院，中国工程院院士，海陆关联课题组副组长

石玉林　中国科学院地理科学与资源研究所，中国工程院院士

冯士筰　中国海洋大学，中国科学院院士

刘鸿亮　中国环境科学研究院，中国工程院院士

孙铁珩　中国科学院应用生态研究所，中国工程院院士

林浩然　中山大学，中国工程院院士

麦康森　中国海洋大学，中国工程院院士，生物资源课题组副组长

李德仁　武汉大学，中国工程院院士

李廷栋　中国地质科学院，中国科学院院士

金东寒　中国船舶重工集团公司第 711 研究所，中国工程院院士，海洋运载课题组副组长

罗平亚　西南石油大学，中国工程院院士 ，海洋能源课题组副组长

杨胜利　中国科学院上海生物工程中心，中国工程院院士

赵法箴　中国水产科学研究院黄海水产研究所，中国工程院院士

张炳炎　中国船舶工业集团公司第 708 研究所，中国工程院院士

张福绥　中国科学院海洋研究所，中国工程院院士

封锡盛　中国科学院沈阳自动化研究所，中国工程院院士
宫先仪　中国船舶重工集团公司第 715 研究所，中国工程院院士
钟　掘　中南大学，中国工程院院士
闻雪友　中国船舶重工集团公司第 703 研究所，中国工程院院士
徐　洵　国家海洋局第三海洋研究所，中国工程院院士
徐玉如　哈尔滨工程大学，中国工程院院士
徐德民　西北工业大学，中国工程院院士
高从堦　国家海洋局杭州水处理技术研究开发中心，中国工程院院士
顾心怿　胜利石油管理局钻井工艺研究院，中国工程院院士
侯保荣　中国科学院海洋研究所，中国工程院院士
袁业立　国家海洋局第一海洋研究所，中国工程院院士
曾恒一　中国海洋石油总公司，中国工程院院士，海洋运载课题组副组长和海洋能源课题组副组长
谢世楞　中交第一航务工程勘察设计院，中国工程院院士，海陆关联课题组副组长
雷霁霖　中国水产科学研究院黄海水产研究所，中国工程院院士
潘德炉　国家海洋局第二海洋研究所，中国工程院院士
刘保华　国家深海基地管理中心，研究员，海洋探测课题组副组长
陶春辉　国家海洋局第二海洋研究所，研究员，海洋探测课题组副组长
刘少军　中南大学，教授，海洋探测课题组副组长

李杰人　中华人民共和国渔业船舶检验局局长，生物资源课题组副组长

于志刚　中国海洋大学校长，教授，海洋环境课题组副组长

马德毅　国家海洋局第一海洋研究所所长，研究员，海洋环境课题组副组长

王振海　中国工程院一局副局长，海陆关联课题组副组长

项目办公室

主　任　阮宝君　中国工程院二局副局长

　　　　安耀辉　中国工程院三局副局长

成　员　张　松　中国工程院办公厅院办

　　　　潘　刚　中国工程院二局农业学部办公室

　　　　刘　玮　中国工程院一局综合处

　　　　黄　琳　中国工程院一局咨询工作办公室

　　　　郑召霞　中国工程院二局农业学部办公室

　　　　位　鑫　中国工程院二局农业学部办公室

中国海洋工程与科技发展战略研究
海洋探测与装备课题主要成员及执笔人

组　长　金翔龙　国家海洋局第二海洋研究所　中国工程院院士
副组长　刘保华　国家深海基地管理中心　研究员
　　　　陶春辉　国家海洋局第二海洋研究所　研究员
　　　　刘少军　中南大学　教授
成　员　潘德炉　国家海洋局第二海洋研究所　中国工程院院士
　　　　封锡盛　中国科学院沈阳自动化研究所　中国工程院院士
　　　　宫先仪　中国船舶重工集团公司第 715 研究所　中国工程院院士
　　　　李德仁　武汉大学　中国工程院院士
　　　　高从堦　国家海洋局杭州水处理技术开发中心　中国工程院院士
　　　　徐　洵　国家海洋局第三海洋研究所　中国工程院院士
　　　　钟　掘　中南大学　中国工程院院士
　　　　金建才　中国大洋协会主任
　　　　罗续业　国家海洋技术中心主任
　　　　方爱毅　61195 部队主任、大校
　　　　练树民　中国科学院南海海洋研究所副所长　研究员
　　　　夏登文　国家海洋技术中心副主任　研究员
　　　　孙　清　中国 21 世纪议程管理中心　处长
　　　　连　琏　上海交通大学　教授
　　　　王晓辉　中国科学院沈阳自动化研究所　研究员

邵宗泽　国家海洋局第三海洋研究所　研究员

司建文　国家海洋标准计量中心　研究员

高艳波　国家海洋技术中心　研究员

刘淑静　国家海洋局天津海水淡化与综合利用研究所
　　　　研究员

方银霞　国家海洋局第二海洋研究所　研究员

梁楚进　国家海洋局第二海洋研究所　研究员

周建平　国家海洋局第二海洋研究所　副研究员

李　艳　中南大学　副教授

齐　赛　61195 部队　副研究员

徐红丽　中国科学院沈阳自动化研究所　副研究员

殷建平　中国科学院南海海洋研究所　副研究员

朱心科　国家海洋局第二海洋研究所　助理研究员

于凯本　国家深海基地管理中心　助理研究员

王　冀　国家海洋技术中心　助理研究员

赵建如　国家海洋局第二海洋研究所　助理研究员

主要执笔人

金翔龙　陶春辉　朱心科　于凯本　周建平　李　艳

殷建平　王　冀　刘淑静　徐红丽　邵宗泽　司建文

齐　赛

丛书序言

海洋是宝贵的"国土"资源，蕴藏着丰富的生物资源、油气资源、矿产资源、动力资源、化学资源和旅游资源等，是人类生存和发展的战略空间和物质基础。海洋也是人类生存环境的重要支持系统，影响地球环境的变化。海洋生态系统的供给功能、调节功能、支持功能和文化功能具有不可估量的价值。进入 21 世纪，党和国家高度重视海洋的发展及其对中国可持续发展的战略意义。中共中央总书记、国家主席、中央军委主席习近平同志指出，海洋在国家经济发展格局和对外开放中的作用更加重要，在维护国家主权、安全、发展利益中的地位更加突出，在国家生态文明建设中的角色更加显著，在国际政治、经济、军事、科技竞争中的战略地位也明显上升。因此，海洋工程与科技的发展受到广泛关注。

2011 年 7 月，中国工程院在反复酝酿和准备的基础上，按照时任国务院总理温家宝的要求，启动了"中国海洋工程与科技发展战略研究"重大咨询项目。项目设立综合研究组和 6 个课题组：海洋探测与装备工程发展战略研究组、海洋运载工程发展战略研究组、海洋能源工程发展战略研究组、海洋生物资源工程发展战略研究组、海洋环境与生态工程发展战略研究组和海陆关联工程发展战略研究组。第九届全国政协副主席宋健院士、第十届全国政协副主席徐匡迪院士、中国工程院院长周济院士担任项目顾问，中国工程院常务副院长潘云鹤院士担任项目组长，45 位院士、300 多位多学科多部门的一线专家教授、企业工程技术人员和政府管理者参与研讨。经过两年多的紧张工作，如期完成项目和课题各项研究任务，取得多项具有重要影响的重大成果。

项目在各课题研究的基础上，对海洋工程与科技的国内发展现状、主要差距和问题、国家战略需求、国际发展趋势和启示等方面进行了系统、综合的研究，形成了一些基本认识：一是海洋工程与科技成为推动我国海洋经济持续发展的重要因素，海洋探测、海洋运载、海洋能源、海洋生物资源、海洋环境和海陆关联等重要工程技术领域呈现快速发展的局面；二是海洋 6 个重要工程技术领域 50 个关键技术方向差距雷达图分析表明，我国海洋工程与科技整体水平落后于发达国家 10 年左右，差距主要体现在关键技术的现代化水平和产业化程度上；三是为了实现"建设海洋强国"宏伟目标，国家从开发海洋资源、发展海洋产业、建设海洋文明和维护海洋权益等多个方面对海洋工程与科技发展有了更加迫切的需求；四是在全球科技进入新一轮的密集创新时代，海洋工程与科技向着大科学、高技术方向发展，呈现出绿色化、集成化、智能化、深远化的发展趋势，主要的国际启示是：强化全民海洋意识、强化海洋科技创新、推进海洋高技术的产业化、加强资源和环境保护、加强海洋综合管理。

基于上述基本认识，项目提出了中国海洋工程与科技发展战略思路，包括"陆海统筹、超前部署、创新驱动、生态文明、军民融合"的发展原则，"认知海洋、使用海洋、保护海洋、管理海洋"的发展方向和"构建创新驱动的海洋工程技术体系，全面推进现代海洋产业发展进程"的发展路线；项目提出了"以建设海洋工程技术强国为核心，支撑现代海洋产业快速发展"的总体目标和"2020 年进入海洋工程与科技创新国家行列，2030 年实现海洋工程技术强国建设基本目标"的阶段目标。项目提出了"四大战略任务"：一是加快发展深远海及大洋的观测与探测的设施装备与技术，提高"知海"的能力与水平；二是加快发展海洋和极地资源开发工程装备与技术，提高"用海"的能力与水平；三是统筹协调陆海经济与生态文明建设，提高"护海"的能力与水平；四是以全球视野积极规划海洋事业的发展，提高"管海"的能力与水平。为了实现上述目标和任务，项目明确提出"建设海洋强国，科技必须先行，必须首先建设海洋工程技术强国"。为此，国家应加大海洋工程技术发展力度，建议近期实施加快发展"两大计划"：海洋工程科技创新重大专项，即选择海洋工程科技发展的关键方向，设置海洋工程科技重大专项，动员和组织全国优势力量，突破一批具有重大支撑和引领作用的海洋工程前沿技术和关键技术，实现创新驱动发展，抢占国际竞争的制高点；现代海洋产业发展推进计划，即在推进海洋工程科技创新重大专项的同时，实施现代海洋产业发展推进计划（包括海洋生物产业、海洋能源及矿产产业、海水综合利用产业、海洋装备制造与工程产业、海洋物流产业和海洋旅游产业），推动海洋经济向质量效益型转变，提高海洋产业对经济增长的贡献率，使海洋产业成为国民经济的支柱产业。

项目在实施过程中，边研究边咨询，及时向党中央和国务院提交了 6 项建议，包括"大力发展海洋工程与科技，全面推进海洋强国战略实施的建议"、"把海洋渔业提升为战略产业和加快推进渔业装备升级更新的建议"、"实施海洋大开发战略，构建国家经济社会可持续发展新格局"、"南极磷虾资源规模化开发的建议"、"南海深水油气勘探开发的建议"、"深海空间站重大工程的建议"等。这些建议获得高度重视，被采纳和实施，如渔业装备升级更新的建议，在 2013 年初已使相关领域和产业得到国家近百亿元的支持，国务院还先后颁发了《国务院关于促进海洋渔业持续健康发展的若干意见》文件，召开了全国现代渔业建设工作电视电话会议。刘延东副总理称该建议是中国工程院 500 多个咨询项目中 4 个最具代表性的重大成果之一。另外，项目还边研究边服务，注重咨询研究与区域发展相结合，先后在舟山、青岛、广州和海口等地召开"中国海洋工程与科技发展研讨暨区域海洋发展战略咨询会"，为浙江、山东、广东、海南等省海洋经济发展建言献策。事实上，这种服务于区域发展的咨询活动，也推动了项目自身研究的深入发展。

在上述战略咨询研究的基础上，项目组和各课题组进一步凝练研究成果，编撰形成了《中国海洋工程与科技发展战略研究》系列丛书，包括综合研究卷、海洋探测与装备卷、海洋运载卷、海洋能源卷、海洋生物资源卷、海洋环境与生态卷和海陆关联卷，共 7 卷。无疑，海洋工程与科技发展战略研究系列丛书的产生是众多院士和几百名多学科多部门专家教授、企业工程技术人员及政府管理者辛勤劳动和共同努力的结果，在此向他们表示衷心的感谢，还需要特别向项目的顾问们表示由衷的感谢和敬意，他们高度重视项目研究，宋健和徐匡迪二位老院长直接参与项目的调研，在重大建议提出和定位上发挥关键作用，周济院长先后 4 次在各省市举办的研讨会上讲话，指导项目深入发展。

希望本丛书的出版，对推动海洋强国建设，对加快海洋工程技术强国建设，对实现"海洋经济向质量效益型转变，海洋开发方式向循环利用型转变，海洋科技向创新引领型转变，海洋维权向统筹兼顾型转变"发挥重要作用，希望对关注我国海洋工程与科技发展的各界人士具有重要参考价值。

编辑委员会
2014 年 4 月

本卷前言

  建设海洋强国是国家战略。2012年党的十八大提出了"提高海洋资源开发能力,发展海洋经济,保护海洋生态环境,坚决维护国家海洋权益,建设海洋强国"的宏伟战略目标。开发海洋蓝色国土,拓展生存和发展空间已上升为世界沿海各国的国家战略。毋庸置疑,未来谁能有力量开发更广阔的海洋,谁就能掌握更多的资源和生存空间。近年来世界各沿海国在加强200海里专属经济区和大陆架划界与管理的同时,将目光投向了200海里专属经济区以外的外大陆架,提出外大陆架划界主张,掀起了新一轮"蓝色圈地"运动。目前,俄罗斯、英国、法国等国已经向联合国大陆架界限委员会提交了200海里以外的外大陆架划界申请案,日本、美国和南海周边国家也正积极准备。2012年12月14日,我国政府向联合国提交了"中华人民共和国东海部分海域200海里以外大陆架划界案"。发展海洋工程与装备,对关键海域进行调查与研究,从科学角度支持国家海洋国土诉求,推进海洋强国战略。

  海洋探测与装备工程是建设海洋强国的重要支撑。首先,我国海上邻国众多,与部分国家存在海域划界和岛屿主权争端,致使海上维权形势严峻;同时,面对复杂多变的世界政治经济形势,我国的海疆防御以及维护海上战略通道安全的能力明显不足。有效应对水下威胁必须从和平时期做起,坚持军民统筹,发展海洋探测技术与装备,增强海洋信息获取保障,加强海洋维权执法能力,形成具有区域性主导地位的海洋强国,提高国际海洋事务话语权,维护和拓展国家海洋权益。其次,作为海洋经济的组成部分,海洋固体矿产资源和深海生物基因资源等是海洋新兴产业方向,发展潜力巨大,势必成为推动国民经济快速增长的重要动力之一。发展深海矿产和微生物资源探测技术与装备,提升深海矿产资源勘查、开采、选冶能力,可保障国家资源战略安全。再次,构建海洋生态文明建设,走人海和谐的可持续发展道路,保护海洋生态环境,预防和控制海洋污染,提高海洋防灾减灾能力，需要进一步加强海洋环境观测、海洋生态监测能力建设，发展专业化、业务化的海洋探测技术与装备。最后，海洋科学是一门主要以观测为最基本要求的学科，海洋技术的发展是推动海洋科学发展的原动力，现代海洋科学发展的历程是海洋观测技术不断发展的缩影。发展深海探测、运载和作业综合技术和装备，将为海洋科学研究提供有效的手段，并极大地推动我国海洋科学事业的发展。总之，海洋探测与装备工程是进行海洋开发、控制、综合管理的基础，是做好"知海、用海、护海、管海"的根本保证，建设一个海洋安全局面良好、海洋经济发达、海洋生态文明优良、海洋科技先进的综合性海洋强国离不开海洋探测与装备工程的强力支撑。

"海洋探测与装备工程发展战略研究"作为 2011 年度中国工程院重大咨询项目"中国海洋工程与科技发展战略研究" 6 个子课题中的第一个课题，由国家海洋局第二海洋研究所金翔龙院士担任课题组组长，7 位院士任课题顾问，国内一线知名海洋科技专家为研究骨干，下设 3 个研究专题，分别为"海洋环境探测与监测工程技术战略研究"、"海洋资源勘查与利用工程技术战略研究"和"深海作业装备工程技术研究"。历经近 3 年的研究，开展多次调研与学术研讨，全面总结了我国海洋探测与装备工程发展的现状、面临的问题以及国际发展趋势，围绕"资源探测与环境安全"的目标，提出我国海洋探测与装备工程发展的战略思路、发展重点、重大工程、发展路线图、保障措施以及政策建议，为我国海洋探测与装备工程的可持续发展、保障国家安全、缓解资源环境压力提供科学的决策，服务于海洋强国建设。

研究报告指出，我国海洋探测与装备工程以服务于捍卫国家海洋安全、开发海洋资源、建设海洋生态文明、推动海洋科学进步为主线，坚持以国家需求和科学前沿目标带动技术，大力发展具有自主知识产权的海洋探测技术与装备，推动产业化进程，提高我国在深海国际竞争中的技术支撑与能力保障，为向更深、更远的海洋进军打下基础，拓展战略生存发展空间。报告从海洋探测传感器、海洋观测平台、海洋通用技术、海洋观测网、固体矿产探测技术、深海生物资源探测技术、海洋可再生能源利用技术、海水淡化与综合利用技术与装备和海洋采矿技术与装备等 9 个方面梳理了国内外研究与发展现状，指出我国海洋探测技术与装备经过多年的发展，已有了巨大的进展，但总体水平与世界先进水平相比，仍存在较大差距。具体来说，在深海固体矿产探测与海洋可再生资源利用方面，基本上保持与国际上同步发展水平，但海底探测基础理论、探测技术、调查和评价方法等研究基础薄弱，致使深海资源评价技术存在发展"瓶颈"；在海水淡化与综合利用方面，基础材料、关键设备研发等方面相对落后，整体上与国际先进水平有 5～10 年的差距；在海洋观测仪器、无人潜水器与海洋观测网方面，整体落后国际先进水平 10 年以上，海洋传感器、观测装备仪器与设备在探测与作业范围与精度、使用的长期稳定性与可靠性等方面与国际先进水平差距还很大，海洋观测网处于关键技术探索研发阶段；深海通用技术和深海采矿技术与装备方面，起步晚、发展慢，目前仅处于国际上 20 世纪 70 年代的水平；深海采矿系统与装备尚处于试验研究阶段，需要进行海试，与国际上已经开展的海上试开采技术相比，差距尚大。针对上述情况，研究报告在海洋探测与装备工程方面提出了 2020—2030—2050 三步走战略，力争通过 40 年的努力，海洋探测与装备工程总体水平达到世界先进，在海洋监测、大洋矿产资源勘查、深水运载与作业、海洋可再生能源利用等领域达到世界领先，建成与海洋大国地位相称的海洋探测与装备工程技术体系，为建设海洋强国提供支撑。围绕"关心海洋、认识海洋和经略海洋"的指导思想，报告提出了近期发展重点：①完善科技基础条件，提升海洋自主创新能力；②强化海洋观测与探测技术，提高海洋认知能力；③发展海洋通用技术与探测装备，拓展海洋探测能力；④突破海洋资源开发关键技术，培育战略新兴产业。在国家海洋立体观测网、海洋信息基础平台、海洋探测与监测通用技术、国家海上试验场、海洋仪器设备检测评价体系、国际海底资源勘探、开采与利用工程、海洋可再生能源开发利用示范工程和海水淡化与综合利用示范工程 7 个方向发展的基础上，重点提出国家海洋水下观测系统工程、国家海洋仪器装备公共支撑平台和海洋可再生资源与国际海底开发工程等 3 个重大工程，并建议从人、财、物和机制 4 个方面给予保障。

课题成立了院士顾问组和以一线专家为主的实施工作组，在研究过程中，分赴中国科学院南海海洋研究所、沈阳自动化研究所，国家海洋局国家海洋技术中心、国家海洋信息中心、国家海洋标准计量中心、海水淡化与综合利用研究所，61195 部队，中国地震台网监测中心等单位对需求和技术现状进行了调研，认真听取了院士和专家们的指导意见，在此向他（她）们表示衷心感谢。在研究报告编写过程中，课题组成员团结一致，紧密合作，以严谨的科学态度对待每一个章节。尽管如此，由于时间和编者水平有限，不当之处在所难免，纰漏之处，敬请批评指正！

海洋探测与装备工程发展战略课题组

2014 年 4 月

目 录

第一部分 中国海洋探测与装备工程发展战略研究综合报告

第二部分　中国海洋探测与装备工程发展战略研究专业领域报告

第一部分
中国海洋探测与装备工程
发展战略研究
综合报告

第一章　我国海洋探测与装备工程发展战略需求

建设海洋强国是国家战略。党的十八大报告审时度势地提出了"提高海洋资源开发能力，发展海洋经济，保护海洋生态环境，坚决维护国家海洋权益，建设海洋强国"的宏伟目标。2013 年 7 月 30 日，中共中央政治局就海洋强国建设专题进行第八次集体学习，习近平主席强调指出"建设海洋强国是中国特色社会主义事业的重要组成部分"。

海洋探测与装备工程是建设海洋强国的重要支撑。随着全球经济一体化进程加速发展，资源短缺、人口膨胀、环境恶化等问题给人类社会可持续发展带来严重困扰，世界各国纷纷将目光投向海洋。作为地球上的资源宝库、生命摇篮和环境调节器，海洋可接替陆地为人类提供可持续发展的各类物质资源。向广阔的海洋拓展生存发展空间，已成为世界主要大国的战略抉择。我国亦不例外，海洋经济发展、海洋生态文明建设和海洋科学研究呈现较好势头，但随着海上竞争的加剧，我国面临的海洋安全形势日趋复杂严峻，海洋强国面临着一系列新问题和新挑战，亟须加强认知海洋、管控海洋、开发海洋和海上防御能力建设，以提高维护国家海洋安全的综合能力。海洋探测与装备工程是进行海洋开发、控制、综合管理的基础，是做好"知海、用海、护海、管海"的根本保证，建设一个海洋安全局面良好、海洋经济发达、海洋生态文明、海洋科技先进的综合性海洋强国离不开海洋探测与装备工程的强力支撑。同时，作为战略性海洋新兴产业的重要组成部分，海洋探测技术与装备集中体现了国家的海洋科技能力，在一定程度上标志着国家综合国力和科技水平。因此，发展海洋探测与装备工程对建设海洋强国具有极其重要的战略意义。

一、捍卫国家海洋安全　▶

随着世界沿海国家对海洋权益的日益重视，竞相扩张自己的管辖海域，外大陆架划界全面展开，海洋国土主权争端日益激烈。我国海上邻国众多，与部分国家存在海域划界和岛屿主权争端，致使海上维权形势严峻，海洋权益受到损害。同时，面对复杂多变的世界政治经济形势，我国的海疆防御以及维护海上战略通道安全的能力明显不足。

（一）维护国家领土主权

我国与周边海上邻国间的海洋划界矛盾突出，岛屿主权争端加剧。我国地理覆盖面积大，海上邻国众多，而这些海上邻国都主张建立 200 海里专属经济区，从而形成部分海域权利主张重叠，海洋划界存在诸多争议。

此外，近年来各沿海国家在加强 200 海里专属经济区和大陆架划界与管理的同时，将目光投向了 200 海里专属经济区以外的外大陆架，提出外大陆架划界主张，掀起了新一轮"蓝色圈地"运动。目前，俄罗斯、英国、法国等国已经向联合国大陆架界限委员会提交了 200 海里以外的外大陆架划界申请案，日本、美国和南海周边国家也正积极准备。2008 年澳大利亚外大陆架划界方案得到联合国大陆架界限委员会的批准，新增管辖海域面积 250 万平方千米。2012 年 12 月 14 日，我国政府向联合国提交了"中华人民共和国东海部分海域 200 海里以外大陆架划界案"。

毋庸置疑，未来谁能够拥有和控制更广阔的海洋，谁就掌握了更多的资源和生存空间。随着沿海国家对海洋权益的日益重视和争夺，我国与周边海上邻国间的海域划界、岛屿主权归属等矛盾将会更加复杂化、多元化。发展海洋工程与装备，对这些区域进行调查，可从科学角度支持国家领土诉求。

（二）提升海洋维权执法能力

近年来，随着亚太地缘政治经济形势的发展演变，我国海上维权形势日趋复杂。特别是在我东海大陆架、南海发现大量石油、天然气储量后，有关国家不断派出勘察作业船只到与我争端海域进行海洋勘探测量活动，安装布放水下探测装置，调查海底矿产资源储量以及海况等；个别海洋霸权国家常年派出海洋监视船、测量船等特种任务船舶，在我国周边海域甚至我管辖海域秘密布放各种海洋环境和声学观测设备，实施大面积综合调查和监视，进行海洋环境测量、情报侦察等活动，搜集我国周边海洋环境资料和军事情报信息，对我海洋安全构成严重威胁；此外，随着"海上丝绸之路"的发掘，国际上有些海洋冒险家，偷偷潜入我管辖海域进行沉船探测，非法打捞，盗取我古代沉船文物到国际上拍卖，牟取暴利，损害了我国家利益。因此，发展海洋探测技术与装备，对危害我海洋安全的各类海上不法行为进行监控、调查、取证，将大幅提升我海洋维权执法能力。

（三）增强海上防御能力

近年来，随着我周边海洋权益争端的不断加剧，我周边各国不断加强水下攻防能力建设，水下军备竞赛呈现加温势头。未来西太海域，将成为全球范围内潜艇数量最多的海域，我所面临的水下安全形势更加严峻。公开消息显示，西太海域已成为各方军演次数最多、最频繁的海域，规模也逐年增大。海上安全事件或突发事件的可能性大大增加。同世界主要海洋强国相比，长期以来，水下防御能力一直是我海上防御体系中的"短板"，不明国籍的潜艇或水下无人平台已多次闯入我国领海，甚至抵近我沿海和港口，使我国家安全面临极大威胁。可以预见，水下力量对未来海上战争的胜败将发挥不可估量的作用。有效应对水下威胁必须从和平时期做起，提升水下观测能力，感知水下安全态势，做到知己知彼、有备无患。发展实用有效的水下目标探测技术装备，是建设军民兼用的水下观测/监测系统的基础，对增强海上防御能力，确保国家水下安全具有重要意义。

（四）确保海上航道安全

国民经济与社会发展"十二五"规划纲要在推进海洋经济发展的论述中，明确要求保障海上运输通道安全，维护我国海洋权益。在交通航运方面，应该首先发展海底地形测绘及碍航定置作业技术装备，定期对航道探测、清理、疏浚，排除水下障碍物，如水下网桩、绳索、暗礁、沉船、沉石、水雷（或其他爆炸物）等；其次，发展水下沉船探测技术装备，对水下沉船尤其是古代沉船残骸，进行探摸、考证、发掘；此外，还需要发展海上救生与打捞技术装备，对我管辖海区内的失事船舶进行位置确认、探摸、破损点确定、救援等。在保障国际航道安全方面，近年来我国积极参与国际海洋事务，通过进行远洋护航，提升了我国对海上战略通道的安全保障能力，但也暴露出了我国对相关海域缺乏全面、详细的海情海况资料的问题。为此，发展自主、无人水下探测平台，获取和利用关键海域和主要海上通道的海洋环境信息，对提高海洋环境保障能力，维护国家安全和确保国家持续稳定的发展具有重大战略意义。

二、促进海洋开发与海洋经济发展

我国是海洋大国，近年来海洋经济产值连年上升，已成为国民经济新的增长点和推动国家和地方经济发展的重要动力之一（图1-1-1）。作为海洋经济的组成部分，海洋固体矿产资源、深海生物基因资源、海洋可再生能源、海水资源等的开发利用，是海洋新兴产业，发展潜力巨大，势必成为推动国民经济快速增长的重要动力之一。

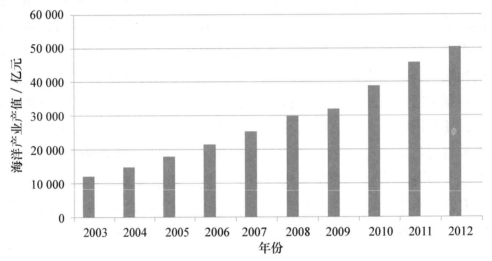

图1-1-1 2003—2012年我国海洋产业产值

（一）拓展海洋固体矿产资源

我国部分支柱性矿产储量，如铜、锰、镍、钴等，在世界上所占比例偏低（图1-1-2）。随着我国进入工业化快速发展阶段，矿产资源的消耗正以惊人的速度增长，我国已成为世界上最大的矿产进口国，部分有色金属的对外依存度已超过50%（图1-1-3）。未来20年将是我国矿产资源消费的高峰，对国外资源的依赖度将会越来越高，届时在我国45种主要矿产中，有19种矿产将出现不同程度的短缺，其中11种为国民经济支柱性矿产，铁矿石的对外依存度在40%左右，铜和钾的对外依存度在70%左右。这种状况势必会影响我国经济发展的速度，同时会威胁到国家资源战略安全。

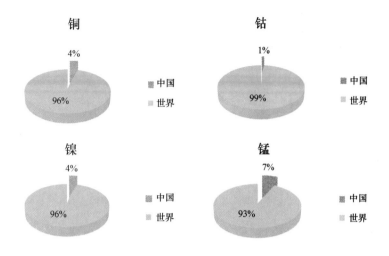

图 1 - 1 - 2　2013 年我国部分金属矿产储量占世界储量百分比

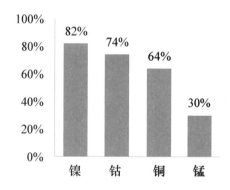

图 1 - 1 - 3　2008 年我国部分矿产对外依存度

　　深海大洋蕴藏着丰富的固体矿产资源，海底多金属结核、富钴结壳、多金属硫化物、天然气水合物等，具有很好的商业开发前景。海底多金属结核、富钴结壳和热液硫化物分布区无疑已成为人类社会未来发展极其重要的战略资源储备地。据不完全统计，部分矿产资源在海洋中的储量是陆地储量的数倍（图 1 - 1 - 4），具有巨大的商业价值。以多金属结核为例，仅太平洋海底具有商业开发潜力资源总量就多达 700 亿吨，产值将超过 10 万亿美元。

　　《联合国海洋法公约》将总面积 3.61 亿平方千米的海洋划分为 200 海里专属经济区、大陆架和国际海底区域三类区域，沿海国对专属经济区的资源有主权权利，对外大陆架的海底资源具有管辖权。国际海底区域面积约 2.517 亿平方千米，占地球表面积的 49%，由依据《联合国海洋法公约》

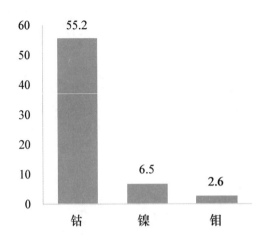

图 1-1-4 部分矿产海陆储量比值

成立的国际海底管理局代表全人类进行管理。目前有 165 个国家及其联盟已成为联合国海底管理局成员。国际海底赋存多金属结核、富钴结壳和多金属硫化物，随着国际市场对金属需求的逐渐增大，很可能使国际海底在未来 10 年内进入开发阶段。2012 年国际海底管理局第 18 届会议已核准基里巴斯马拉瓦研究和勘探有限公司多金属结核、法国海洋开发研究所和韩国政府多金属硫化物等 3 份勘探矿区申请，但尚未与申请者签订勘探合同。2013 年 7 月举行的国际海底管理局第 19 届会议是国际海底工作从勘探向开发"转段"过程中的一次重要会议。在本届会议上，新矿区申请数量明显增加，争夺激烈；开发规章的讨论渐趋深入，秘书处和法律与技术委员会加快工作步伐；在海底商业开发前景的刺激下，国际海底管理局内部各种利益冲突日益凸显，各种新问题新挑战不断出现。2013 年国际海底管理局第 19 届会议上，国际海底管理局又核准了中国大洋矿产资源研究协会和日本国家石油、天然气和金属公司分别提出的两份富钴铁锰结壳勘探矿区申请。截至 2013 年 4 月，国际海底管理局已核准 19 项勘探矿区申请，已签订 14 份勘探合同，还有 5 份合同待签。已签订合同的区域覆盖大约 100 万平方千米的海底，其中 12 份合同涉及多金属结核勘探，两份合同涉及多金属硫化物勘探。随着陆地资源的日趋减少与科学技术的发展，合理勘探、开发海底矿产资源已成为未来世界经济、政治、军事竞争和实现人类深海采矿梦想的重要内容。

从更深远的意义看，海底矿产资源研究开发的重要目的之一是开发利

第一部分　中国海洋探测与装备工程发展战略研究综合报告

用这些资源，而要真正获取这些资源，必须依靠相应的技术和装备。随着陆地资源的逐渐枯竭，将资源的开采转移到海外，保持在采矿技术和装备方面的优势已成为发达国家矿业发展的战略。美国国家研究委员会在有关矿业及经济的报告中所指出：没有任何一个国家的矿产资源供给可以完全自给自足，而采矿技术和装备的进步已成为保障矿物供应和平抑物价的关键；由于资源的不断枯竭等原因，美国应当减少在本土的采矿，而更多依靠采矿技术来满足矿产消费的需求和提高生活水平。因此，发展深海固体矿产探采装备，探查与获取国际海底战略资源，对保障国家资源战略安全具有重大意义。

（二）探测深海生物基因资源

海洋生物资源的开发和利用已成为世界各海洋大国竞争的焦点之一，其中深海基因资源已成为深海资源开发利用的热点。在广阔的国际海底，有多种特殊的深海生态环境，形成了深海海盆生物群、深海热液喷口生物群和深海海山生物群等。在人类极少涉足的深海环境中，生物多样性丰富，是无可替代的生物基因资源库，是人类未来最大的天然药物和生物催化剂来源，也是研究生命起源及演化的良好科学素材。在陆地生物资源已被比较充分利用的今天，对深海生物及其基因资源的采集和研究将为生物制药、绿色化工、污染治理、绿色农业等生物工程技术的发展提供新的途径与生物材料。由于深海生物人工培养上的难度，基因资源的获取与应用显得格外重要。特别是深海极端基因资源的研究，对于揭示生命起源的奥秘，探究海洋生物与海洋环境相互作用下特有的生命过程和生命机制，发挥在工业、医药、环保、农业和军事等方面的用途，具有十分重要的意义。此外，深海热液喷口等区域的环境与地球早期环境类似，不仅是观察地球深部结构的窗口，也被认为是探索生命起源奥秘的最佳场所。

当前，欧、美发达国家拥有装备精良的深海生物调查设备，并积累了上千次深海作业的经验，获得了大量调查资料，拟提高深海勘探的技术标准限制其他国家采样，而发展中国家则大多认为国际海底基因资源为全人类共同遗产，坚持利益共享。这两种态度均不符合我国的利益，制定代表国家利益、面向国家战略需求的深海生物及其基因资源探测与研究计划，提升我国在海洋权益中的话语权、拓展国家海洋战略发展空间迫在眉睫。

（三）开发海洋可再生能源

据国际能源署预测，我国石油需求量将在 2020 年达到高峰，对外依存度将超过 60%；到 2035 年，天然气进口量将达到 53%，煤炭需求量达到当前国际市场上所有交易煤炭量的总和。一方面这些燃料是不可再生的，另一方面由于大面积开采造成的环境问题和燃烧带来的污染问题愈来愈严重，已引起世界各国的高度重视。随着全球范围内能源危机的冲击和环境保护及经济持续发展的要求，从能源长远发展战略来看，人类必须寻求一条发展洁净能源的道路。

开发利用新能源和可再生能源成为 21 世纪能源发展战略的基本选择，而海洋可再生能源具有美好的前景。据"908"专项调查显示，我国海洋可再生能源理论蕴藏量约 16.7 亿千瓦，技术可开发量达 6 亿千瓦，相当于 27 个三峡水电站的装机容量，或者 98 个大亚湾核电站。为缓解能源压力，调整能源结构，服务沿海和岛屿经济社会发展，作为一项国家能源发展战略，大力开发海洋可再生能源是必然的选择。

此外，目前我国大多数有人居住海岛没有电力供应，沿海城镇和乡村主要依靠水电和火电，由于电力的不足，制约了沿海乡村经济与社会的发展。海洋可再生能源作为一种储量丰富、绿色清洁的能源，在为沿海地区提供能源供应上具有得天独厚的优势。

（四）综合利用海水资源

在地球上，除了固体的岩石和熔融的岩浆以外，海水可能是矿物物质最大的载荷体。海水的平均盐度为 35，全球海水中所含固体矿物物质达 5×10^{16} 吨，它们铺在陆地上将使地面增高 150 米。海水中（溶解）含量最高的前 11 位矿物物质由高到低依次是氯化物、硫酸盐、碳酸氢盐、溴化物、硼酸盐、氟化物、钠、镁、钙、钾、锶等，它们的含量从 $0.001 \times 10^{-3} \sim 18.98 \times 10^{-3}$，氯化物最高（$18.98 \times 10^{-3}$），其次是钠（$10.556 \times 10^{-3}$）和硫酸盐（$2.649 \times 10^{-3}$）。

我国是世界上 13 个最贫水的国家之一，淡水资源总量名列世界第六，但人均占有量仅为世界平均值的 1/4，位居世界第 109 位。全国 660 多个城市中，有 400 多个城市缺水，其中 108 个为严重缺水城市。据有关专家预测，就全国情况而言，到 2030 年全国年缺水量将达到 1 207 亿立方米。淡水资源短缺乃至水危机已成为制约我国经济社会可持续发展的"瓶颈"之一。向大海要水资源，发展海水淡化与综合利用技术，是解决我国沿海（近海）地区淡水资源短缺的现实选择，具有重大的现实意义和战略意义。

三、建设海洋生态文明 ▶

海洋是地球上最重要的生命支持系统，海洋生态系统的状况对整个人类的生活质量乃至生存状态起着举足轻重的作用。建设美丽中国，建设海洋强国必须注重海洋生态文明建设，走人海和谐的可持续发展道路，建设海洋生态文明示范区，保护海洋生态环境，预防和控制海洋污染，保护和节约岸线资源，提高海洋防灾减灾能力，这些都需要进一步加强海洋环境观测、海洋生态监测能力建设，发展专业化、业务化的海洋探测技术与装备。

（一）建设海洋生态文明示范区

开展海洋生态文明示范区建设，积极探索沿海地区经济社会与海洋生态环境相协调的科学发展模式，是推动我国海洋生态文明建设的重要举措。加快推进海洋生态文明示范区建设，对于保护和节约利用岸线资源，促进海洋经济发展方式转变，提高海洋资源开发、环境保护、综合管理的管控能力和应对气候变化的适应能力，推动我国沿海地区经济与社会和谐、持续、健康发展都具有重要的战略意义。今后 10～15 年，应在总结"十二五"期间海洋生态文明示范区建设先进经验的基础上，全面加快推进区域型海洋生态文明示范区建设，力争覆盖我周边大部分沿海海域。要建立实施海洋生态评价制度和海洋生态红线制度，控制开发强度，积极开展海洋修复工程，推进海洋保护区规范化建设等。为此，应根据需要发展相应的海洋探测技术与装备，构建示范区海洋信息感知系统，确保海洋生态文明示范区建设顺利进行。

（二）预防和控制海洋污染

沿海社会经济发达，工业化程度较高，随着经济建设的快速发展，沿岸水域承受的环境压力越来越大。《中国海洋环境质量公报》指出，2010 年近岸局部海域水质属于劣Ⅳ类海水水质标准的面积约 4.8 万平方千米，主要超标物质是无机氮、活性磷酸盐和石油类，主要污染区域分布在黄海北部近岸、辽东湾、渤海湾、莱州湾、长江口、杭州湾、珠江口和部分大中城市近岸海域。此外,对开展的 18 个海洋生态监控区的河口、海湾、滩涂湿地、红树林、珊瑚礁和海草床生态系统开展的监测显示,处于健康、亚健康和不健康状态的海洋生态监控区分别占 14%、76% 和 10%。这些都严重制约了我国沿海社会经济的可持续发展。如何改善海洋生态环境,预防和控制海洋污染,使之健康发展是我国面临的紧迫课题。积极发展污染和生态环境监测技术,构建完善的监测体系,提高监测能力,加大近海调查研究强度,了解海洋环境现状及其变化趋势,则是解决问题的关键所在。

(三) 提高海洋防灾减灾能力

海岸带经济在我国占有举足轻重的地位。其中,全国 50% 的钢铁、85% 的乙烯、50% 的水泥和陶瓷以及 80% 的轻纺工业企业分布在沿海地区。随着全球气候变暖和海平面上升加剧,海洋灾害频发,台风、风暴潮、海啸、海冰、赤潮、海岸侵蚀、海水入侵等灾害给沿海地区经济与社会发展带来严重影响(图 1-1-5 和图 1-1-6)。此外,我国地处西北太平洋活动大陆边缘,是地震等海洋灾害多发区域,海洋地质灾害已成为对我国沿海和海洋经济、社会可持续发展的主要制约或影响因素,迫切需要通过海底岩石圈动力学探测、监测和研究,提高海洋地质灾害的预报预警能力和维护经济社会可持续发展的环境保障能力。

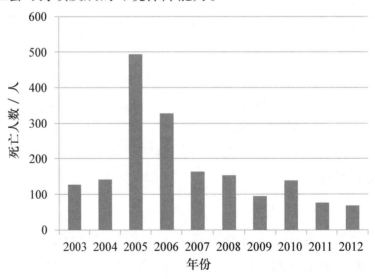

图 1-1-5 2003—2012 年海洋灾害造成死亡人数

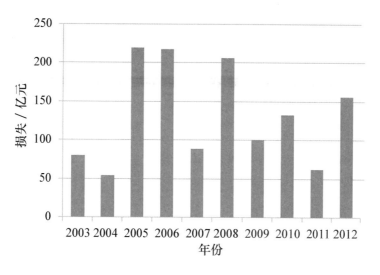

图 1-1-6   2003—2012 年海洋灾害造成损失

灾害监测与预测预警系统的发展和灾害防治技术的进步可有效减轻海洋灾害的危害程度。海洋动力环境变化规律的掌握和预测，是提高我国气候预测和灾害极端气候事件预警能力的关键，特别是对飓风、风暴潮等主要海洋灾害的预测预报能力。随着海洋和海岸带经济社会的蓬勃发展，对海洋灾害预警预报服务的需求随之出现，并且快速增长，要求也更高，尤其是精细化和个性化要求日益强烈。

（四）应对和评估海洋气候变化

气候变化是世界各国面临的紧迫问题，海洋对气候影响巨大。海洋是全球气候系统中的一个重要环节，它通过与大气的能量物质交换和水循环等作用在调节和稳定气候上发挥着决定性的作用。大气层的水分有 80% 以上来自海洋，海洋上表层 3 米的海水所含的热量相当于整个大气层所含热量的总和，海洋从低纬度区向极地方向输送的热量与大气环流相当。另外，海洋中的碳储量占地球系统的 93%，海洋每年从大气中吸收的二氧化碳约占全球二氧化碳年排放量的 1/3，海洋碳库的源汇争论仍有待深入。应对海洋气候变化，应强化海平面变化监测和影响评估工作，做好海洋气候预测，推进警戒潮位核定，适时启动全国海岸侵蚀监测与评估；加强海洋碳吸收能力及变化趋势评估研究，适时启动我国海洋酸化监测体系建设。

四、推动海洋科学研究进步 ▶

海洋不仅是地球气候的调节器、生命的发源地和多种资源的宝库,也是地球科学和海洋科学新理论的诞生地。海洋科学是一门主要以观测为最基本要求的学科,海洋技术的发展是推动海洋科学发展的原动力,现代海洋科学发展的历程是海洋观测技术不断发展的缩影。发展深海探测、运载和作业综合技术和装备,将为海洋科学研究提供有效的手段,并极大地推动我国海洋科学事业的发展。

(一) 实现海洋观测内容和能力的提升

海洋探测技术的发展,使得海洋观测的整体性、系统性更强,呈现从单一学科观测向多学科综合交叉融合观测的发展趋势,已进入水文环流、海洋地球化学循环和海洋生态观测并重的阶段。海洋科学研究因此也开始向纵深方向发展,从过去对海洋现象的描述向对海洋变化过程、机理的研究转变,从定性描述发展到定量的准确预报。这有利于人类更加深入和准确地了解、认识海洋。

未来,海洋立体观测系统将不断构建与完善,包括从空中开展遥感观测的卫星、航空飞机,表面观测的固定观测站、船载观测和浮标观测,水中及水底观测的潜标、声呐、无人潜水器和海底基观测及海底钻探等,将会提供更多高质量的立体、连续、实时、长期的海洋数据,这将对于海洋科学的发展和重大海洋科学问题的解决产生巨大的效应,有利于形成海洋大科学整体研究思想,获得新的发现与成果。

(二) 促进深海环境与生命科学研究的发展

深海分别占海洋和地球面积的 92.4% 和 65.4%,资源和生物多样性丰富,是 21 世纪人类认识自然的重点区域。然而对于海底深部生物圈而言,目前仅意识到其存在,还不清楚其基本特征及在地球系统中的地位及作用。同样,对于热液/冷泉等极端环境中的生命现象,人类也缺乏足够的知识和了解,更不清楚海底深部生物圈与极端环境中生物活动的资源意义,以及其是否蕴涵生命本质及生命起源的答案等问题。

通过不断发展的深潜技术、无人潜水器移动观测、海底固定观测和精确定位、原位实时高分辨率探测、海底钻探技术等,将有效地促进深海环境与生命科学研究。了解深海生物多样性，刻画深海生物地球化学过程，掌握深海特殊生态系统关键过程及其资源环境效应，探索生命起源，开发海底油气和战略矿产资源以及基因、活性物质等新型生物资源，为开发深海资源、利用深海空间、发展深海产业提供科技支撑。

（三）推动重大海洋观测计划和海洋研究计划的实施

从 WCRP、IGBP 等国际性研究计划的组织开始，近 30 年的时间中，海洋科学研究在一系列重大研究计划的实施中得到跨越式发展。而随着观测技术的发展以及地球系统科学概念的深入应用，在海洋科学研究中综合多学科的要素观测已经或正在取代各个学科以往独立分散的观测。

目前，海洋科学研究使人类对海洋的认识逐渐丰富。但总的来说，对这一最有望支持人类可持续发展的重要区域还知之甚少，有关海洋环流与气候变化、全球变化与海洋碳循环、深海环境与生命过程、洋底动力学、海洋与海岸带生态系统、极地科学等均有待更深入的研究。海洋科学的深入研究越来越依赖于长期的连续观测、探测和试验资料的积累与分析。精确定位、原位实时高分辨率探测、深钻和超深钻等探测技术的发展将有助于地球和生命的起源、全球变化、海底固体矿产资源以及能源的成因和分布规律等理论问题研究的突破。

海洋观测由岸基、船基观测扩展到海基、空基、天基观测相结合的空－天－海洋一体化观测，正在向数字化、网络化方向迅猛发展，并逐渐发展成覆盖全球海洋和重点海域的立体观测网络。这有利于更加综合性的重大海洋观测计划与海洋研究计划的实施，针对全球变化研究的海洋观测和研究计划的国际合作计划将会得到进一步的发展和创新，诸如 WCRP、IGBP 等类的新综合性研究计划还将不断涌现。

第二章 我国海洋探测与装备工程发展现状

海洋探测技术与工程装备主要包括海洋探测传感器、海洋观测平台、海洋观测网技术、海洋固体矿产资源探测技术与装备、深海矿产开采装备、海洋通用技术、深海微生物探测技术与装备、海洋可再生能源与海水综合利用装备等。经过多年的发展，大多数海洋仪器与装备经历了从无到有、从性能一般到可靠的过程，技术上有所突破，但总体上与国际上相比还有一定的差距。

一、海洋探测传感器取得长足发展　▶

传感器及其技术是海洋环境探测的关键部件和关键技术，也是制约我国海洋探测技术发展的"瓶颈"。"九五"以来，在国家863等相关科技计划的支持下，经过3个五年计划的实施，我国在海洋环境探测传感器研究方面突破了一批关键技术，研发了一批仪器设备，部分传感器已经在海洋动力环境参数获取与生态监测、海底环境调查与资源探查等方面发挥作用。

（一）海洋动力环境参数获取与生态监测的传感器

我国海洋动力环境参数获取传感器技术得到了长足发展。温盐传感器已形成系列产品，完成了海洋剪切流测量传感器样机研制，突破了高精度CTD测量、海流剖面测量及海面流场测量等关键技术，开发了高精度6000米CTD剖面仪、船用宽带多普勒海流剖面测量仪、相控阵海流剖面测量仪、声学多普勒海流剖面仪以及投弃式海流剖面仪等高技术成果，并初步实现了产品开发，支持了我国区域性海洋环境立体监测系统的建设，提高了灾害性海洋环境的预报和海上作业的环境保障能力。此外，开发了包括溶解氧、营养盐等一批生态环境监测传感器试验样机，包括定型鉴定了两种溶解氧传感器，开发了两种pH测量传感器，完成了氧化还原电位和浊度传感器研制等。

（二）海底环境调查与资源探测传感器

通过国家相关科技计划支持，在海底环境调查与资源探测技术方面取得长足进步。突破了侧扫声呐、合成孔径成像声呐、相控阵三维声学摄像声呐、超宽频海底剖面仪、海底地震仪等一大批关键技术，开发了一批仪器设备。其中，由我国研制成功的 HQP 等系列浅地层剖面仪已应用于我国近海工程。此外，研发了适用于大洋主要固体矿产资源成矿环境探测低温高压化学传感器和 pH、H_2、H_2S 高温高压传感器系列及其检测校正平台。

二、海洋观测平台取得进展并呈现多样化

当前，我国的海洋观测平台呈现多样化，从卫星和航空遥感到水下与水下观测平台；从被动观测平台，如浮标、潜标等到移动、自主观测平台水下潜水器，如水下自治潜水器（Autonomous Underwater Vehicle，AUV）、遥控潜器（Remote Operated Vehicle，ROV）、载人潜器（Human Occupied Vehicle，HOV）等。在观测平台种类上，基本实现了与国际上保持一致。

（一）卫星和航空遥感

我国于 20 世纪 80 年代开始开展海洋卫星遥感探测，从 2002 年起先后发射了海洋水色卫星 HY-1A、HY-1B，2011 年 8 月又成功发射了海洋动力环境卫星"海洋二号"（HY-2），并已业务化应用。继 HY-2 卫星之后，我国还将加快 HY-1 后续卫星、HY-2 后续业务卫星、海洋雷达卫星（海洋三号）立项研制，为海洋灾害监测预报、海监维权执法等提供长期、连续、稳定的支撑与服务。目前，海洋监测监视卫星（HY-3）已纳入国家航天技术发展规划。另外，在海洋遥感数据融合/同化技术方面也取得了长足的进步。

"十五"、"十一五"期间，在国家科技计划支持下，国内海洋航空遥感能力正在不断增强，并取得了很好的应用，主要搭载平台为有人机和无人机。搭载多种探测仪器的航空遥感监测平台具有离岸应急和机动的监测能力、良好的分辨率、较大的空间覆盖面积及较高的检测效率，在海岸带环境和资源监测、赤潮和溢油等突发事件的应急监测和监视方面发挥了不可替代的作用。

（二）浮标与潜标

我国自 20 世纪 80 年代初开始研制锚系资料浮标，1985 年开始建设我国的海洋水文气象浮标网。在浮标技术方面，发展了自持式探测漂流浮标、实时数据传输潜标、光学浮标、锚系浮标、极区水文气象观测浮标等观测技术，与传感器、控制系统、通信系统相结合，形成了能满足海洋探测不同需要的观测/监测系统。

我国从 20 世纪 80 年代以来，先后开展了浅海潜标、千米潜标和深海 4 000 米潜标系统的技术研究，已掌握了系统设计、制造、布放、回收等技术，并成功地应用于专项海洋环境观测和中日联合黑潮调查。近年来，在国家相关科技计划的资助下，又发展了具有实时数据传输能力和连续剖面观测能力的潜标系统技术，提高了潜标系统的实用性。

（三）拖曳式观测装备

在拖曳式生态环境要素剖面测量技术方面，研制了拖曳式剖面监测平台系统，用于 200 米水深以内生态环境要素的剖面测量，其轨迹为锯齿波，测量数据能够实时采集并传输至船上的数据记录器，传输距离大于 1 000 米。研制了 6 000 米深海拖曳观测系统，用于多金属结核的精细调查，利用图像压缩技术突破了万米同轴电缆电视信号传输难题。

（四）遥控潜水器

遥控潜水器（ROV）在海洋探测中的应用主要集中在定点观测和海底作业方面，如传感器的布放与回收、热液烟囱的取样、海底观测网的安装等。我国在"八五"至"十一五"期间在 ROV 技术的研究、开发和应用方面做出了卓有成效的工作，成功地研制出重量从几十千克到十几吨，工作深度从几十米到 3 500 米的各种 ROV，如我国第一台中型 ROV 产品"RECON-IV-SIA300"、作业型 ROV 8A4、海潜 II 强作业型 ROV、SJT-10 ROV、CI-STAR 型海缆埋设型 ROV、"海龙 II"（图 1 - 2 - 1）ROV 以及正在研发的 4 500 米 ROV 等。目前，我国在遥控潜水器技术水平、设计能力、总体集成和应用等方面与国际水平相齐；但是国外在 80 年代已逐渐形成面向海上石油工业的 ROV 产业，而我国 ROV 产品化进展缓慢，专业研发公司刚具雏形。

图 1 - 2 - 1　　"海龙Ⅱ" ROV

（五）自治潜水器

自治潜水器（AUV）与遥控潜水器最大的区别是不携带脐带电缆，可自主执行使命任务，具有作业范围大、功能多样（能浅能深、可远可近、亦单亦群、可主可辅）等特点，适用于大范围海洋环境精细测量、海底微地貌调查。在自治潜水器技术方面，我国先后研制成功下潜深度 1 000 米的"探索者"号和下潜深度 6 000 米的"CR-01"、"CR-02" AUV（图 1 - 2 - 2）。CR-01 AUV 分别于 1995 年和 1997 年两次参加中国大洋协会组织的太平洋科学考察（即对太平洋我国保留区进行多金属结核的调查），并圆满完成了考察使命，为最终在联合国确定我国保留区提供了大量的科学数据，使我国成为世界上少数拥有 6000 米级别的自治潜水器的国家之一。我国还具有研制长航程自治潜水器的能力，续航能力达到数百千米。"十二五"期间正在开展 4500 米 AUV 的研制以及其他小型、智能化 AUV 的研究。

（六）载人潜水器

载人潜水器（HOV）为海洋科学家提供了一种可以深入海底、直接观察海洋现象并开展科学试验的平台。在载人潜水器（HOV）技术方面，"蛟龙"号（图 1 - 2 - 3）实现了我国载人潜水器零的突破，2012 年 7 月圆满完成了 7000 米级海试，2013 年成功开展了试验性应用，用于海底资源勘查和深海科学研究。另外，我国已启动 4 500 米载人潜水器多项关键技术的研

图 1-2-2 "CR-02" AUV

图 1-2-3 "蛟龙"号 HOV

究，力争实现 4 500 米载人潜水器的国产化。

（七）水下滑翔机

水下滑翔机作为将浮标、潜标和潜水器技术相结合的新概念无人潜水器，由于具备数千千米的航程和数月的续航时间被公认为是最有前景的新型海洋环境测量平台。当前，我国水下滑翔机技术取得突破性进展（图 1-2-4）。"十一五"期间，国内相关单位开展了总体设计技术、低功耗控制技术、通信技术、航行控制技术、参数采样技术等关键技术研究，目前已完成了试验样机研制，并进行了初步海上试验。

三、海洋通用技术刚刚起步 ▶

深海通用技术是支撑海洋探测与装备工程发展的基础支撑和相关配套

图 1 - 2 - 4　国产水下滑翔机

技术，涉及深海浮力材料、水密接插件、水密电缆、深海潜水器作业工具与通用部件、深海液压动力源和深海电机等诸多方面。我国深海通用技术研究起步较晚，整体水平相对落后，特别是在产品化、产业化方面与国外有较大差距。

（一）作业工具

　　水下作业工具涉及较广，如在水下进行切割、钻孔、打磨、清刷和拆装螺母等作业所需的工具等。无人潜水器在海洋探测中常用的作业工具是机械手。我国先后研制出轻型五功能液压开关机械手、六功能主从伺服液压机械手和五功能重型液压开关手，并装备在多台无人潜水器上使用。具有工具自动换接功能的五自由度水下机械手也研制成功，用于 SIWR-Ⅱ型遥控潜水器，可以完成夹持工件、剪切软缆等工作。近年来，小型水下电动机械手的研究工作也取得了一定的成果，HUST-8FSA 型水下机械手可应用于水下、化学等有害环境中，能完成取样、检查、装卸等比较复杂的作业任务。

（二）深海动力源

　　深海动力源也是深海通用技术之一。通常，深海动力源有 3 种驱动方式，分别为电力驱动、气压驱动和液压驱动。其中液压驱动是目前国际上研究和使用较多的一种，也是未来水下作业工具动力源的发展方向。国内多家科研机构联合研制了与各自项目配套的液压动力源，均采用压力补偿方式。此外，相关企业也开展了高端液压元件和系统的研制工作，通过在精密核心液压零部件上的突破，成功研发了深海3000米节能型集成液压源、深海节能型柱塞泵和比例控制阀等。

我国在深海电机方面也已有较大发展，"十一五"期间在863计划的支持下，联合研制出4000米深海电机、7000米载人潜水器高压海水泵驱动电机，技术水平达到了国际先进水平，并且开发出多种规格水下永磁电机用于深海装备。

（三）水下电缆和连接器

水下电缆种类繁多，根据用途有通信缆、铠装缆、承重缆、管道检测缆、视频缆等。其中，海底光电复合缆是海底观测网的基础设施，主要负责给海底观测传感器供电，并将其采集数据传输上岸。"十一五"和"十二五"期间，我国在海底光电复合缆设计与制造方面开展了深入研究，深海光电复合缆、湿插拔接口技术等取得突破性进展。在水密接插件方面，相关单位已开发出多款无人潜水器配套使用的产品，并具备小批量生产能力。

四、海洋观测网开始小型示范试验研究

我国目前尚没有建立真正意义的海洋观测网，但已开始探索性地进行小规模示范建设。总的来说，我国的海洋观测网络还缺乏科学、系统的设计。

（一）近岸立体示范系统

通过集成863计划相关观测装备，在台湾海峡建成一个多平台观测系统组成的区域性海洋环境立体观测和信息服务系统；利用863计划发展的船载快速监测系统、航空遥感应用系统、水下无人自动监测站、生态浮标、无人机遥感应用系统等监测手段进行集成，"十五"开始建立了渤海海洋生态环境海空准实时综合监测系统，形成了一个能实时（或准实时）的监测海洋生态环境状况与动态变化、提供实时监测数据和综合信息的监测示范系统。随后，又以上海为中心，建立了覆盖长江三角洲濒临海域的区域性海洋环境立体监测和信息服务示范系统，以广州为中心，在珠江口海域建立了海洋生态环境监测示范试验系统。

（二）近海区域立体观测示范系统

中国科学院在黄海（獐子岛）、东海（舟山）、西沙永兴岛和南沙永暑

礁各建了一个长期观测浮（潜）标网，与现有的国家近海生态环境监测站——胶州湾生态系统研究站、大亚湾海洋生物综合实验站、海南热带海洋生物实验站和海洋考察船的断面观测一起，共同构建成点、线、面结合，空间、水面、水体、海底一体化，多要素同步观测，兼有全面调查与专项研究功能的开放性近海海洋观测研究网络，以期推动我国的海洋科学立体观测和研究的发展；国家海洋局在我国近海实施 17 条长期断面观测，遥感飞机和海洋卫星观测方面也已进行多年。

（三）海底观测网络建设

在海底观测网方面，就相关技术我国逐步开展了积极探索。在接驳盒技术、供电技术、海底观测组网技术等方面都取得了一定的成果。在东海小衢山建成，目前正在运行的以太阳能供电的 1 千米海底光缆观测站，是我国开展有缆海底观测的有益尝试。2013 年 5 月 11 日建成并投入运行的三亚海底观测示范系统，是我国相对具备较为完整功能的海底观测示范系统。该系统由岸基站、2 千米长光电缆、1 个主接驳盒和 1 个次接驳盒、3 套观测设备、1 个声学网关节点与 3 个观测节点构成，具有扩展功能（图 1 - 2 - 5）。系统在高压直流输配电技术、远程直流高压供电技术、水下可插拔连接器应用技术、网络传输与信息融合技术、低功耗高性能水声通信节点、稳健的网络协议、水声通信网与主干网协同机制等核心技术方面取得了突破，对加快建设我国长期海底观测系统、全面提升我国海洋观测能力和设备研发水平具有重大意义。

a. 主接驳盒水池试验　　　　　　b. 次接驳盒布放

图 1 - 2 - 5　水下接驳技术

五、固体矿产资源探测技术初步实现系统体系化 ▶

海底固体资源探测技术是探知、了解与勘探矿产资源的必要手段，探测技术的发展状况代表了一个国家对海底固体资源掌控的能力。

(一) 以船舶为平台的探测技术体系

我国深海矿产资源勘探活动最早始于 20 世纪 70 年代末期。1978 年 4 月，我国"向阳红 05"号考察船在进行太平洋特定海区综合调查过程中，首次从 4 784 米水深的地质取样中获取到多金属结核。1981 年，针对联合国第三次海洋法会议期间围绕先驱投资者资格的斗争，我国政府声明我已具备了国际海底先驱投资者的资格。

以"大洋一号"为调查平台，我国海底矿产资源勘查技术主要包括高精度多波束测深系统、长程超短基线定位系统、6000 米水深高分辨率测深侧扫声呐系统、超宽频海底剖面仪、富钴结壳浅钻、彩色数字摄像系统和电视抓斗、大洋固体矿产资源成矿环境及海底异常条件探测系统、海底热液保真取样器技术等，并以"大洋一号"科考船为平台，进行了矿产资源探测技术系统集成，构成了一个相对完整的大洋固体矿产资源立体探测体系。

我国于 2008 年下水运行的"海洋六号"，随着工作的开展，也正逐步形成对国际海底固体矿产资源和我国天然气水合物的综合探测技术体系。2013 年下水的"向阳红 10"号，以及后续的各类远洋调查船舶，都将以调查船为平台，打造一个综合的海洋探测技术体系。

(二) 多类型固体矿产体系的探测能力

海底固体矿产资源并非单一，需要去发现与探索，目前已发现的包括多金属结核、富钴结壳、多金属硫化、深海磷矿以及天然气水合物等。我国于"八五"开始多金属结核的探测，经过两个五年计划，于 1999 年完成太平洋 CC 区 7.5 万平方千米在多金属结核矿区圈定工作。

进入 21 世纪，中国大洋协会根据国际海底形势和国家长远利益，及时研究并经国家同意，确立了我国 21 世纪大洋工作方针，即"持续开展深海勘查、大力发展深海技术、适时建立深海产业"。加大了富钴结壳、多金属硫化物资源调查的力度，调查范围涉及太平洋、印度洋、大西洋，实现了我国大洋工作由勘探开发单一的多金属结核资源扩展、调整为开发利用"区域"内多种资源，调查范围由太平洋向三大洋的战略转移。从 2001 年开始，我国开展完成了太平洋海山富钴结壳资源 7 个航次的调查，目前基本圈定满足商业开发规模所需资源量要求的富钴结壳矿区，完成了向联合国海底管理局提出矿区申请的技术准备工作。2013 年 7 月 19 日国际海底管理局核准了中国大洋矿产资源研究开发协会提出的 3 000 平方千米的西太平洋富钴结壳矿区勘探申请。

2005—2012 年，我国在国际海底区域先后主持实施了 6 个航次的硫化物调查，取得了包括在东太平洋海隆、大西洋中脊、西南印度洋中脊等地区的大量热液硫化物、热液沉积、热液生物等样品，发现了多处热液异常区和热液异常点。先后在三大洋洋中脊新发现 35 处海底热液区，约占世界 30 年中发现数量的 1/10。不仅实现了中国人在该领域"零"的突破，而且创造了世界上首次在超慢速扩张脊上发现正在活动的海底黑烟囱等多个国际首次发现，3 个区域为我国科学家进行深海科学研究提供了独特的平台和引领世界的机遇。

（三）建立中国大洋勘查技术与深海科学研究开发基地

深海固体矿产资源探测的技术与科学永远是一个相辅相成的关系，为维护我国在国际海底区域资源研究开发活动中的根本权益，保证"区域"资源勘查任务的完成和满足深海勘查工作的长远要求，提高我国大洋矿产资源调查和研究能力及海洋高新技术的研发，2003 年中国大洋矿产资源研究开发协会办公室依托国家海洋局第二海洋研究所，建立了中国大洋勘查技术与深海科学研究开发基地。以该基地为平台，联合全国优势力量，已形成了一支全国性的深海固体矿产研究、探测和技术研发的综合团队。以深海矿产资源调查与评价为核心，以高新技术集成应用为支撑，已负责完成了 8 个航次的大洋固体矿产资源调查任务，带动了 ROV、AUV、深海钻机、电法探测和深海摄像等一系列的探测技术装备研发，最大程度上保障我国深海资源的权益。

六、深海生物资源探测已经起步

深海极端环境生物资源及其基因资源开发技术是国际前沿技术，我国正在开展这一领域的研究，并在资源调查、获取与应用潜力评估等方面取得了明显进展。

（一）深海微生物与基因资源调查进展

我国从"九五"末期开始启动深海生物及其基因资源的研究。以"大洋一号"科学考察船为依托，自主建立和发展了深海保真采样设备、深海环境模拟与微生物培养平台，通过多个中国大洋航次、中美联合热液航次和国际合作交流获取了 7 000 米水深以内太平洋、大西洋和印度洋样品，分离培养出了一系列嗜极微生物。利用宏基因组学、蛋白质组学以及现代测序技术，开展了部分深海环境生物样品与部分微生物菌株的组学分析，尝试了海洋微生物的遗传表达体系的构建，为未来深海基因资源的深入挖掘奠定了一定的基础。

（二）中国大洋生物基因资源研究开发基地建设

当前，国内组建了中国大洋生物基因资源研究开发基地，建立了中国大洋生物样品馆、深海微生物资源库，并在深海微生物菌种库的基础上，整合了国内海洋微生物资源，建立了中国海洋微生物菌种保藏中心（图1-2-6）。目前库藏微生物资源共有1.5万多株，菌种资源约16万份。此外，开展了深海微生物多样性分析、活性物质筛选与功能基因研究等。

图1-2-6 深海微生物菌种库（大型液氮冻存系统）

（三）深海生物资源开发利用

在海洋863计划和大洋项目以及海洋公益性项目等项目的支持下，开展了深海微生物小分子活性物质的研究。开展了深海活性物质与新药筛选技术研究；从深海真菌、细菌、放线菌中发现了新的重要的代谢产物，但尚未发现重大应用前景的深海天然产物。

在深海微生物酶资源方面也开展了卓有成效的工作，例如在深海低温蛋白酶结构与功能，热液口高温酶等极端微生物基因资源等方面。此外，在深海微生物多糖、深海微生物表面活性剂等筛选与功能研究方面也开展了研究。还在深海微生物环保、农业等领域中的应用开发开展了大量工作，包括污染物降解、生物农药与健康养殖以及生物冶金等方面的工作。

七、海洋可再生能源开发利用技术逐步走向成熟

20 世纪 60 年代，我国开始发展海洋可再生能源技术。经过 50 年的发展，我国海洋可再生能源的开发利用取得了很大进步。

（一）潮汐能

我国潮汐能技术研究起步较早，具有一定的技术积累，已具备低水头大容量潮汐水轮机组研制能力。我国陆续开展了多座潮汐能电站建设。江厦潮汐电站已正常运行 30 余年，首台机组于 1980 年并网发电，1985 年 5 台机组全部并网发电，2007 年又利用原有的预留机坑建成了 6 号机，总装容量达到 3 900 千瓦，截止到 2012 年已累计发电超过 17 853 万千瓦·时（图 1 - 2 - 7）。

图 1 - 2 - 7　浙江江厦潮汐发电站

（二）波浪能

我国波浪能发电技术研究已有 30 多年的历史，相继开发了装机容量从 3 千瓦到 100 千瓦不等的多种形式的波浪能发电系统。并先后研建了 100 千

瓦振荡水柱式和30千瓦摆式波浪能发电试验电站。目前，在国家财政支持下，我国已启动了多项装机容量在百千瓦级的波浪能发电装置研制工作，并以此为基础在广东、山东等地区建设多能互补独立示范电站，为解决海岛能源供给问题提供有力的示范与引导作用。

（三）潮流能

在潮流能方面，自20世纪90年代以来，我国进行了包括导流罩增强型潮流能发电装置、柔性叶片潮流能发电装置以及小型潮流能发电装置在内的多种类型的潮流能发电系统的研制工作，并陆续建成装机容量70千瓦的"万向 - Ⅰ"漂浮式潮流能电站，装机容量40千瓦的"万向 - Ⅱ"座底式潮流发电装置，装机容量150千瓦的"海能Ⅰ"潮流能电站。目前，我国在浙江舟山启动了潮流能示范电站建设工作。

（四）海洋温差能和盐差能

我国从20世纪80年代开始海洋温差能的开发研究。1985年，开始对"雾滴提升循环"装置进行研究。"十一五"期间，在国家科技支撑计划经费支持下，开展了温差发电的基础性试验研究，在青岛黄岛电场温排水口建设了15千瓦温差能发电装置。

我国盐差能实验室研究开始于1979年，并在1985年采用半渗透膜法开展了功率为0.9～1.2瓦的盐差能发电原理性实验，目前此项研究还处于初步理论研究阶段。

（五）海洋生物质能

我国在海洋生物质能的开发利用方面已取得了较大进展。2008年，我国在深圳的海洋生物产业园启动了海洋微藻生物能源研发项目，主要是利用废气中的二氧化碳养殖硅藻，再利用硅藻油脂生产燃料。同年，在生物柴油生产关键技术及创新材料研究项目中，在实验室取得了海藻榨柴油的初步成果，培育出的富油微藻最高含油比已经达到68%，生物柴油的获得率达到98%以上，甘油纯度达到分析纯标准。

八、海水淡化与综合利用已进入产业化示范阶段　▶

我国海水淡化与综合利用事业起步于20世纪60年代。经过多年发展，海水淡化、海水循环冷却等技术取得重大突破与进展，技术基本成熟、建成多个千吨级和万吨级示范工程。截至目前，全国海水淡化已建成工程规模约 77 万吨/日，年海水冷却用水量约 840 亿立方米，主要用于解决沿海城市工业用水和海岛生活饮用水。海水淡化吨水成本已达到 5 元/吨左右，接近国际水平，具备规模化应用和产业化发展的基本条件。

（一）海水淡化

近年来，我国海水淡化事业得到了较快发展，技术基本成熟，掌握了低温多效和反渗透海水淡化技术。在低温多效海水淡化方面，"九五"期间，开展了蒸馏法海水淡化技术的研究和探索。"十五"期间，攻克千吨级低温多效海水淡化技术。2004 年，在山东青岛黄岛电厂建成了具有自主知识产权的 3 000 吨/日低温多效蒸馏海水淡化装置，这是我国第一个低温多效海水淡化工程（图 1 - 2 - 8）。"十一五"期间，自主设计制造了 4 台（套）3 000 吨/日和两台（套）4 500 吨/日低温多效海水淡化装置出口印度尼西亚；同时，开展了万吨级低温多效海水淡化工程技术研究，在对进口装备消化吸收的基础上建成了河北国华沧东电厂 1.25 万吨/日低温多效海水淡化工程。目前，我国最大低温多效海水淡化工程为天津北疆电厂 20 万吨/日低温多效海水淡化工程，采用以色列 IDE 公司技术。

图 1 - 2 - 8　青岛黄岛电厂 3 000 吨/日低温多效海水淡化示范工程

在反渗透海水淡化方面，"九五"期间，自 1997 年在浙江嵊泗建成了我国第一座 500 吨/日反渗透海水淡化工程后，又相继在山东长岛、浙江嵊泗和大连长海等地完成了多个 1 000 吨/日反渗透海水淡化示范工程。"十五"期间，完成了山东荣成 5 000 吨/日反渗透海水淡化示范工程。"十一五"期间，我国自主研发完成浙江六横 1 万吨/日反渗透海水淡化示范工程，除反渗透膜外，基本实现国产化（图 1－2－9）。目前，我国最大反渗透海水淡化工程为天津新泉 10 万吨/日反渗透海水淡化工程，采用新加坡凯发技术。

图 1－2－9 浙江六横 1 万吨/日反渗透海水淡化示范工程

（二）海水直接利用

海水直接利用主要包括：海水直流冷却、海水循环冷却和大生活用海水。在海水直流冷却方面，海水直流冷却技术在我国应用历史悠久，近年来在沿海电力、石化等行业得到广泛应用，年利用海水量逐年上升，已达到 840 亿立方米以上。在海水循环冷却方面，经过"八五"、"九五"、"十五"、"十一五"科技攻关，突破海水缓蚀剂、阻垢分散剂、菌藻杀生剂和海水冷却塔等关键技术，相继建成天津碱厂 2 500 吨/时海水循环冷却示范工程、深圳福华德电厂 28 000 吨/时海水循环冷却示范工程和浙江国华宁海电厂 10 万吨/时海水循环冷却示范工程，实现了具有自主知识产权的千吨级、万吨级和 10 万吨级海水循环冷却技术产业化应用（图 1－2－10）。

在大生活用海水技术方面，自 20 世纪 50 年代末开始，我国香港地区开始大规模应用大生活用海水技术，已较好地解决了海水净化、管道防腐、海洋生物附着、系统测漏以及污水处理等技术问题，年冲厕海水使用量 2.7 亿立方米。在我国大陆地区，经过"九五"、"十五"、"十一五"科技攻关

图 1 - 2 - 10　浙江宁海电厂 2×10 万吨/时海水循环冷却示范工程

取得进展，在大生活用海水技术方面，突破了海水净化、污海水后处理等关键技术，形成了新型海水净化絮凝剂、大生活用海水生态塘处理技术、大生活用海水水质标准等多项成果。2007 年，在青岛胶南海之韵小区建成了 46 万平方米大生活用海水示范工程。

（三）海水化学资源利用

在海水化学资源利用方面，我国主要开展海水提取钾、溴、镁等研究。在海水提钾方面，除了少量的萃取法、离子交换法等研究外，主要集中在天然沸石法海水提钾研究；相继开展了高效钾离子筛制备、沸石法海水提取硫酸钾、硝酸钾产业化工程研究等，并建成万吨级示范工程。在海水提溴方面，我国溴素生产企业主要采用空气吹出法，且年生产能力多在 1 000 吨左右；在溴素生产工艺上，近年来在空气吹出提溴工艺改进、气态膜法和超重力法提溴方面也开展了有益的探索，均取得了较好的进展。在海水提镁方面，攻克海水提镁关键技术，建成万吨级浓海水制取膏状氢氧化镁示范工程、硼酸镁晶须中试装置等。

九、深海采矿装备尚处试验研究阶段　▶

我国深海固体矿产资源开采技术研究始于 20 世纪 90 年代初，针对海底多金属结核、富钴结壳、多金属硫化物、天然气水合物等深海固体矿产资源的开采技术进行了不同程度的研究。

（一）多金属结核开采技术研究

"八五"期间，对深海多金属结核的集矿与扬矿机理、工艺和装备技术原型等进行了研究。"九五"期间，完成了海底集矿机、扬矿泵及测控系统的设计与研制，并于2001年在云南抚仙湖进行了部分水下系统的135米水深湖试（图1-2-11）。"十五"期间，我国深海采矿技术研究以1 000米海试为目标，完成了"1 000米海试采矿系统总体设计"和集矿、扬矿、水声、测检等水下部分的详细设计、研制了两级高比转速深潜模型泵、采用虚拟样机技术对1 000米海试系统动力学特性进行了较为系统的分析。"十一五"期间完成了230米水深的模拟结核矿井提升试验，扬矿系统虚拟实验研究等工作（图1-2-12）。

图1-2-11 我国深海采矿部分系统135米湖试（2001年）

（二）富钴结壳开采技术研究

"十五"开始，结合国际海底区域活动发展趋势，我国开展了海底富钴结壳采掘技术和行驶技术研究，研制了富钴结壳采集模型机，进行了截齿螺旋滚筒切削破碎、振动掘削破碎、机械水力复合式破碎3种采集方法实验研究和履带式、轮式、步行式、ROV式4种行走方式实验研究。

（三）多金属硫化物开采技术研究

2011年11月中国与国际海底管理局签订了《国际海底多金属硫化物矿区勘探合同》，但对多金属硫化物的研究目前主要处于调查、取样阶段，其开采技术的研究还没有大规模启动。仅开展了多金属热液硫化靶区的开采

图 1 - 2 - 12　230 米水深的模拟结核矿井提升试验

原理样机的研制，提出了两种开采车概念设计模型。

（四）天然气水合物开采技术研究

"十一五"开始，对天然气水合物勘探开发关键技术进行了立项研究，分别从天然气水合物的海底热流原位探测技术、天然气水合物模拟开采技术研究、天然气水合物流体地球化学现场快速探测技术、天然气水合物成藏条件实验模拟技术、天然气水合物矿体的三维地震与海底高频地震联合探测技术、天然气水合物钻探取心关键技术和天然气水合物的海底电磁探测技术等 7 个方面进行了重点研究，为我国天然气水合物试开采提供了技术储备。

第三章 世界海洋探测与装备 工程发展现状与趋势

一、世界海洋探测与装备工程与科技发展现状 ▶

（一）海洋探测传感器及深海通用技术已实现了产品化与商业化

海洋环境传感器是海洋观测的核心仪器设备，研制稳定、高灵敏度和精确度的传感器是海洋探测与监测技术发展的重要内容。伴随着海洋监测系统的拓展，在深海环境和生态环境长期连续观测的需求下，美国、日本、加拿大和德国等国家已研制出全海深绝对流速剖面仪及深海高精度海流计、多电极盐度传感器、快速响应温度传感器、湍流剪切传感器、多参数水质测量仪等，并已形成商品。同时伴随海洋观测平台技术的发展，与运动平台自动补偿的各类环境监测传感器也取得了较大进展，美国等国家目前已研制适应于 AUV、ROV、水下滑翔机和拖曳等运动平台的温度、盐度、湍流、pH、营养盐、溶解氧等传感器。

随着海洋探测装备的发展，深海通用技术已实现了产品化与商业化。在深海浮力材料方面，美、日、苏联等国家从 20 世纪 60 年代末开始研制高强度固体浮力材料，以用于大洋深海海底的开发事业。美国 Flotec 公司能够提供 6 000 米水深浮力材料产品，可以应用于水下管线、ROV、海洋观测仪器等多种用途；日本在研制无人潜水器的过程中对固体浮力材料也开展了研发，目前已可以为万米级潜水器提供浮力材料；俄罗斯研制出用于 6 000 米水深固体浮力材料，密度为 0.7 克/厘米³、耐压 70 兆帕。在水密接插件方面，美国 Marsh & Marine 公司早在 20 世纪 50 年代初就推出了橡胶模压产品；60 年代后期，为配合"深海开发技术计划（DOTP）"，研制成功了 1 800 米水深的大功率水下电力及信号接插件。目前，西方各国研制、生产、销售水密接插件的著名厂商有 30 多家，产品超过 100 种。在水下机械手方面，国外水下作业型机械手的研究中，美国、法国、日本和俄罗斯的水平比较高，所研制的水下机械手大部分是运用于 ROV、载人潜水器及深海作业型水下工作站上。在深海液压动力源方面，美国佩里（PERRY）公司是全球潜水器最大生产厂家和深海动力装置的重要提供商。该公司先后开发出深海 3 000 米级不同功率的液压动力源，其中 5 千瓦低功率液压源应用于 ROV 液压泵站系统及自驱式水下工具，如深海钻；55 千瓦以上液压源可满足较大型深海液压系统与装置的驱动要求，如无缆水下机器人、海底埋缆系统、大功率 ROV 工作站等。

（二）海洋观测平台已实现系列化与产品化

1. 遥控潜水器

在遥控潜水器（ROV）方面，根据美国大学与国家海洋实验室联合系统（University-National Oceanographic Laboratory System，UNOLS）的报告，目前国际上商用的 ROV 系统基本工作在 3 000 米以浅，应用于 3 500 米以深的深海作业和探测 ROV 必须具有专业化设计，只有少数机构拥有。世界上第一台全海深工作的 ROV 曾经是日本海洋科技中心（Japan Agency for Marine-earth Science and Technology，JAMSTEC）投资 45 亿日元研制的 KAIKO 号 ROV，1994 年就曾到达 11 000 米海底进行近海底板块俯冲情况调查，但 2003 年在海上作业时由于中性缆断裂而造成 ROV 本体丢失，后来 JAMSTEC 在原系统的基础上又开发了一套潜深 7 000 米的 KAIKO 7000 ROV。美国伍兹霍尔海洋研究所（Woods Hole Oceanographic Institution，WHOI）2007 年成功开发了"海神"号（Nereus）混合型潜水器（HROV），最大工作水深为 11 000 米，具有 AUV 和 ROV 两种模式（图 1 - 3 - 1）。该系统于 2009 年 5 月 31 日成功地下潜到马里亚纳海沟 10 902 米水深，是世界上第三套工作水深达到 11 000 米的潜水器系统。该项技术成功结合了 AUV 和 ROV 的技术特长，弥补了 AUV 系统无法定点观测作业，而 ROV 系统开发运行成本高的不足，已成为国际无人潜水器技术发展的一个重要方向。

强作业型 ROV 是海上水下作业必不可少的装备之一，得到越来越广泛的应用。以水下生产系统为例，最具代表性的有：英国的 Argyll 油田水下站和美国的 Exxon 油田水下生产系统，它们已应用 ROV 进行水下调节、更换部件和维修设备。世界上最大型的 ROV 系统当属 UT1 TRENCHER（图 1 - 3 - 2），它是一套喷冲式海底管道挖沟埋设系统，主尺度 7.8 米 ×7.8 米 ×

图 1 - 3 - 1 美国 "海神" 号 HROV

图 1 - 3 - 2 世界上最大的 ROV 系统——UT1 TRENCHER

5.6 米, 空气中重量达 60 吨, 最大作业水深 1 500 米, 最大功率 2 兆瓦。

2. 自治潜水器

在自治潜水器 (AUV) 方面, 为了满足海洋资源调查与勘探以及海洋科学研究需要, 欧、美和日本等发达国家开展了大量的自治潜水器研究工作, 已经开发出多种用于深海资源调查的 AUV, 包括大、中、小型 AUV, 这些调查设备已经在深海资源调查中发挥了重要作用。美国伍兹霍尔海洋研究所在 1992 年研制成功大深度自治潜水器 ABE。2007 年 2 月 25 日 ABE

的第 200 次下潜为我国科学家首次在西南印度洋脊发现了海底热液活动区，并对热液喷口进行了精确定位。为了提高海洋调查能力和潜水器技术的水平，美国伍兹霍尔海洋研究所研制的 ABE 的替代品 Sentry AUV，2008 年完成海上试验并已开展应用（图 1 - 3 - 3）。针对洋中脊海底热液活动调查，日本三井造船与东京大学联合开发了潜深 4 000 米的 r2D4 AUV，其重量约为 1 600 千克，最大航程 60 千米。挪威康斯伯格公司开发了 HUGIN 系列 AUV，作业水深从 1 000 ~ 4 500 米，HUGIN AUV 可用于高质量海洋测绘、航道调查、快速环境评估等。

图 1 - 3 - 3　Sentry AUV

小型 AUV 由于其作业成本较低、安全性好，还可以形成小型化 AUV 编队，完成现有装备体系无法完成的任务，因此市场需求广泛，得到了世界各国的高度重视。其中，最具代表性的是挪威康斯伯格公司的 REMUS 系列和美国 BLUEFIN 公司的 Bluefin 系列 AUV，其重量从 30 余千克至数百千克，最大航速大于 5 节，带有多种传感器，具有自主航行能力，可搭载水下 TV、成像声呐、侧扫声呐、CTD 传感器等设备完成水下目标探测和海洋环境数据采集等任务。

3. 载人潜水器

在载人潜水器方面，国际上载人潜水器的发展趋势可以归纳为向覆盖不同的深度、更好的作业性能、更高的可靠性和经济性方向发展。美、日等海洋大国对潜水器的深度定位是浅、中、深全部覆盖，不同深度采用不同潜水器进行作业。其中，法国有两艘：3 000 米和 6 000 米；日本两艘：2 000 米和 6 500 米；俄罗斯 4 艘 6 000 米；美国两艘 1 000 米、两艘 2 000 米、1 艘 4 500 米。目前国际上使用时间最长、频率最高的载人潜水器是美国的"阿尔文"号（Alvin），1964 年建造完成，至今已完成超过 4 400 次的下潜作业（图 1 - 3 - 4）。

图 1 - 3 - 4   "阿尔文"号载人潜水器

日本深海技术协会结合日本未来深海科研的需要，提出了载人潜水器研发计划，分别是 11 000 米（全海深）、6 500 米、4 500 米、2 000 米和 500 米。2011 年美国自然科学基金资助"阿尔文"号进行升级改造，目前已完成第一阶段的目标：观察窗由 3 个增加到 5 个、增加乘员舒适性、更换新的照明和成像系统、更换浮力材、增强指挥控制系统等。第二阶段改造目标是将最大作业深度提高到 6 500 米，增加作业时间至 8～12 小时。

4. 水下滑翔机

经过多年的研究，美国先后成功研制出了 Spray、Slocum 和 Seaglider 水下滑翔机（图 1 - 3 - 5）。水下滑翔机是一种无外挂推进器、依靠改变自身浮力驱动、周期性浮出水面进行数据上传和使命更新的新型水下测量平台，航行距离在 2 000～7 000 千米之间，续航能力 200～300 天，巡航速度为 0.3～0.45 米/秒，负载能力约为 5 千克。

a. Spary 水下滑翔机　　b. Slocum 水下滑翔机　　c. 水下滑翔机

图 1 - 3 - 5　美国研制出的水下滑翔机

现有水下滑翔机的不足之处在于滑翔速度小，机动性差。为此，美国开展了大型水下滑翔机 X-Ray 的研制，这种水下滑翔机重达几吨，最大滑翔速度可达 3 节，可以有效抵制海流对载体运动造成的影响（图 1 - 3 - 6 a）。法国开展了混合型水下滑翔机 Sterne 的研究，这种水下滑翔机带有外挂的推进器，不仅可以做滑翔运动，还可以做水平巡航运动，依靠浮力驱动时滑翔速度最高可达 2.5 节，依靠推进器做水平巡航时，速度可达 3.5 节（图 1 - 3 - 6 b）。

a. X-Ray 水下滑翔机　　　　b. Sterne 水下滑翔机

图 1 - 3 - 6　改进型的水下滑翔机

（三）海底观测网朝着深远海、多平台、实时与综合性等方面发展

1. 随着海洋技术的进步，各种专业性海洋观测网应运而生，部分实现了业务化运行

作为一个地震多发国家，日本在海底地震观测方面一直走在世界前列。早在 20 世纪 70 年代，日本就开始了基于海底有缆地震观测，截至 1996 年，在日本地震调查研究推进本部（Headquarters for Earthquake Research Promotion）建议下，在 5 个区域新增了有缆地震观测设备，使得有缆观测数量达

到 8 个，构建了海底地震观测体系。2002 年，IEEE 海洋工程学会日本分会组建了水下有缆观测技术委员会，并于 2003 年提出了"先进实时区域性海底观测网（Advanced Real-Time Earth Monitoring Network in the Area, ARE-NA）"（图 1 - 3 - 7）规划技术白皮书，总体上可归纳为 6 点：①用类似 mesh 网的方式在海底铺设长达 3 600 千米的线缆；②每隔 50 千米设计一个节点，共计 66 个；③整个网络具有很强的鲁棒性；④拥有光宽带传输系统，可以传输高清电视图像；⑤系统具备可扩展性；⑥网络中的传感器具有可替换性。这个规划并未付诸实施，取而代之的是"地震和海啸高密度海底观测网络（Dense Ocean-floor Network for Earthquakes and Tsunamis, DO-NET）"（图 1 - 3 - 8）。DONET 计划分为两个阶段实施，第一阶段自 2006 年开始实施，设计寿命 30 年，主干缆 300 千米，5 个科学节点，20 个观测站，每个观测点之间仅相隔 15 ~ 20 千米。2011 年 7 月已安装完毕，8 月份开始提供数据以供地震预测。DONET2（the second phase of DONET）与 DO-NET 相比观测的区域更大，观测节点更多，骨干缆 450 千米，7 个科学节点，29 个观测点，计划 2013 年开始启动建设，2015 年投入运行。

图 1 - 3 - 7　日本规划中的 ARENA 观测网

在近岸海洋生态监测方面，美国的新泽西陆架观测系统（The New Jersey Shelf Observing System, NJSOS）是典型代表。NJSOS 起源于 20 世纪 90 年代早中期的"15 米深长期观测站（Long-term Ecosystem Observatory at 15 meters, LEO-15）"，当时只有 3 千米 ×3 千米；经过 90 年代后期扩展为"近岸预测技术试验（The Coastal Predictive Skill Experiments, CPSE）"，观

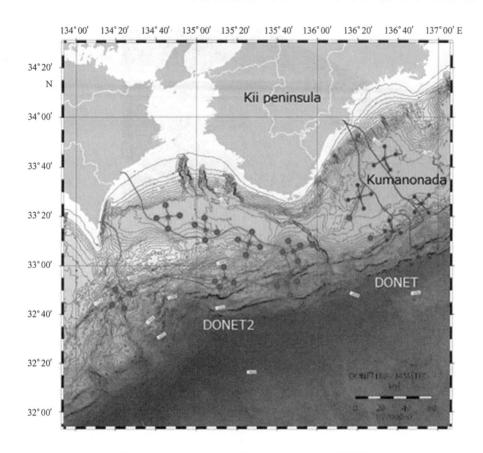

图 1 - 3 - 8　日本建设中的 DONET 观测网

测区域达到 30 千米 × 30 千米；最终扩展成陆架规模的 300 千米 × 300 千米，拥有多种观测平台，包括卫星、岸基雷达、船载拖体、水下滑翔机等（图 1 - 3 - 9）。LEO - 15 多年来连续记录了海水与沉积物的沿岸和跨陆架运动，记录多种生物地球化学过程；CPSE 则是揭示海岸上升流区在三维空间里的演变，了解其与沿岸地形的相互作用，以及对浮游生物分布和对溶解氧的影响。NJSOS 计划将 CPSE 验证的观测方法推向陆架，实现常年观测，拟定了十大科学目标，在基础研究的同时包括应用目标，如重金属等污染物流向、鱼类幼体和沉积物的去向、赤潮和海底低氧的预测机制等。这一战略，是第一次正确地解决一小片海洋，然后在空间上成功拓展。

　　构建水下监测网，确保国家海洋安全是另一个重要的发展方向。海洋浅水区由于声场复杂，加上商业船只、渔船等造成高噪声，以及受海洋生物、天气影响较大，给水下反潜带来了很大的挑战。为此，美国海军研究局启动了"持久性近岸水下监测网络（Persistent Littoral Undersea Surveil-

图 1-3-9　新泽西陆架观测系统

lance Network，PLUSNet）"项目，由固定在海底的灵敏水听器、电磁传感器以及移动的传感器平台，如水下滑翔机和 AUV 等组成，固定观测设备与移动观测平台之间能够双向通信，组成半自主控制的海底观测系统（图 1-3-10）。该系统旨在利用移动平台自适应的处理和加强对浅水区，尤其是西太平洋地区的低噪声柴电潜艇进行侦察、分类、定位和跟踪（detection，classification，localization and tracking，DCLT））。2006 年，PLUSNet 在美国蒙特利湾（Monterey Bay）进行了海上试验，试验中使用的水下移动观测平台包括 Bluefin-21 AUV、Seahorse AUV、Seaglidr、Slocum Glider 和 XRay Glider 等。虽然 2005 年对 PLUSNet 的投入经费进行削减，但是美国海军还是希望能够在 2015 年实现运行。

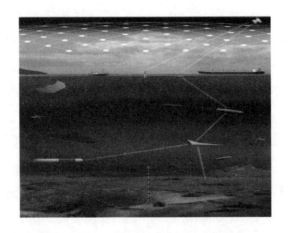

图 1-3-10　持久性近岸水下监测网络

2. 具有环境自适应能力的移动观测网是当前发展的新方向

从 1997 年开始，由美国海洋研究局资助的"自主海洋采样网络（Autonomous Ocean Sampling Network，AOSN）"利用多种不同类型的观测平台搭载不同的传感器，能够在同一时刻测量不同区域和不同深度的海洋参数（图 1 - 3 - 11）。2003 年 8 月，在加利福尼亚 Monterey 海湾进行了 AOSN-Ⅱ实验，观测平台除了传统的观测船、锚系浮标、坐底观测平台外，还包括12 个 Slocum 水下滑翔机、5 个 Spray 水下滑翔机、Dorado AUV、Remus AUV和 Aries UUV 等，分别搭载 CTD、叶绿素、荧光计等传感器对 Monterey 海湾海水上升流进行了 40 天的调查试验。试验中，水下滑翔机组成的移动观测网能够根据海洋环境的实时变化对海水等温线动态跟踪。

图 1 - 3 - 11 自主海洋采样网络

在 AOSN 的基础上，美国海军又开展了"自适应采样与预报（Adaptive Sampling and Prediction，ASAP）"研究，该项目的一个重要目标就是研究如何利用多个水下滑翔机进行高效的海洋参数采样（图 1 - 3 - 12）。2006 年 8月在 Monterey 海湾实验中应用 4 个 Spray 水下滑翔机和 6 个 Slocum 水下滑翔机，对 Monterey 海湾西北部寒流周期上涌现象进行了调查。在调查过程中，一方面，水下滑翔机获得观测数据近实时的发送至监控中心，经过数据同化后作为海洋预报模型进行下一时刻的预报初值和边界条件；另一方面，预报的结果被用来指导水下滑翔机下一时刻的采样，形成自适应观测与预报系统。水下滑翔机获取的数据具有更好的观测质量，提高了研究人员对海洋现象的认识和理解，并提高了对海洋现象的预报能力，充分显示了应用多水下滑翔机作为分布式的、移动的、可重构的海洋参数自主采样网络在海洋环境参数采样中具有的优势。

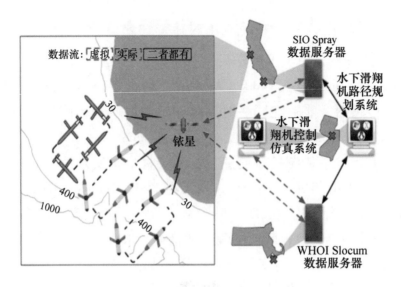

图 1-3-12　自适应采样与预报系统

3. 多目标区域观测网

东北太平洋时间序列海底网（North-East Pacific Time-series Undersea Network Experiments，NEPTUNE）是全球第一个区域性光缆连接的洋底观测试验系统。NEPTUNE 是美国于 1998 年启动的海底网络计划，目标是用联网观测系统覆盖整个胡安·德·夫卡板块，成为地球科学上划时代的创举。整个观测网络由美国和加拿大共同构建，计划共用 2 000 千米光纤电缆，覆盖面积达 20 万平方千米，包括 6 个节点（目前已使用的为 5 个），分别为 Folger Passage、Barkley Canyon、ODP1027、ODP889、Middle Valley 以及 Endeavour，将上千个海底观测设备组网，对水层、海底和地壳进行长期连续实时观测。由于美国经济的不景气，NEPTUNE 美国部分遭到搁浅，直到 2009 年才启动，加拿大部分 2009 年底正式建成，并投入运行。NEPTUNE 加拿大部分由 800 千米的水下光缆将水下各种观测仪器设备组网，将深海物理、化学、生物、地质的实时观测数据连续地传回实验室，并通过互联网向世界各国的用户终端传送。NEPTUNE 加拿大部分的建成是海洋科学里程碑式的进展，能为今后海洋科学家提供海洋突发事件和长时间序列研究的海洋量数据，应用于广泛的研究领域。

4. 多个区域海洋观测系统构建综合性海洋观测体系

从海洋科学研究的前沿出发，在美国国家科学基金会的支持下，形成了海底观测网联合计划（Ocean Observation Initiative，OOI）。OOI 主要由以 NEPTUNE 为主的区域海洋观测网、以大西洋先锋 Pioneer 观测阵列和太平洋长久 Endurance 观测阵列为主的近海观测网和以阿拉斯加湾、Irminger 海、南大洋和阿根廷盆地为主的全球观测网组成，拟通过 25～30 年的海洋观测，来研究气候变化、海洋环流和生态系统动力学、大气－海洋物质交换、海底过程，以及板块级地球动力学。同时，美国国家海洋与大气管理局（National Oceanic and Atmospheric Administration，NOAA）制定了跨政府部门的综合海洋观测系统（Integrated Ocean Observing System，IOOS），综合了美国 11 个区域观测网，组成一个全局性的观测系统，为政府管理、科学研究和公众服务提供数据。

（四）海底固体矿产资源探测以国家需求为主导

海底矿产资源探测历来都是服务于国家的战略需求，尤其是深海战略性资源，具有科学、经济和政治上的综合价值，体现了一个海洋大国和海洋强国的权益和义务。

1. 在太平洋多金属结核 CC 区掀起了世界各国对海底固体矿产资源探测的第一浪潮

国际社会早期对"区域"资源的勘探，主要集中在多金属结核方面。1873 年英国"挑战者"号科学考察船在进行环球考察时在大西洋首先发现了多金属结核，但直到 20 世纪 60 年代，由于美国学者 Mero 指出其潜在经济价值，加上战后经济复苏，金属价格上涨，人们才注意到多金属结核的经济潜力。此后，以美国公司为主体的一些跨国财团开展了大规模的海上探矿活动。从 1962 年开始，美国肯尼科特铜业公司、萨玛公司、深海探险公司和海洋资源公司在东太平洋海盆进行了多金属结核资源调查、勘探和采矿试验。1972 年 Horn 在纽约主持召开了第一次国际多金属结核主题研讨会，发表了《世界锰结核分布图》和《大洋锰、铁、铜、钴和镍含量分布图》。提出北太平洋北纬 6°30′—20°，西经 110°—180°之间的地区为多金属结核富集带，叫做"银河带"，简称 CC 区。1975 年，美国国家海洋与大气管理局在东太平洋 CC 区实施"深海采矿环境研究计划"，作为成果出版了《太平洋锰结核区海洋地质学与海洋学》。到 20 世纪 70 年代末，第一代具有商业开发远景的多金属结核矿区基本确定，其开采技术研究也取得重大进展。

苏联于1987年第一个向联合国提出多金属结核矿区申请。对太平洋多金属CC区的探测、勘探与区域圈定，掀起了世界各国对海底固体矿产资源探测的第一浪潮，世界多个国家都圈定本国的权益区，并与国际海底管理局签订了勘探合同。但由于深海采矿前景不明朗，跨国公司放缓了"区域"活动的步伐，以政府资助的实体为主的活动逐步取代了跨国财团的活动。

2. 国际海底矿产资源探测走向制度化和多样化

海底固体矿产资源勘查与利用已上升为世界海洋强国的国家战略，各发达国家将国际海底矿产资源探测从单一的多金属硫化物探测走向多样化，拓展到富钴结壳、多金属硫化物以及深海磷矿等。发达国家利用对国际海底管理局的主导权，制定各种矿产资源勘探的规章制度，利用国际规则来保障各国在国际海底矿产资源权益上的最大化。俄罗斯1998年率先向国际海底管理局提出制定深海资源法律制度的动议。国际海底管理局理事会于2000年、2010年和2013年分别通过《"区域"内多金属结核探矿和勘探规章》、《"区域"内多金属硫化物探矿和勘探规章》和《"区域"内富钴结壳探矿和勘探规章》。

同时，各国自身也制订出详细的深海研究计划。2000年6月美国前总统克林顿发布海洋勘探长期战略及措施，提出最大程度地从海洋中获得各种利益，启动了美国海洋勘探新纪元。日本启动的"深海研究计划"投资达21.5亿美元，同时，投入巨资支持日本海洋科学技术中心发展，该中心开发的无人遥控潜水器工作深度已达11 000米。日本对天然气水合物开发技术的储备与发展，使其有可能在21世纪成为第一个进行天然气水合物开发的国家。印度的深海采矿活动完全由政府出资支持，1996—2000年在天然气水合物调查与技术开发方面投入了大量资金。韩国等也加大了深海资源勘查的投资力度，于1998年成功研制了6 000米AUV，在太平洋有关国家海域进行热液硫化物和富钴结壳矿区的选区调查。

3. 国际商业勘探使多金属硫化物矿区纷争加剧

澳大利亚的鹦鹉螺矿业公司（Nautilus Minerals Niugini Limited）于2005年率先对巴布亚新几内亚专属经济区内的硫化物资源进行了商业勘探。截至2011年12月，鹦鹉螺矿业公司已经获得汤加、斐济、所罗门群岛、新西兰和瓦努阿图等南太平洋岛国专属经济区内超过 49 万平方千米的硫化物勘探区，其中包括约 20 万平方千米的授权区和 29 万平方千米的申请区。海底硫化物资源的商业勘探在一定程度上推动了国际海底区域内硫化物资源调查的发展。2010 年 5 月，国际海底管理局通过了《"区域"内多金属硫化物探矿和勘探规章》，各国正在争相申请。2011 年，国际海底管理局第 17 次会议相继核准了中国关于西南印度洋脊的 1 万平方千米和俄罗斯关于北大西洋脊的 1 万平方千米硫化物矿区申请。2012 年，韩国和法国成为第二批申请国际海底硫化物资源勘探权的国家，其申请区分别位于中印度洋脊和北大西洋中脊。

（五）深海生物探测与研究方兴未艾

1. 深海基因资源重要性受到国际社会广泛关注

近几年来，国际社会对国际海域遗传资源普遍重视。无论发达国家还是发展中国家，都认识到了管辖海域之外的海洋遗传资源的重大潜在应用价值。其中特别是深海极端环境中的生物资源，如深海热液口生态系统及其所蕴藏的特殊生物资源引起了国际社会的高度关注。

美国、日本等发达国家凭借其强大的经济实力，加上数十年深海调查经验和实力，坚持先入为主、自由采探，即"自由进入"原则，并主张知识产权的保护。相反，发展中国家主张"人类共同遗产"原则，坚持利益共享，并支持限制开发。为此，联合国会员大会成立了"国家管辖以外海域的海洋生物多样性工作组（Working Group on Marine Biodiversity Beyond Areas of National Jurisdiction）"，每两年召开一次会议，讨论海洋生物多样性保护与基因资源的权益归属。

2. 发达国家深海生物勘探与观测的技术装备

在深海生物勘探与深部生物圈观测方面，美国、日本、法国等国家技术领先。自 1977 年美国"阿尔文"号最先在太平洋深海热液区发现了完全不依赖于光合作用的生态系统后，地球生命极限不断有新发现。深海钻探发现，海底下 1 626 米的地球内部也有微生物存在。

美国、法国、德国、日本等国家在深海生物保压取样、深海微生物原位实验与深海生态系统模拟与大型生物培养方面具有良好的调查技术装备和调查经验（图 1 - 3 - 13）。欧盟海洋科学和技术计划支持研制的保压取样器，最大工作水深为 3 500 米。美国研制的深海热液保压取样器，最大工作水深为 4 000 米，采用耐腐蚀的钛合金制作，可采集最高温度达 400℃的热液样品。目前，美国、日本、法国等在深海生物勘探与观测方面拥有先进技术。

a. 深海微生物环境采样装置   b. 深海微生物原位富集培养设备

图 1 – 3 – 13 　国外研制的深海生物调查设备

3. 深海生物基因资源的发掘和利用

在海洋生物基因资源（MGRs）的开发利用方面，美国、日本、法国等在深海生物技术方面占据主动，政府、企业以及私人财团投入了大量资金。全球已经有超过 18 000 个天然产物和 4 900 个专利与海洋生物基因有关，人类对 MGRs 知识产权的拥有量每年在以 12%的速度快速增长，说明 MGRs 不再是一个应用远景，而是一类现实的可商业利用的重要生物资源。基因组测序技术与生物信息技术的发展，大大提高了海洋微生物基因资源的发现与发掘速度。2004 年 Craig Venter 一次报告的海洋生物新基因数就超过原国际基因数据库的总和；在 2004—2008 年间，美国的一个私人基金 Gordon and Betty Moore 基金就为 53 个海洋微生物基因组测序项目投入总计约 1.3 亿美元。新一轮的深海微生物研究计划正在酝酿中。此外，地球"深部生物圈"的发现推动地学和生命科学的融合，形成了新的学科交叉。

（六）海洋可再生能源产业初露端倪

目前世界上共有近 30 个沿海国家在开发海洋可再生能源，部分国家已经实现了商业化运行。

1. 潮汐能开发

潮汐能发电技术主要是基于建筑拦潮坝，利用潮水涨落的水能推动水轮发电机组发电。在所有海洋可再生能源技术中，潮汐坝是最成熟的技术，目前世界上已经有多座潮汐电站实现商业化运行，如韩国始华湖潮汐电站（25.4 万千瓦）、法国朗斯潮汐电站（24 万千瓦）、加拿大芬迪湾安纳波利斯潮汐试验电站（2 万千瓦）等。还有一些新的建设和可行性研究正在进行。但由于潮汐发电对环境存在潜在的负面影响，工程建设需要巨额投资，因此规模化潮汐能电站建设受到一定的制约。

2. 波浪能开发

波浪能发电是继潮汐发电之后，发展最快的技术。目前世界上已有日本、英国、美国、挪威等国家和地区在海上研建了 50 多个波浪能发电装置。其结构形式、工作原理多种多样，包括振荡水柱式（OWC）、筏式、浮子式、蛙式、摆式、收缩波道式、点吸收式等技术形式。目前欧洲的波浪能发电技术整体居于领先地位，特别是近几年来，欧洲国家在此方面取得了很多进展。英国 Pelamis（海蛇）公司开发的 Pelamis 筏式波浪能装置，单机装机容量已达 750 千瓦，初步具备商业化运行能力。2008 年，Pelamis 公司与葡萄牙公司合作，建设了总装机容量达 2 250 千瓦（3 × 750 千瓦）波浪能电站，目前，该公司研发的第二代 Pelamis 技术——P2 Pelamis 已经在欧洲海洋能中心（EMEC）开展了海上试验。Power Buoy 点吸收式波浪能装置由美国海洋能源技术公司研制，并得到美国海军支持以用于为水下侦听系统长期供电。该公司最新研制的 Mark3 Power Buoy 波浪能装置已完成海试，最大发电功率达到 866 千瓦。

3. 潮流能开发

潮流能发电也是近几年来发展较快的海洋可再生能源发电技术，以英国为代表的欧洲国家掌握的潮流能发电技术代表着国际最高水平。英国 MCT 公司研制的 SeaGen 系列机组已经达到了兆瓦级的水平。目前，英国、美国、加拿大、韩国等国家，已有较大规模的项目在实施当中，未来几年将会有数个 10 兆瓦级电站建成。英国 Marine Current Turbine 公司是目前世界上在潮流发电领域取得显著成就的单位之一。该公司设计了世界上第一台大型水平轴式潮流能发电样机——300 千瓦的"Seaflow",并于 2003 年在 Devon 郡北部成功进行了海上试验运转。该公司第二阶段商业规模的 1 200 千瓦的 Seagen 样机也于 2008 年在北爱尔兰 Strangford 湾成功进行了试运行,最大发电功率达到 1 200 千瓦。

4. 海洋温差能开发

海洋温差能发电有 3 种方式:开放式、封闭式和混合式。温差能资源主要集中于低纬度地区,温差能应用技术的研究也就主要集中在温差能资源丰富的地区,如美国、日本、法国与印度等,并得到了国家计划的支持。1979 年,美国在夏威夷海域建成世界上第一座海洋温差发电系统,平均输出功率 48.7 千瓦;1980 年,在该海域建造了 1 兆瓦闭式试验装置;1993 年,在该海域建成了最大发电功率 255 千瓦的岸式温差能开式循环发电试验装置。1980—1985 年,日本政府和电力公司共同出资,建成了 3 座离岸式海洋温差试验电站。

5. 盐差能开发

目前提取盐差能主要有 3 种方法:①渗透压能法(PRO)——利用淡水与盐水之间的渗透压力差为动力,推动水轮机发电;②反电渗析法(RED)——阴阳离子渗透膜将浓、淡盐水隔开,利用阴阳离子的定向渗透在整个溶液中产生的电流;③蒸汽压能法(VPD)——利用淡水与盐水之间蒸汽压差为动力,推动风扇发电。渗透压能法和反电渗析法有很好的发展前景,目前面临的主要问题是设备投资成本高,装置能效低。蒸汽压能法装置太过庞大、昂贵,这种方法还停留在研究阶段。2008 年,Statkraft 公司在挪威的 Buskerud 建成世界上第一座盐差能发电站。2012 年,日本佐贺大学与日本横河电机等单位合作,在冲绳建成最大发电功率 50 千瓦的盐差能示范试验电站并投入试运行。

6. 海洋生物质能开发

近年来,以海洋微藻为主的海洋生物质能开发利用技术研究逐渐成为发达海洋国家的研究热点。微藻富含多种脂质,硅藻的脂质含量高达 70% ~85%,世界上有近 10 万种硅藻。全球石油俱乐部评估,1 公顷微藻年产 96 000 升生物柴油,而 1 公顷大豆只能生产 446 升柴油。

2007 年 9 月,美国 Vertigro 公司在德州 El Paso 的海藻研发中心正式启动商业运营，开始大量生产快速生长的海藻，并以此作为原料，用于生物燃料的生产。目前，Vertigro公司已与葡萄牙和南非的合作伙伴签约，将海藻的工业化生产推向商业化应用。

（七）海水淡化与综合利用已产业化且发展迅速

目前，海水淡化与综合利用技术在解决全球范围内淡水短缺问题上发挥着越来越重要的作用，并已经形成产业。

1. 海水淡化

国际上最先采用海水淡化技术的是阿联酋、科威特等中东石油国家，北非、欧洲、中北美洲、东南亚一带的国家海水淡化技术应用程度也很高，一些海岛地区几乎完全依赖于海水淡化。据国际脱盐协会统计，截止到2011年年底，世界范围内海水淡化总装机容量约为7 740万吨/日，解决了超过2亿人的用水问题。当前，国际上已商业化应用的海水淡化的技术主要有：多级闪蒸、低温多效和反渗透。且随着技术的进步与发展，海水淡化单机规模呈现大型化趋势，已达到万吨级水平。世界上最大的多级闪蒸、低温多效和反渗透海水淡化单机规模分别为7.9万吨/日、3.6万吨/日和1.5万吨/日，且近几年新建的海水淡化工程日产淡水大多在几十万吨。目前，世界上最大的多级闪蒸海水淡化厂建于沙特阿拉伯，日产淡水88万吨；最大的低温多效海水淡化厂也建于沙特阿拉伯，日产淡水80万吨；最大的反渗透海水淡化厂建于以色列，日产淡水37万吨。

2. 海水直接利用

海水直流冷却技术有近百年的发展历史，技术已基本成熟。年前，国际上大多数沿海国家和地区都普遍应用海水作为工业冷却水，其用量已超过7 000亿立方米。无公害和环境友好化是海水直流冷却技术的发展趋势。在海水循环冷却技术方面，自20世纪70年代比利时哈蒙（HAMON）公司建造了第一座自然通风海水冷却塔起，经过30多年的发展，国外海水循环冷却技术已进入大规模应用阶段，产业格局基本形成，市场范围不断扩大，已建成了数十座自然通风和上百座机械通风大型海水冷却塔。目前，世界上最大的单套系统海水循环量已达15万吨/时。

3. 海水化学资源利用

在海水化学资源利用方面，目前，全世界每年从海洋中提取海盐6 000

万吨、镁及氧化镁 260 余万吨、溴素 50 万吨。美国仅溴系列产品就达 100 余种。以色列从死海中提取多种化学元素并进行深加工,主要产品包括钾肥、溴素及其系列产品、磷化工产品等,实现年产值 10 多亿美元。

(八)深海采矿装备与系统已初步具备商业开发能力

1. 20 世纪 70 年代国外多金属结核采矿系统海试情况

国际上大规模的深海固体矿产资源开采技术研究始于 20 世纪 50 年代末对多金属结核开采技术的研究,出现过多种技术原型和样机。1972 年,日本对连续绳斗法进行采矿试验。1979 年,法国对穿梭艇式采矿系统进行研究开发。这两种方法都由于技术方面的原因而终止了研究。目前比较成功的是由一些以美国公司为主的跨国财团提出的气力(水气)管道提升式系统,由海底采矿机,长输送管道和水面支撑系统构成。具有代表性的是 OMI (Ocean Management Inc) 1978 年在太平洋克拉里昂—克里帕顿地区进行 5 200 米水深采矿试验。此次海试进行了 4 个航段,从海底采集了 800 余吨金属结核,产量达 40 吨/时,被认为验证了深海多金属结核采集的技术可行性。

可以认为,美国等西方发达国家已基本完成了深海多金属结核采矿的技术原型及中试研究,一旦时机成熟,便能组织工业性试验并投入商业开采。

2. 近年来印度、韩国和日本的深海采矿系统研究及计划

进入 20 世纪 90 年代后,国际海底区域活动开始在有关国际法律制度下进行。对各先驱投资者而言,发展深海采矿技术既是自身的需求又是应承担的义务。

印度拥有一个预算庞大的深海资源开发研究计划,在采矿技术研究方面,采取与德国 Siegen 大学合作的方式进行,于 2006 年在印度洋进行 500 米水深的扬矿试验(图 1 - 3 - 14)。

日本 20 世纪 60—70 年代便致力于深海采矿技术研究。在此基础上,1997 年在北太平洋进行了 2 000 米水深的海试,该系统采用的是拖曳式集矿机。鉴于对国际稀土市场的过度依赖,日本政府决定支持《海洋可再生能源与矿物资源开发计划》。计划显示,日本将从 2009 年度开始对其周边海域的石油天然气等能源资源以及稀土等矿物资源进行调查,主要调查其分

图 1 – 3 – 14　印度 500 米海试（2006 年）

布情况和储量，并计划在 10 年以内在完成调查的基础上进行正式开采。

　　韩国的海底固体矿产开采研究由其国家"深海采矿技术开发与深海环境保护"项目支持，多金属结核采矿采用 OMA 系统为原型的管道输送系统，自 2000 年开始，进行了一系列的试验，2013 年 7 月 19 日，韩国海洋科学技术院（KIOST）在韩国浦项东南 130 千米海域成功开展了 MineRo 号采矿机器人海底 1 380 米锰结核采矿实验（图 1 – 3 – 15）。基于试验结果，韩国计划在 2015 年完成 2 000 米深海底采集多金属结核的商业开采技术。

图 1 – 3 – 15　韩国采矿机器人海底 1 380 米锰结核采矿实验（2013 年）

3. 国外深海富钴结壳和多金属硫化物开采技术研究情况

20 世纪后期，"国际海底区域"活动从多金属结核单一资源向富钴结壳、热液硫化物等多种资源扩展。近年来，澳大利亚的鹦鹉螺矿业和海王星矿业两家公司在多个西南太平洋国家专属经济区内申请了 100 多万平方千米的勘探区，开展了大量针对海底多金属硫化物的勘探。2006 年，鹦鹉螺矿业公司进行了一次海底多金属硫化物的原位切削采集试验，试验通过在一个 ROV 上加装旋轮式切削刀盘、泵、旋流器和储料仓等在海底进行了原位海底多金属硫化物切削及采集试验，从海底采集了大约 15 吨矿石，证明了用这种开采方案和设备的技术可行性。2008 年，海王星矿业公司针对目前深海岩芯取样达不到大洋洲联合矿石储量委员会资源评价取样要求的问题，提出了一个命名为"三叉戟计划"的方案，该方案计划在勘探矿区进行一个 25% 商业开采能力的试开采，测试和验证矿物开采和提升方案，并为资源评价提供大规模的矿样。2011 年 1 月，巴布亚新几内亚政府将世界上第一个深海采矿租约发给鹦鹉螺矿业公司，由该公司开发俾斯麦海域的 Solwara 1 号项目。鹦鹉螺矿业公司打算开采在海底约 1 600 米深处的高品位铜矿和金矿，计划年生产量超过 130 万吨矿石，分别含有约 80 000 吨铜和 150 000～200 000 盎司黄金。

二、面向 2030 年的世界海洋探测与装备工程发展趋势

（一）国家需求导向更加突出

海洋科技服务于经济、社会发展和国家权益的国家需求目标更为突出和强化，国家需求成为未来海洋科技发展的强大动力。各国不断加大海洋科技投入，制定海洋科技发展战略，发展海洋高技术，促进国家社会经济的发展。各国通过深海探测对国际海底的竞争方兴未艾，美国、日本、俄罗斯、法国、英国等许多国家都把海洋资源的开发和利用定为重要战略任务，竞相制定海洋科技开发规划、战略计划，优先发展深海高新技术，以加快本国海洋开发的进程。当前，围绕北极海域的权益争夺日趋白热化，在东海海域的摩擦也不断升级，主要原因是这些海域的巨大经济价值和战略地位。

（二）深海探测仪器与装备朝着实用化发展，功能日益完善

海洋通用技术作为水下探测装备的核心部件和关键技术，朝着模块化、标准化、通用化发展。当前，在水下水密接插件方面，已经出现满足不同水深、电压、电流的电气、光纤水密接插件产品；在水下导航与定位方面，IXsea 公司推出了满足水面、水下 3 000 米、6 000 米分别用于水面舰船、潜艇、ROV、AUV 等不同用途的多种型号水下导航产品；在浮力材料方面，市场上已出现满足不同水深的，用于不同用途，包括无人潜水器、遥控潜水器脐带缆、水下声学专用的浮力材料；在 ROV 作业工具方面，已出现的水下结构物清洗、切割打磨、岩石破碎、钻眼攻丝等专门作业工具；水下高能量密度电池也实现了模块化，无需耐压密封舱就可以直接在水中使用。

海洋探测技术装备朝着多样化、多功能等方面发展。当前，用于水文观测的主要有遥感卫星、岸基雷达、潜标、锚定浮标、漂流浮标、Argo 浮标等。尤其是由 Argo 浮标组成的全球性观测网，收集全球海洋上层的海水温、盐度剖面资料，以提高气候预报的精度，有效防御全球日益严重的气候灾害给人类造成的威胁，被誉为"海洋观测手段的一场革命"。在海洋地球物理探测方面，主要有电、磁、声、光、震等探测平台对海洋地形、地貌、地质及重磁场进行探测。海洋地球物理探测平台朝着多功能化发展，将浅地层剖面仪、侧扫声呐、摄像系统等组成深海拖体，对海底进行探测。同时，海洋生态探测平台将荧光计、浊度计、硝酸盐传感器、浮游生物计数器及采样器、底质取样器等集成于一体，形成海底化学原位探测与采样装备。

（三）无人潜水器产业雏形出现，新技术不断涌现

经过半个多世纪的发展，ROV 已形成产业规模，并广泛应用于海洋观测和开发作业的各个领域。当前，国际上 ROV 的型号已经达 250 余种，从质量几千克的小型观测 ROV 到超过 20 吨的大型作业型 ROV，有超过 400 家厂商提供各种 ROV 整机、零部件以及服务。遥控潜水器及其配套的作业装备、通用部件已形成完整的产业链，有诸多专业提供各类技术、装备和服务的生产厂商。在 AUV 方面，技术趋于成熟，已有 AUV 产品上市。当前，多个系列 AUV 产品面向市场，如美国 Bulefin 机器人公司推出了 4 款 Bluefin 系列 AUV 产品，挪威康斯伯格公司推出了两个系列 8 款 AUV 产品，其中

Remus 系列 5 款，Hugin 系列 3 款 AUV 产品。西屋电气公司预测，未来 10 年全世界将有 1 144 台 AUV 需求，乐观估计市场额将达到 40 亿美元。

随着无人潜水器日趋成熟，基于无人潜水器的海洋探测新技术不断涌现。应用小型 AUV、水下滑翔机组成自适应采样网络对区域性海洋环境进行监测是当前研究热点之一，已有一些系统（如前述的 NJSOS 等）投入示范性应用。AUV 可以携带水体采样装置按照预定算法跟踪温跃层并采集水体样本，或者在漏油事故后自主追踪油液直至找到源头。混合型潜水器结合了 AUV 和 ROV 的技术特长，既可以定点观测作业，也可以在一定范围内走航，在北极冰下、深海热液等极端环境考察与探测中有应用优势。总之，无人潜水器符合海洋探测装备无人化、智能化的发展方向，无人潜水器与海洋探测应用的结合也愈加紧密。

（四）立体化、持续化的实时海洋观测将成为常态化

海洋观测正在从单点观测向观测网络方向发展。单点海洋观测只能够获得局部的，时空不连续的海洋数据，对海洋规律的认识不够全面，难以深入。由多种海洋观测平台组成的观测网能长期、实时、连续地获取所观测海区海洋环境信息，为认识海洋变化规律，提高对海洋环境和气候变化的预测能力提供实测数据支撑。海洋观测网络整体的发展趋势主要体现在两个方面：从系统规模来说，新的海底观测系统规划的建设规模也越来越大，逐步由点式海底观测站向网络式海底观测系统发展；从系统选址看，海底观测系统建设的地点将逐步完成对重要海域的覆盖，从而为海底地震、海啸观测预警报、海洋物理科学研究及军事应用等提供越来越充足的支持。

海洋立体观测将成为常态化。遥感卫星、岸基雷达、潜标、锚定浮标、漂流浮标、Argo 浮标、无人潜水器等观测平台与海底观测网相互连接形成立体、实时的海洋环境观测及监测系统，不仅可以对当前状态进行精确描述，而且可以对未来海洋环境进行持续的预测。各国纷纷开发研究海洋技术集成，建立各种专业性海洋观测网络，如日本的海底地震监测网、美国深海实验网、新泽西生态观测网、军事观测网等，并在此基础上构建全局海洋观测网，在大尺度上实现常态化观测，来研究气候变化、海洋环流和生态系统动力学、大气 – 海洋物质交换、海底过程，以及板块级地球动力学。

（五）深海海底战略资源勘查技术趋于成熟，已进入商业化开采前预研阶段

深海矿产资源勘查技术向着大深度、近海底和原位方向发展，精确勘探识别、原位测量、保真取样、快速有效的资源评价等技术已成为发展重点。多金属结核、软泥状热液硫化物的开采已完成技术储备，块状热液硫化物的开采已有技术积累。深海微生物的保真取样和分离培养技术不断完善，热液冷泉等特殊生态系统的研究正在揭示深海特有的生命规律，深海微生物及其基因资源的开发利用，初步展现了其在医药、农业、环境、工业等方面的广泛应用前景。

进入 21 世纪，"国际海底区域"活动从面向多金属结核单一资源扩展到面向富钴结壳，热液硫化物等多种资源发展。面向富钴结壳和多金属硫化物的深海采矿技术，已成为一些国家的研究热点。尤其是多金属硫化物资源，由于其成矿相对集中、水深浅、大多位于相关国家专属经济区等优点，被认为将早于多金属结核而进行商业开采，已进入商业化开采前预研阶段。到目前为止，有关富钴结壳和多金属硫化物的开采技术研究基本上是在多金属结核采矿系统研究的基础上进行拓展，主要集中在针对富钴结壳和多金属硫化物特殊赋存状态，进行资源评价、采集技术和行走技术研究。

（六）海洋可再生能源开发利用技术将成为未来焦点之一

面对节能减排、应对全球气候变化的巨大压力，海洋可再生能源作为战略能源地位已逐步得到国际社会的认同。以英、美为代表的发达国家和以印度、巴西为代表的发展中国家，纷纷将海洋可再生能源提升为战略性储备能源，纷纷出台相关规划和政策，引导私有资本投入海洋可再生能源领域，推动海洋可再生能源产业化发展，企图垄断未来能源市场，新一轮能源技术竞争局面已初步形成。

（七）海水淡化与综合利用技术日趋成熟，未来国际市场潜力巨大

水是基础性自然资源和战略性经济资源，与粮食、石油并列为 21 世纪三大战略资源。海水利用是解决全球水资源短缺问题的重要途径，且随着全球人口的增加和水资源的短缺以及海水淡化技术成本的下降，国际海水淡化与综合利用市场潜力巨大。2010 年，全球海水淡化工程的总投资已超过 300 亿美元，且每年以 20% ~30% 的速度递增。2015 年预计将达到近 600 亿美元。国际上海水淡化与综合利用经过多年的发展，技术日趋成熟，环境日趋友好,成本逐步降低,应用地区和范围日益广泛,正在出现大规模加速发展的趋势。特别是其中的海水淡化技术已成为部分沿海国家和地区的主要水源,全世界约有3%的人口靠海水淡化提供饮用水。在中东地区和一些岛屿地区,淡化水在当地经济和社会发展中发挥了重要作用,已成为其基本水源。

第四章 我国海洋探测与装备工程面临的主要问题

中国在海洋探测与装备工程经过近20年的发展，技术上有了长足进步，但总体水平与世界先进水平相比，仍存在较大差距，与建设海洋强国的目标要求还不相适应。

一、国内外发展现状比较

我国海洋探测技术与装备经过多年的发展，已有了突破性的进展，但总体水平与世界先进水平相比，仍存在较大差距（图1-4-1）。图1-4-1中，黑色折线代表当前国际上海洋探测与装备工程相关技术发展的最高水平，蓝色折线表示我国相关技术所处水平，图中每格表示10年的差距。

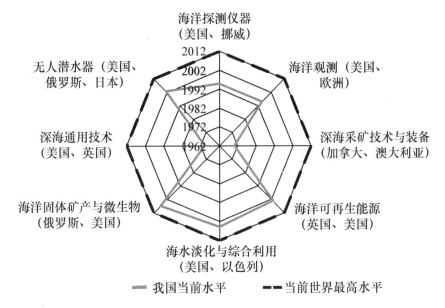

图1-4-1 国内外发展比较雷达图

具体来说，在深海固体矿产探测方面，基本上保持与国际上同步发展水平，不过受制于海底探测基础理论、探测技术、调查和评价方法研究基础薄弱，致使深海资源评价技术存在发展"瓶颈"。在海水淡化与综合利用方面，基础材料、关键设备研发等方面相对落后，整体上与国际先进水有5~10年的差距。在海洋观测仪器、无人潜水器与海洋观测网方面，整体落后国际先进水平10年以上。海洋传感器、观测装备仪器与设备研究相对落后，在探测与作业范围和精度，使用的长期稳定性和可靠性等方面与国际先进水平差距还很大；同时，我国目前正在建设海洋观测网系统，关键技术处于探索研发阶段。深海通用技术和深海采矿技术与装备方面，起步晚、发展慢，目前仅处于国际20世纪70年代的水平。深海通用技术大多处于样机阶段，没有形成标准化和系列化的深海通用技术产品，关键通用部件或设备主要依靠外购；深海采矿系统与装备尚处于试验研究阶段，需要进行海试，与国际上已经开展的海上试开采技术相比，差距尚大。

二、当前面临的问题

（一）海洋探测技术与装备基础研究薄弱

1. 基础研究相对薄弱

在海洋观测网方面，技术起步较晚，尚有很多技术"瓶颈"和难题，包括低功耗的海底观测仪器、移动观测平台与固定观测平台的联合组网技术等。当前的研究主要还处在观测网的硬件设施建设上面，而对观测网建成后的后续研究尚未开展，譬如如何利用海洋观测网获得更好的数据来研究和揭示海洋现象、如何整合多个局部的海洋观测网络形成全国性、甚至更大范围的观测网络问题等。

海底探测基础研究薄弱。在海底固体矿产探测方面，缺乏系列化探测装备，虽然在国际海底发现了30多处海底热液喷口，但对海底热液喷口的精确定位能力不足，而且受制于海底探测基础理论、调查和评价方法，研究基础薄弱，致使深海资源评价技术存在发展"瓶颈"。尤其是在深海矿产资源开采关键技术方面，国外20世纪70年代末便完成了5000米水深的深海采矿试验，我国2001年才进行135米深的湖试，而且湖试中实际上对其采集和行走技术的验证并不充分。同时，我国对富钴结壳和海底多金属硫化物矿的采矿方法和装备的研究还处于起步阶段。在深海生物基因资源研究方面，与发达国家之间的差距较大，特别是在深海生态观测、精确采样、培养技术与极端微生物资源获取方面；在生物多样性调查方面，我国主要集中在东太平洋多金属结核合同区与西太平洋海山结壳调查区开展了底栖多样性调查，在其他国际海域仅进行了少数几个航段，而且缺乏深海长期生态观测的技术手段。

2. 基础平台建设薄弱

缺乏技术装备试验或标定测试的公用平台和公共试验场。与发达国家相比，我国基础平台建设比较薄弱，目前还没有可投入应用的海洋环境探测、监测技术海上试验场，给探测监测仪器性能测试与检测检验带来了困难，制约了海洋环境监测、探测工程技术走向业务化，实现产业化的进程；缺少海洋环境探测、监测工程技术发展的技术支撑保障基地，影响着我国海洋探测、观测工程技术资源的凝聚与整合。

（二）海洋传感器与通用技术相对落后

海洋传感器与通用技术制约了我国海洋探测与作业水平的提高。传感器是海洋探测装备的灵魂，虽然我国在海底探测装备集成方面有了突破性的进展，但是在核心传感器方面严重依赖进口。另外，在深海通用技术与材料方面，如浮力材料、能源供给、线缆与水密连接件、液压控制技术、水下驱动与推进单元、信号无线传输等，在探测与作业范围、精度，集成化程度和功率，操作的灵活性、精确性和方便性，使用的长期稳定性和可靠性等方面，差距都还很大。这种情况制约着我国深海探测与作业装备的发展，继而影响资源勘查和开发利用活动的开展，限制了我国深海海上作业的整体水平的提高。

海洋传感器与通用技术阻碍了海洋装备产业化进展。海洋传感器与通用技术处于海洋装备产业链的上游，由于当前国外厂商处于垄断地位，提高了我国海洋装备集成的成本，造成国产海洋装备的可靠性不如国外产品的同时在价格上相比也没有明显的优势，使得国内用户不愿意购买及使用国产海洋装备，再加上缺少供海洋仪器设备试用的公共试验场，从而产业化进程举步维艰。

（三）海洋可再生资源开发利用装备缺乏核心技术

我国海洋可再生能源研究虽然起步较早，但缺乏对核心技术的掌握，整体技术水平较低，海洋可再生能源装备在能量转换效率和可靠性方面，以及有关设备制造能力和生产能力与国际先进水平相比存在一定差距。同时，缺少专门从事海洋可再生能源开发利用的研发机构，从事相关技术研究的科研人员力量较为分散，没有形成合力，创新力度明显不足。

海水淡化与综合利用方面缺少自主核心技术，工程装备国产化水平低，设备制造与配套能力较弱，基础化工原材料和关键设备主要依赖于进口。目前，海水淡化产品水多限于企业自用，对外供水以及为民用供水的较少；且与自来水相比，缺乏科学合理的水价体系和运行机制，市场竞争力较差。

（四）海洋探测装备工程化程度和利用率低

研发相对封闭，与用户需求驱动、成品产业化、构建产业链和商品市场化严重脱节。尽管经过10多年的努力我国的潜水器技术有了突破性的进展，特别是在7 000米载人潜水器、"海龙Ⅱ"型3 500米ROV、6 000米AUV的研制过程中，通过引进、消化和吸收，掌握了一批潜水器关键技术。但是与世界先进国家相比，我国的海洋探测装备技术还处于发展阶段，在工程化、产业化方面有较大差距。我国从事潜水器产品相关服务的公司多为国外产品代理商，大多没有和潜水器技术研究单位组成有效的产品化机制。国外海洋探测装备的发展从研究、开发、生产到服务已形成一套完整的社会分工体系，通过产品产生的利益来促进科研的发展，形成了良性循环；而国内科学研究机构和产业部门之间联系不紧密，尚没有从事产品研发的专业化公司，无法形成协调一致的产业化互动机制，很多研究成果难以真正形成生产力，致使工程化和实用化的进程缓慢，产业化举步维艰，远远不能满足海洋科学研究及海洋开发利用的需求。

同时，由于研究部门分散，大型海洋探测装备参与研制部门过多，探测装备后期保障和维护困难。探测装备研制部门与用户脱节，现有探测装备长期闲置，利用率偏低，技术与科学相互促进能力不足。

（五）体制机制不适应发展需求

急需制定海洋探测技术与装备工程系统发展的国家规划。目前，我国在海洋探测技术与装备方面还没有出台国家层面的发展规划，缺乏顶层设计。各部门独立制定发展规划，部分方面重叠，甚至出现在低层次方面重复性建设严重，不利于长远发展。

缺乏海洋探测技术与装备工程的国家或行业技术标准。在海洋探测技术与工程装备方面，尚没有制定国家统一标准。这样，一方面不利于研发成果向产品转化，不利于产业化进程；另一方面，工程样机技术水平参差不齐，数据接口与格式互不兼容，难以获取高质量可靠的海洋数据。

科学研究机构和产业部门之间的关系联系不紧密，致使很多研究成果难以真正形成生产力。研发力量大多集中在高校及科研院所，未能将技术研发与市场机制有效结合。国外有很多技术成熟的产品和专业的生产公司，他们能够很好地将科研成果转化为产品，通过产品产生的利益来促进科研的发展，形成了良性循环。这一问题在我国现阶段体现得尤为突出，国内缺乏专门从事深海通用技术产品的企业。

海洋探测仪器与装备产业缺乏长期稳定的激励政策。海洋仪器与探测装备产业具有投资周期长、风险高、需求量小等特点，而国家尚无出台具有针对性的激励措施，企业参与的动力不足。

第五章 我国海洋探测与装备工程发展的战略定位、目标与重点

一、战略定位与发展思路

在"创新驱动、支撑发展、引领未来"的方针指导下，以服务于捍卫国家海洋安全、海洋资源开发、海洋生态文明建设、海洋科学进步为主线，坚持以国家需求和科学目标带动技术，大力发展具有自主知识产权的海洋探测技术与装备，推动产业化进程，提高我国在深海国际竞争中的技术支撑与能力保障，为向更深、更远的海洋进军打下基础，拓展战略生存发展空间。

（一）满足捍卫国家海洋安全的战略需求

海洋安全是国家安全的重要组成部分。维护海洋权益，保障海洋安全是海洋工程与科技发展的重点方向。坚持军民统筹，发展海洋探测技术与装备，支持国家领土主权诉求，提供海洋军事信息获取保障，加强海洋维权执法能力，形成具有区域性主导地位的海洋强国，提高国际海洋事务话语权，维护和拓展国家海洋权益。

（二）满足推动社会与经济发展的战略需求

海洋产业已成为推动社会与经济发展的重要动力之一。海洋新兴产业快速发展依赖于海洋工程科技重大突破，以提升海洋科技对海洋经济增长贡献率。通过发展深海矿产和微生物资源探测技术与装备，提升深海矿产资源勘查、开采、选冶能力，保障国家资源战略安全；通过积极开展海洋可再生能源综合开发与利用，解决东部能源供给紧张及海岛能源供给；通过推进海水淡化与综合利用技术研发与应用，解决我国沿海及海岛地区水资源短缺问题，发展海水淡化与综合利用装备制造业、打造产业链条，培育海洋经济新的增长点。

（三）满足促进海洋科学进步的战略需求

观测是海洋科学研究的基础，探测技术与装备是进行海洋观测的保障。海洋探测装备的发展对地球系统科学理论的创新和发展具有举足轻重的作用。发展海底深钻技术，促进对地球深部结构及物质组成的认识，推进海洋地质、地球物理和极端微生物等多学科的发展；构建立体观测网络，揭示海洋动力过程；开展深海热液喷口活动区域生物多样性观测与研究，揭示现代海底成矿过程和生命起源环境。

二、战略目标

（一）总体目标

力争通过 40 年左右的发展，海洋探测技术与工程装备总体水平达到国际先进，部分领域达到国际领先，为建设海洋强国提供支撑。突破海洋通用技术和海洋装备核心零部件，使海洋装备由当前的集成创新转变为核心技术创新，装备国产化率不低于 80%，形成海洋资源勘查设备研发、生产、试验与应用的产业链，具备深海固体矿产资源商业化开采能力；构建立体化海洋观测网络，建成全海域数字海洋系统，提高环境保障与灾害预警能力；提高深海生物勘探能力，实现深海生态长时间观测以及精细观测与采样；海洋可再生能源成为我国偏远岛屿的主要能源，产业化逐步成熟；海水淡化规模达到 860 万米^3/日，对海岛新增供水量的贡献率达到 55% 以上，对沿海缺水地区新增工业供水量的贡献率达到 20% 以上；建成海上公共试验场，健全海洋仪器设备标准化评价体系，海洋仪器与装备实现规范化；人才队伍与产业发展相适应，形成一批具有国际影响力的高层次人才和团队。

（二）分阶段目标

到 2020 年，我国海洋探测技术与工程装备水平达到初等海洋强国（图 1-5-1）。海洋通用技术初步形成产业链，海洋探测装备突破核心技术，实现满足全海深、系列化探测能力；加强对海洋新型固体矿产资源的探知能力，深海固体矿产资源开采装备完成原理样机研制与海试，深海生物基因资源获取、资源潜力评估方面获得突破性进展；建成区域性、示范性海洋观测网络，实现对海洋灾害有效预警；建设集技术研发、工程示范、装备制造、试验检测于一体的综合海洋可再生能源产业化示范基地；海水淡化规模达到360万米^3／日，海水淡化原材料、装备制造自主创新率达到80%以上；建成资源共享、要素完整、军民兼用的海上原型示范试验场。

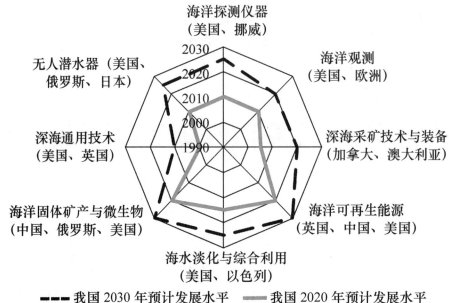

图1-5-1　分阶段发展雷达图

到2030年，我国海洋探测技术与工程装备水平达到世界中等海洋强国水平。建立健全海洋装备体系产业链，实现海洋探测与作业装备产业化；海洋矿产资源勘查水平满足国内需求，实现对外提供服务；建立深海生物资源产业化体系与促进机制，初步实现产业化；深海采矿装备实现定型，完成海上工业性试开采；建成综合性海洋观测网，实现常态化业务运行；建成世界一流的海洋公共服务平台，满足国家战略决策与海洋综合管理的需求；建成万千瓦级海洋可再生能源综合示范工程，面向海洋可再生能源资源丰富、能源需求突出的沿海或海岛地区推广应用，形成多能互补电力系统示范工程；海水淡化规模达到600万米^3／日，对海岛新增供水量的贡献率达到60%以上，对沿海缺水地区新增工业供水量的贡献率达到30%以上；建成可业务化运行的海上综合试验场，以及波浪能、潮流能实型海上试验场，建立健全海洋仪器设备标准体系。

预计到2050年，我国海洋探测技术与工程装备水平达到世界海洋强国水平。

三、战略任务与重点

（一）总体任务

坚持"深化近海、强化远海、拓展能力、支撑发展"的海洋科技发展方向，以促进海洋经济发展转变为主线，提高海洋工程科技在海洋经济中的贡献率。构建陆、海、空、天、水下一体化的海洋立体观测系统，促进海洋综合管理能力和建立海洋灾害实时预警系统；发展系列化海洋探测装备，提高深海矿产资源勘查、开采等技术，提升我国开展国际海域资源调查与开发的技术保障水平；发展深海通用技术，突破海洋探测装备开发"瓶颈"；建立海洋可再生能源示范工程和自主海水淡化与综合利用示范工程，缓解沿海和边缘海岛的用电、用水困境；建立公共海上试验场与海洋仪器设备标准化体系，服务于我国海洋科学研究、技术试验验证以及海洋仪器设备及海洋装备的测试检验。

（二）近期重点任务

1. 强化海洋观测与探测技术，提高海洋认知能力

（1）海洋综合观测技术。构建海洋观测网，突破近海与深远海环境观测关键技术，形成实时、快速观测能力；深化海洋管理技术，拓展海洋综合管理能力；发展水下机动观测系统，在敏感海域和重要国际海上通道实时进行目标态势感知和海洋环境观测与预报，保障国家海洋权益。

（2）深海矿产与生物资源探测技术。研发国际海底矿产和生物资源的探测、勘查、观测、取样和开采等关键技术与装备，建立深海热液区的资源探测与评价技术体系、深海环境与生物长期监测与评价技术体系，构建深海矿产与生物资源开发利用技术体系。

2. 发展海洋通用技术与探测装备，拓展海洋探测能力

（1）深海探测与监测通用技术与专用材料。开展深海材料技术、能源供给技术、水下探测、定位、导航和通信技术、深海装备加工制造工艺技术等研究，建立健全海洋装备产业链。

（2）海洋探测仪器与装备。开展水下声、光、电、磁、化学、水文等海洋观测传感器核心技术研究，突破海洋装备核心部件严重依赖进口的局面；开展新型无人潜水器研制，朝着航程更远、作业时间更长、可靠性更高、功

能更强的方向发展；加快水下遥控潜水器、自治潜水器、水下滑翔机等技术较成熟的海洋探测装备从工程样机到产品化过渡，推进产业化进程。

3. 完善科技基础条件，提升海洋自主创新能力

（1）国家海上公共试验场建设。建成资源共享、要素完整、军民兼用的海上综合试验场，提供海上公共综合试验平台，获取长期连续的海洋环境数据，形成要素完整的长序列数据库，提供测试与评价服务，进行业务化运行。

（2）海洋仪器设备标准化体系。规范和完善我国海洋标准化、计量、质量技术监督工作，加强计量检测资源整合和海洋仪器设备科技成果鉴定，形成完善的海洋仪器设备检测评价体系，为我国海洋探测与装备工程产业体系化和规模化发展提供制度保障。

4. 突破海洋资源开发关键技术，培育战略新兴产业

（1）海洋矿产资源。加大深海矿产资源勘查、开采、选冶等技术装备的研发力度，重点突破深海固体矿产资源开采总体技术、水下采集、行走技术与输运技术、水面支持系统等关键技术，完成原理样机研制与海试。

（2）海洋可再生能源。开展重点海区海洋可再生能源资源详查，为开发做准备；突破海洋可再生能源发电装置在高效转换、高效储能、高可靠性、低成本建造等方面的技术"瓶颈"；实施包括万千瓦级大型潮汐电站、海岛多能互补示范电站、海洋可再生能源并网示范电站在内的海洋可再生能源示范工程建设。

（3）海水淡化与综合利用。开发自主大型反渗透、低温多效海水淡化成套技术和装备，突破国产化反渗透膜、能量回收装置等技术"瓶颈"，在重点沿海城市和海岛建立示范工程；突破超大型海水循环冷却技术和装备，研发大生活用海水高效预处理、后处理技术和装备；研发高效节能的海水化学资源综合利用成套技术装备研发和产业化示范。构建我国自主海水淡化与综合利用技术、装备、标准和管理体系，培育新的海洋经济增长点，保障沿海经济社会的可持续发展。

四、发展路线图

以建设海洋强国为最终目标，按照"三步走"的方式在 2020—2030—2050 年分阶段构建海洋探测技术与装备工程体系（图 1 - 5 - 2）。

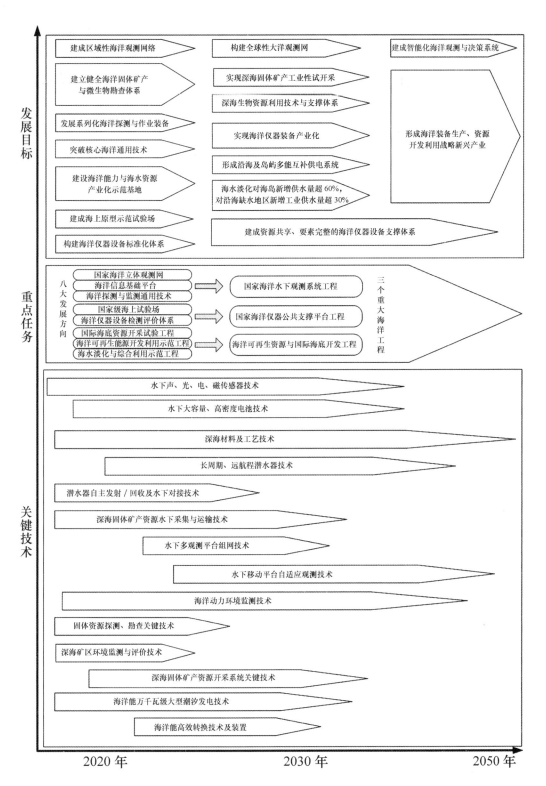

图 1-5-2 发展路线

在海洋观测网方面建成若干个区域性海洋观测网，形成全球大洋观测网，最终构建智能化的海洋观测与决策系统；在海洋探测与作业装备方面，突破海洋通用核心技术，发展系列化探测与作业装备，建立海洋固体矿产探采体系，形成海洋仪器装备产业化，完成深海固体矿产的工业性试开采，最终形成海洋装备生产、资源开发利用的海洋战略新兴产业；建成要素完整、资源共享的海洋仪器设备公共支撑体系。通过相关专项的实施，突破海洋探测与作业装备、海洋环境探测与监测和海洋资源勘查与利用等相关关键技术，建成与海洋大国地位相称的海洋探测与装备工程技术体系。

第六章   保障措施与政策建议

一、经费保障

（一）加大投入，重点支持海洋观测网建设与海洋探测技术发展

构建海洋观测网，开展海洋监测与探测，一方面推动海洋科学的进步；另一方面为政府实施海洋管理、海洋减灾防灾等提供决策支持；开展深海探测技术，探采国际海底战略资源，拓展国家发展战略空间，属于公益性、基础性的海洋科技研究与能力建设，国家应该加大投入，保证顺利实施。

（二）财政扶持，鼓励海洋可再生资源产业发展

海水淡化与综合利用和海洋可再生能源的开发利用目前处于发展的初级阶段，由于技术发展尚不完全成熟，并且受到规模限制造成成本较高，市场推广难。自主大型海水淡化与综合利用工程建设、运营经验不足，大型自主关键设备亟待工程验证。总的来说，海洋可再生资源具有储量巨大，加上绿色可再生的特点，前景非常可观。因此，国家应该在制定产业发展规划的同时，积极应用财政、金融、税收政策加以扶持与引导，同时鼓励社会多种融资渠道筹措资金为海洋可再生资源开发利用产业的发展提供强有力的资金保障。

（三）成立国家层面海洋开发与风险投资基金，鼓励海洋仪器设备研发

海洋仪器与装备研发通常具有周期长、耗资大、需求量小等特殊性，在市场尚未成熟之前，考虑到投资风险，企业参与的积极性不高。建议成立国家层面的海洋开发与风险投资基金，基金来源可采取政府拨款、国内外募捐、企业赞助等多种形式。基金主要用于资助海洋仪器与装备研究成果转化，创办海洋高科技企业。

二、条件保障

（一）建立海上仪器装备国家公共试验平台

建立国家公共试验平台，实行企业化、业务化运作，提供能够满足长期、连续、实时、多学科、同步、综合观测要求的试验平台和设施。建设资源共享、要素完整、军民兼用的海上试验场，为我国海洋仪器及海洋模型的研发与检验提供服务；建造能够支撑多种类型及大型海洋装备的综合试验船，为国内从事海洋观测装备产业研究的科研机构、中小企业提供海洋试验条件。

（二）建立海洋仪器设备共享管理平台

统筹开发、利用现有国内海洋探测装备，对以往采购的国有资产利用率低的，开展有偿租赁服务，使海洋探测工程装备的租赁业务常态化，企业化。对国家资助研发的海洋仪器装备，要实现共享，真正用于海洋科学研究。一方面解决目前设备利用率低下，甚至很多设备买来没有开封就项目结题、长期放置导致失效的问题；另一方面解决某些用户有真正需求而没有能力购买大型海洋仪器装备的问题。

（三）成立国家级海洋装备工程研究与推广应用中心

选择具有较强研发实力的企业和研究开发机构，统筹布局，有重点、分阶段建设一批国家重点实验室、国家工程中心、企业技术中心，积极推进产、学、研结合，强化深海高技术产业化基地建设，推进深海高技术的产业化进程。

（四）建立国家深海生物资源中心

在 15～20 年内，建成我国集深海生物多样性调查、深海生物资源勘探及深海基因资源开发利用的国家深海生物资源中心。建设内容包括生物样品库、微生物菌种库、基因资源库以及深海天然产物化学库，并建立深海生物资源共享服务体系、实现资源共享。国家深海生物资源储藏平台对深海战略资源的可持续发展和资源战略储备具有重要意义，为我国参与国际海底生物资源竞争提供平台支撑。

三、机制保障

（一）制定海洋探测技术与装备工程系统发展的国家规划

制定相关标准与规范，积极推动海洋高技术装备研制的标准化与规范化，强化规范化的海上试验与观测研究。积极推进产、学、研相结合，强化海洋高技术产业化基地建设，推动海洋技术产业联盟建设，发挥企业在成果转化过程中的主体作用。制定长期稳定的激励政策，扶持我国海洋高技术和装备制造业的发展，尤其对深海固体矿产勘探开发等高风险性的产业活动给予税收政策的倾斜和支持，鼓励企业走向深水和海外，推动我国海洋高技术产业的发展与壮大。

（二）扶持深海高技术中小企业，健全海洋装备产业链条

我国当前海洋装备主要集中在装备集成创新层面，核心部件几乎完全依赖进口，产业链的上游完全被国外公司控制。全面总结掌握国内海洋领域企业的布局和产业链情况，总体布局，扶持、培育、孵化相关企业，引导、筹备一些企业填补相关的空白，实现"定点打击"，解决目前海洋探测工程领域很多产业链薄弱、脱节的现象。在海洋基础传感器、海洋动力和生态仪器、海洋声学产品、海洋观测集成系统产品、水下运动观测平台、通用辅助材料及核心部件等方面各培育3~5家企业，健全海洋装备产业链条，培育海洋战略新兴产业。

四、人才保障

（一）加强海洋领域基础研究队伍建设

目前我国海洋科技人员的数量和整体水平远不能适应海洋事业发展的要求。尽管如此，还面临着人才流失严重、现有人才利用率低下的问题。诸多情况表明，我国海洋科研队伍文化技术结构不合理，已成为实施21世纪中国海洋战略的重大障碍。因此，加速培养海洋跨世纪人才，实施海洋人才战略就成了一个十分紧迫的战略任务。

（二）完善海洋领域人才梯队建设

在海洋科技人才的教育中，应注重高、中、低档教育合理分配，形成

科研与生产人员比例合理的人才培养体系。同时，针对当前高级技能人才匮乏的现状，应该综合利用国家教育资源积极恢复中等专业技术教育和职业教育，培养技术熟练的技能劳动者，弥补由于高等教育扩张导致的中等专业技术教育断代，专业技能人才断代现象。

（三）健全海洋领域人才机制建设

在国家层面，应建立有利于海洋人才工程战略的硬环境，制定有利于人才脱颖而出的政策。其次，完善人才流动机制，实现人才资源的合理配置，破除人才部门所有、单位所有的观念，打破人才流动中的不同所有制和不同身份的界限，促进人才合理流动。对于人才引进方面，多渠道引进国外智力资源，重点引进一批能够带动一个产业、一个学科发展的高层次留学人员，同时对于国内人才与引进人才也应该同等对待。

第七章 重大海洋工程与科技专项建议

一、国家海洋水下观测系统工程

（一）需求分析

1. 保障和促进海洋经济可持续发展需要海洋水下观测体系的技术支撑

发展海洋经济，提高海上生产活动的效率、效益和保证安全，开发海洋资源，拓展海洋战略发展空间，迫切需要加强对基础海洋环境要素的观测、加大对海洋资源的勘查勘测力度、提供高质量的海洋观测及环境预警报产品服务。这些需求的满足，依赖海洋水下观测体系。同时，在开发利用海洋资源、发展海洋经济，构建现代化海洋产业的同时，防治海洋环境污染，维护海洋生态，同样需要完善的海洋观测监测体系，认实时了解海洋生态环境现状及变化趋势，及时展开对环境污染的预防与治理。

2. 维护海洋权益，保障国家海洋安全迫切需要海洋水下观测体系提供海洋环境信息保障

我国与周边海上邻国间的海洋划界矛盾突出，海洋划界存在诸多争议；由于我国海上执法力量相对薄弱，部分岛、礁受到其他国家蚕食甚至长期霸占，尤其是近期的南海黄岩岛、东海钓鱼岛事件，将岛屿争端推向了新的高度；我国边远海域及无人岛、礁管理任务繁重；国际航行的主要海峡都处于传统海洋大国的控制之下，海上通道安全成了我国海上补给的软肋；水下威胁事关国家海洋安全。因此，迫切需要构建海洋水下观测体系，对敏感海域进行调查和研究，提高海洋环境保障和态势感知能力。

3. 提升海洋灾害防治与预警能力迫切需要建设海洋水下观测体系

南海与热带西太平洋等是袭击我国台风的主要生成源区，每年风暴潮灾害对我国沿海地区均造成重大经济损失。另外，我国地处西北太平洋活

动大陆边缘，是地震、海啸等海洋灾害多发区域，海洋地质灾害已成为对我国沿海和海洋经济、社会可持续发展的主要制约或影响因素。因此，迫切需要构建水下观测体系，通过对海洋水文和海底岩石圈动力学探测、监测和研究，提高海洋灾害的预报预警能力和维护经济社会可持续发展的环境保障能力。

4. 进一步提升海洋科学研究需要建立海洋水下观测体系

海洋科学是一门基于观测与发现推动的科学，海洋观测技术的发展是推动海洋科学发展的源动力。20 世纪，由于深海探测技术的发展，人类确立了全球板块运动理论，发现了深海热液循环和极端生物种群，带来了地球科学和生命科学的重大革命。至今，大量资料积累展现在我们面前的是一个软流圈 – 岩石圈 – 水圈 – 生物圈等多个圈层间存在复杂物质和能量传输、交换、循环的海底世界，而各圈层又存在各自的动力系统，这些系统最终都受洋底构造动力系统控制，显示出地球科学领域中洋底动力学的重要性。构建海底观测网络，作为第三个观测平台，获取长期、高分辨率的水下原位数据，将会有力地促进海洋科学研究。

（二）总体目标

紧密围绕我国发展海洋经济、建设海洋强国的战略目标，逐步建成覆盖我国管辖海域、大洋及南北两极水下观测体系，实现多尺度、全方位、多要素、全天候、全自动的立体同步观测，满足国家在海洋经济发展、海洋权益维护、海洋安全、海洋防灾减灾和海洋生态保护、海洋科学研究等方面的战略需求，为实现我国从世界海洋大国到世界海洋强国的转变提供保证。

（三）主要任务

1. 建立国家海洋综合立体观测网

1）区域长期立体观测系统

近岸观测台站建设。以现有海洋站点为基础，按照每个沿海县（区）规划一个以上海洋观测站点的基本原则，在我国近岸共建设 250 个以上海洋站点，对水文气象实现全要素观测。加强对南海海域的观测，在部分岛礁建立无人值守的海洋水文气象自动观测站。

构建海上多平台、多参数观测系统。利用 Argo 浮标、漂流浮标、潜标、海床基、海啸浮标、水质浮标及水下移动设备，形成对我国河口、近海海水水质、动力环境、生态环境、海平面变化以及赤潮、海啸灾害的实时同步监测。

区域海底长期观测网建设。利用海底光电复合缆，连接多种海洋观测仪器与设备，包括 ADCP、CTD、OBS 以及声学、电磁、光学、声呐阵等传感器，对海底地壳深部、海底表面、海水水体及海面的物理、化学、地质、生物等学科参数进行长期、综合、实时观测，为海洋生态环境监测与预测、海洋灾害预警预报、海洋科学理论研究提供试验平台和技术支撑。

2）公海长期观测系统

（1）西太平洋观测系统。在西太平洋重点海域布放浮标、深海潜标，形成中国大洋浮标网，并实施定期综合性观测断面，结合卫星遥感观测，跟踪黑潮、黑潮延伸体、琉球海流、热带西边界流。

（2）印度洋观测系统。在可建站国家建设岸基综合观测站，在印度洋重点海域布放深海浮标、深海潜标，形成中国印度洋浮标网，增加断面观测；利用卫星遥感观测，实时获取印度洋海洋环境资料，为我国在印度洋的战略"出海口"战略安全和航行保障提供支持和服务。

3）水下移动观测系统

建立由多种无人潜水器组成的水下无人机动测量系统，实现对海洋环境要素的观测，包括海底地形地貌、海流、海水温度/盐度、水下障碍物、海洋重力、海洋磁力等，完成重点海域的精细化测量；同时，能够对动态海洋现象和目标实现自适应观测。

4）观测网辅助系统

构建保障维护系统，包括日常检修、设备维护等。搭建数据传输网络，以专线网络、无线网络、卫星网络为依托，实现各种海洋观测信息的有效传输。构建数据管理系统，实现数据高速传输、海量数据汇总、处理和存储，数据共享分发与多功能可视化系统以及三维海洋实景实时再现与展示等。

2. 建设海洋信息基础平台

1）海洋数据资源建设

开展海洋数据资料整合，建设国家海洋数据中心及分节点；推进业务化数据获取与更新，提升业务化资料处理、产品制作与服务能力；建设国家海洋资料交换中心。

2）海洋空间信息资源开发

开展数字海洋多维信息基础平台研发，加强数字海洋空间信息组织与加载，实现数字海洋多维信息可视化。

3）数字海洋应用服务

开展数字海洋应用服务建设，包括海洋数据共享服务，海洋空间信息服务，特色专题应用系统服务，海洋科研应用服务，社会公众服务等。

4）数字海洋运行与保障

加强数字海洋运行与保障，包括安全保障体系建设，基础支撑环境的运行与维护，业务化运行保障与机制等。

3. 深海探测与监测通用技术

1）深海装备通用材料与工艺技术

发展深海装备通用材料，包括大深度低密度浮力材料、防腐、耐压、高强度、轻量化新型材料等；提高深海装备加工制造工艺技术，包括抗压结构与高压密封技术、水下焊接与切割技术、常温和透光海水环境下的防腐蚀和防生物污损问题等。

2）深海装备关键零部件研发

突破深海装备驱动系统关键技术，包括新型深海电机、深海推进器、深水液压泵与阀件等；掌握深海能源供给核心技术，包括长效高密度电池、燃料电池、小型核能电池等，解决水下电力传输、分配、养护、管理等技术；研制可满足长期使用、低功耗、高灵敏度深海通用传感器，包括深海照明与摄像器件、声学换能器、声学多普勒和声相关等水声测速装备、声学定位装备等；研制大深度水密接插件、水密光缆/电缆。

二、国家海洋仪器装备公共支撑平台工程 ▶

（一）需求分析

1. 海洋科技成果转化需要公共支撑系统

近十几年来，我国大力发展海洋高新技术研发，涌现出了大量的海洋高新技术成果，然而，由于中试环节的缺位，严重制约了海洋高新技术成果的有效转化，很多成果无法从实验室走向市场。同时，海洋探测装备科技成果转化为产品，需要建立专业的计量标准体系，对仪器设备的计量性能进行检定或校准，制定相应的产品标准，建立相应检测方法标准和质量监管体系，对仪器设备的产品质量进行检测和监管，促进仪器设备科技成果的产业化进程。海上公共支撑体系的建成将在极大程度上推动我国具有自主知识产权的海洋高新技术产品脱颖而出、占领国内市场并参与国际竞争，对我国海洋高新技术成果的转化，促进我国海洋战略性新兴产业的发展，实现科技兴海战略具有重要意义。

2. 海洋科学与工程技术研究需要公共支撑系统

建设国家海上试验场，着眼于我国海上试验的需求，包括海洋传感器、海洋探测装备、海洋可再生能源开发利用装置，逐步形成科学合理、功能齐全、体系完备、服务公益、资源共享、军民兼用的海上试验场区，旨在发展海洋观测新科学及新技术，提供连续海洋环境参数观测信息，以满足基础科学、技术问题和理论的研究需要。同时，为我国海洋仪器设备的研发与检验、为国外海洋调查设备提供测试比对靶区，服务于海洋可再生能源开发利用装置检测、海洋科学研究、技术研发、理论创新及产品评价。建立海洋仪器设备检测评价体系，确保这些仪器设备所复现的量值能够溯源至国家基准或社会公用计量标准，保障海洋综合管理数据测量的准确性，是国家重大海洋决策、公众海洋信息发布、国际海洋纠纷处理的基础保障。

(二) 总体目标

建成资源共享、要素完整、军民融合、业务化运行的海上试验场和海上公共综合试验平台；进一步规范和完善我国海洋仪器设备标准化、计量、质量技术监督工作，形成国家级的海洋仪器设备检测评价体系；从而建成完善的国家海洋仪器设备公共支撑体系，为我国海洋探测与装备工程产业体系化和规模化发展，提高国内市场占有率，提高产品国际竞争力提供基础支撑。

(三) 主要任务

1. 国家级海上试验场建设工程

(1) 浅海综合功能海上试验场。着眼于满足我国近海海上试验的需求，开展我国浅海综合功能海上试验场建设，逐步形成科学合理、功能齐全、体系完备、服务公益、资源共享、军民兼用的浅海试验场区，为我国海洋仪器设备及海洋模型的研发与检验、为国外海洋调查设备提供测试比对靶区、海洋高科技成果的转化及海洋科学研究提供科学、有效的技术保障。

（2）深海试验场。针对以海洋地质、地球物理和大洋调查为主的深海仪器设备和模型进行设计，开展我国深海海上试验场建设。为深海海洋仪器设备及海洋模型的研发与检验、为国内外海洋调查设备提供测试比对靶区、为海洋高科技成果的转化、为海洋科学研究及海洋可再生能源的开发等提供安全可靠、军民兼用的深海试验场及相应条件和技术保障。

（3）海洋能海上试验场。开展我国海洋能海上试验场建设，为海洋能发电装置的研发、测试提供实海况试验的平台，解决装置实海况试验前期对试验海域的海洋能源、水文气象环境、地质等调查周期长，装置海底基础建设成本高等问题，推动海洋能发电装置从工程样机走向规模产业化应用，促进海洋能技术的研发和产业化发展。

（4）海上试验场示范运行。开展海上试验场示范运行，确保浅海、深海及海洋可再生能源海上试验场各观测监测仪器、试验平台、发电装置及通信与监控系统的正常运行，根据各监视观测平台的最新监测数据对数据库需进行实时更新和补充。选取在国内使用广泛、利用率高的深浅海仪器设备、海洋可再生能源发电装置等进行试验、测试，并对其性能进行评价。

2. 国家级海洋仪器设备检测评价体系

（1）海洋仪器设备计量性能评价体系。建立覆盖海洋水文、海洋化学、海洋气象、海洋地质及地球物理、海洋资源等领域海洋仪器设备计量检测评价体系，重点建立海流测量仪器、海底地形/地貌测量仪器及船载导航设备计量标准装置，加强现有的计量基准的升级改造，将其向极值量、动态量和多参数综合量等扩展。

（2）海洋仪器设备环境适应性评价体系。面向国内外各类涉海仪器，立足国产研发仪器和国防战略需求，建立深远海、极地等特殊海洋环境的模拟试验平台，并拓展相关联带检测项目，提供全面的实验室综合模拟试验服务；同时依托相关试验平台，联合国内高校、科研机构等，建立我国专业海洋仪器设备环境检测中心和研发中心，开展进口海洋仪器质量评价。

（3）海洋标准物质体系建设。建立海洋标准物质研制中心，参考国外海洋标准物质分类或国内其他行业标准物质体系框架，针对海洋调查、海洋科学研究和海洋工程建设对准确测量的要求，研究我国海洋标准物质分类方法，建立科学、完善、合理的海洋标准物质体系。

（4）海洋仪器设备标准体系建设。开展海洋仪器设备标准体系建设，加快海洋仪器设备设计、生产、制造、储运、检测和使用等各个环节标准的研制速度；建立标准化与科技创新和产业发展协同机制，引导产、学、研各方面通过原始创新、集成创新或引进消化吸收再创新，推进具有自主知识产权的海洋仪器设备标准的研究、制定及优先采用，将我国具有技术优势的海洋仪器设备标准转化为区域或国际标准。

（5）海洋仪器设备科技成果鉴定体系建设。建立海洋仪器设备科技成果鉴定中心，开展海洋仪器设备科技成果的鉴定工作，严格、规范对新研制设备开展第三方独立检验，考核其计量性能和环境适应性；建立海洋仪器设备科技成果鉴定流程及标准，为海洋仪器设备科技成果的鉴定提供有效依据。

三、海洋可再生资源与国际海底开发工程　▶

（一）需求分析

1. 支持海洋可再生资源开发利用技术研发，加速成果转化需要

开展技术示范是海洋可再生资源装置从工程样机走向规模化应用的关键环节。当前，我国在海洋可再生资源开发利用方面已经建立了部分示范工程，但受投资限制，示范工程规模，无论是海洋可再生能源还是海水淡化与综合利用，与欧、美等发达国家相比都存在一定差距。示范规模大小对于提高运行效率、降低成本、实现技术实用化具有十分重要的意义。由于规模上的限制，制约了规模化相关技术的发展及成熟，造成商业化和产业化进程缓慢。

2. 保障沿海地区能源供给安全，缓解水资源危机，支撑海岛保护开发，维护海洋权益需要

开发我国东部沿海地区海洋可再生资源将为沿海社会经济的发展提供必要的能源补充。海水淡化与综合利用是破解我国沿海地区水资源短缺困局、保障水资源安全供给的重要途径，多能互补的海岛独立供电系统是海

岛能源供给的最佳选择。利用丰富的海洋可再生能源,建设发电和海水淡化综合系统,提供充足、稳定、低廉的能源和淡水,建设宜居可守海岛,维护主权和海洋权益。加大海洋可再生能源示范工程和海水淡化与综合利用示范工程建设力度,扩大示范规模,可有效缓解我国尤其是沿海地区的能源紧缺、水资源危机,对优化能源结构,保障我国能源安全以及社会、经济的可持续发展具有重要意义。

3. 严峻的国际海底资源形势需求

2011 年 11 月,我国在西南印度洋国际海底区域获得 1 万平方千米的专属勘探权的多金属硫化资源矿区。目前我们面临的任务是深入研究洋中脊多金属硫化物勘查矿区的平面和三维分布特征,评价合同区的矿床价值,掌握环境基线的特征、生物资源的分布、海洋环境的污染及其他危害、矿区的深部分布和矿床开采的可行性等,完成我国对国际海底管理局的勘探合同。2013 年 7 月,我国在西太平洋获得专属勘探权的富钴结壳矿区。我国需要进一步深化对三大洋、南北极等相关资源的调查研究,为申请新的国际海底资源开发区做好准备。

4. 培育新兴战略产业需要

海洋可再生能源和海水资源开发利用是新兴高技术产业,加大示范工程建设,扩大示范规模,是推动海洋可再生能源和海水资源开发利用产业发展的必由之路。通过海洋可再生资源开发利用示范工程,促进全国海洋可再生能源产业集聚,建立国家海洋可再生能源产业基地。通过海水淡化与综合利用示范工程,攻克大型化、成套化海水淡化与综合利用核心技术、关键设备研发及装备制造,全面提升我国海水淡化与综合利用整体技术水平和核心竞争力,实现自主技术的规模示范和推广应用。同时,国际海底蕴藏着丰富的固体矿产资源和生物资源,具有很好的商业开发前景。发展深海探测装备与装备工程,探查与占有国际海底战略资源,一方面维护我国海洋主权和权益、保证能源和资源安全;另一方面形成战略新兴产业,成为我国经济新的增长点。

(二) 总体目标

围绕海洋可再生能源和海水淡化与综合利用示范工程建设,重点开展万千瓦级潮汐能示范电站、海岛独立电力系统示范工程、万吨级海水淡化示范工程、海水综合利用示范工程建设，形成集技术研发、工程示范、装备制造、试验检测于一体的海洋可再生资源产业化示范基地。研发国际海底矿产和生物资源的探测、勘查、观测、取样和开采等的关键技术与装备，突破矿区及其附近海域的环境监测与评价、资源评价和长期观测所需关键技术；开展长期观测和深海采矿等系统研发，为国际海底资源的探测、评价和开发利用提供准确的技术手段，为维护我国国际海底的权益提供技术支撑。

（三）主要任务

1. 海洋可再生能源开发利用示范工程

（1）国家级海洋可再生能源示范基地。开展波浪能开发利用示范基地和潮流能开发利用示范基地建设，吸引研究机构及企业入驻，打造成集技术研发、装备制造、海上测试以及工程示范为一体的国家级海洋可再生能源示范基地，开展技术的转化和培育，孵化出符合我国资源状况并能够规模化生产的实用装备，并实现商品化应用。

（2）万千瓦级潮汐能示范电站。开展万千瓦级环境友好型低水头大容量潮汐水轮发电机组和兆瓦级潮流发电机组的研制，研究解决发电机组低成本建造、潮汐电站综合利用、提高电站效益，降低电站发电成本等问题，并进行技术示范，推进我国万千瓦级潮汐能示范电站建设。

（3）海岛海洋能多能互补电力系统关键技术研究与示范工程。开展潮汐能、潮流能、波浪能等海洋能与风能、太阳能等其他可再生能源多能互补关键技术研究，推动多能互补独立电站的技术示范，探索独立电站的建设及运行管理模式，研究独立电站的能量互补特性，攻克高效能量转换、能量调节、能量储存、不稳定能源组合供电、电能输送、防腐蚀等关键技术，并结合海水淡化，选择在资源条件较好，能源需求突出的海岛开展技术示范，建设海岛多能互补电力系统示范工程。

2. 海水淡化与综合利用示范工程

（1）7万吨/日自主创新低温多效海水淡化规模示范工程。攻克低温多效蒸馏海水淡化节能工艺技术、廉价海水淡化专用材料开发、蒸发器等关键装备设计及制造技术，开展中小型装备标准化定型及制造和大型装备研发制造；开展排放处置技术、浓缩液减量技术等浓盐水处置技术研究；建成 7 万吨/日自主创新低温多效海水淡化规模示范工程。

（2）5 万吨/日以国产能量回收和国产膜为主的反渗透海水淡化规模示范工程。开展大型反渗透海水淡化膜及组件、国产高压泵、能量回收装置的开发，实现反渗透膜、高压泵和能量回收装置国产化生产；研究反渗透海水淡化装备测试评价技术，建设开发海水淡化综合试验平台；建成 5 万吨/日以国产能量回收和国产膜为主的反渗透海水淡化规模示范工程。

（3）大型海水循环冷却环境友好化技术研究及产业化示范。开展环境友好化海水循环冷却技术研究；开展海水预处理、海水循环冷却、海水淡化水处理药剂研发，并实现产业化生产，建立我国海水利用水处理药剂研发生产基地。

（4）大生活用海水环境友好关键技术研发与产业化示范。开展环境友好海水净化技术、大生活用海水处理技术优化及新工艺等研究，完成大生活用海水装备产品定型，进行大生活用海水技术装备产业化示范。

（5）海水化学资源综合利用成套技术装备研发与产业化。探索浓海水综合利用关键技术，实施海水提钾大型成套技术和装备开发与产业化、浓海水提取多品种氢氧化镁及镁系物高效节能技术研发、膜法提溴新工艺关键技术与装备开发，以及浓海水综合利用产业化关键技术研究与装备开发等。

3. 国际海底资源勘探、开采与利用工程

（1）国际海底资源勘探系统。针对目前我国多金属结核、富钴结壳和多金属硫化物的资源特点和不同勘探阶段的需求，有针对性地开发电、磁、震、钻、化学传感器等地质、地球物理和地球化学勘查技术，重点开展近底三维勘查技术，发展可大范围探测深海物探方法、水下自治探测系统和钻探系统等；结合 GIS、地质、地球物理、水文和化学等参数，建立热液硫化物资源综合评价技术体系。

（2）洋中脊多金属硫化物矿区的采矿系统。根据目前的国际海底资源开发的形势，多金属硫化物可能是最先开发利用深海矿物资源。要想在后继的国际竞争中获得应得的利益，维护我国的国际海底资源权益，一定要走在国际前列，有重点、有步骤地开展针对深海资源的采矿系统。研发以多金属硫化物开采为一期目标，开展深海多金属硫化物开采系统及其关键技术研究，制定深海多金属硫化物开采技术方案，突破洋中脊热液区的硫

化物开采、采集、输运、水面支持等相关技术，研究采矿作业环境影响试验和资源综合评价；研制多金属硫化物工业性试开采系统，开展工业性试开采系统的集成，在西南印度洋中脊多金属硫化物矿区进行试开采。

（3）洋中脊极端生物资源技术。开展深海尤其是洋中脊生物与基因多样性调查，建立国家深海生物资源中心。加强深海基因资源的应用基础研究，建立深海生物技术产业化中试基地，重点实现深海环境与微环境原位检测技术、生物样品深海保真采集技术、极端微生物培养保藏技术突破。

（4）洋中脊的环境监测、评价与长期观测技术。以西南印度洋中脊为重点试验区，开展环境监测与评价技术研究，构建热液区及其邻近海域立体环境监测系统，建立我国首个西南印度洋热液区域深海长期观测系统，开展环境影响参照区选划和硫化物矿开采环境影响评估。

主要参考文献

曹学鹏，王晓娟，邓斌，等.2010. 深海液压动力源发展现状及关键技术［J］. 海洋通报，29（4）：466 – 471.

崔维成，等.2012. "蛟龙"号载人潜水器的 7000 米级海上试验［J］. 船舶力学，16（10）：1131 – 1143.

封锡盛，李一平，徐红丽.2011. 下一代海洋机器人——写在人类创造下潜深度世界记录 10 912 米 50 周年之际［J］. 机器人，33（1）：113 – 118.

国家海洋局. 2010 年中国海洋经济统计公报［EB/OL］. http：//www. soa. gov. cn/zwgk/hygb/zghyjjtjgb/201211/t20121105_ 5603. html.

国家海洋局. 中国海洋环境质量公报［EB/OL］. http：//www. soa. gov. cnzwgkhygb/

国家海洋局. 中国海洋灾害公报［EB/OL］.［2012 – 12 – 25］. http：//www. soa. gov. cnzwgkhygb/.

国土资源部. 全国矿产资源规划（2008—2015 年）　［EB/OL］. http：//www. mlr. gov. cn /xwdt/zytz/200901 /t20090107_ 113776. htm.

侯纯扬.2012. 中国近海海洋——海水资源开发利用［M］. 北京：海洋出版社.

金翔龙.2006. 二十一世纪海洋开发利用与海洋经济发展的展望［J］. 科学中国人，11：13 – 17.

李一平，燕奎臣.2003. "CR-02"自治水下机器人在定点调查中的应用［J］. 机器人，25（4）：359 – 362.

李智刚，高云龙，刘子俊.2004. 海潜 Ⅱ 型遥控潜水器在海洋石油行业中的应用［C］//救捞专业委员会.2004 年学术交流论文集.198 – 201.

美国地质调查局（USGS）. Commodity statistics and information ［EB/OL］http：//minerals. usgs. gov/minerals/pubs/commodity.

彭慧，封锡盛. 1995. "探索者"号自治式无缆水下机器人控制软件体系结构 ［J］. 机器人，17（3）：177 – 183.

"十五"采矿海试系统总师组. 2004. 大洋多金属结核中试采矿系统 1 000 米海上试验总体系统技术设计 ［R］.

唐达生，阳宁，等. 2011. 深海采矿扬矿模拟系统的试验研究 ［J］. 中南大学学报（自然科学版），42（suppl. 2）：214 – 220.

王晓民，孙竹贤. 2010. 世界海洋矿产资源研究现状与开发前景 ［J］. 世界有色金属，（6）：21 – 25.

晏勇，马培荪，王道炎，等. 2005. 深海 ROV 及其作业系统综述 ［J］. 机器人，27（1）：82 – 89.

中国大洋协会. 2001. 大洋多金属结核中试开采系统"九五"综合湖试 ［R］.

中国大洋协会. 2006. 进军大洋十五年 ［M］. 北京：海洋出版社.

朱心科，俞建成，王晓辉. 2011. 能耗最优的水下滑翔机路径规划 ［J］. 机器人，33（3）：360 – 365.

A Technical Report on the Advanced Real-time Earth Monitoring Network in the Area.

Andrew D Bowen, Dana R Yoerger, Louis L Whitcomb, et al. 2004. Exploring the Deepest Depths：Preliminary Design of a Novel Light-Tethered Hybrid ROV for Global Science in Extreme Environments. Journal of the Marine Technology Society, 38（2）：92 – 101.

Arrieta J M, Arnaud-Haond S, Duarte C M. 2010. What lies underneath：conserving the oceans' genetic resources ［J］. Proc Natl Acad Sci USA, 107：18 318 – 18 324.

Bluefin Robotics. Bluen Robotics：15 Years of Developing Subsea Vehicles. ［EB/OL］. http：//www. bluefinrobotics. com /news – and – downloads/downloads/

Deepak C R, Ramji S, Ramesh N R. 2007. Development and testing of underwater mining systems for long term operations using flexible riser concept ［C］// Proceedings of The Seventh 2007 ISOPE Ocean Mining（and Gas Hydrates）Symposium. 166 – 170.

Eriksen C, Osse J, Light D, et al. 2010. Seaglider：a long-rang autonomous underwater vehicle for oceanographic research ［J］. IEEE Journal of Oceanic Engineering, 26（4）：424 – 436.

Glenn S M, Schofield O. 2003. Observing the oceans from the COOL room：Our history, experience, and opinions. Oceanography, 16：37 – 52.

JAMSTEC. Dense Ocean-floor Network for Earthquakes and Tsunamis-DONSET ［OL］. http：//www. jamstec. go. jp/donet/e/

Kongsberg Maritime. Autonomous underwater vehicles-REMUS AUVs〔OL〕. http：// www. km. kongsberg. com/ks/web/nokbg0240. nsf/AllWeb/D5682F98CBFBC05AC 1257497002976E4？OpenDocument.

Kongsberg Maritime. Autonomous underwater vehicle-HUGIN AUV〔OL〕. http：// www. km. kongsberg. com/ks/web/nokbg0240. nsf/AllWeb/B3F87A63D8E419E5C1256 A68004E946C？OpenDocument

Martin D L. 2005. Autonomous Platforms in Persistent Littoral Underwater Surveillance〔R〕.

Moitie R，Seube N. 2001. Guidance and control of an autonomous underwater glider. In Proc. 12th Int. Symposium on Unmanned Untethered Submersible Tech. ，Durham，NH.

Monterey Bay 2006 field experiments〔OL〕. // http：//www. mbari. org/mb2006/

Rudnick D L，et al. 2004. Underwater gliders for ocean research〔J〕. Mar Technol Soc J，38 （1）：48 −59.

Sherman J，Davis E，Owens B，et al. 2001. The autonomous underwater glider "Spray"〔J〕. IEEE Journal of Oceanic Engineering，26（4）：437 −446.

Stephen W. Autonomous Underwater Gliders〔OL〕. http：//www. geo-prose. com/ ALPS/ white_ papers/eriksen. pdf

Tamaki Ura，Kensaku Tamaki，et al. 2007. Dives of AUV "r2D4" to Rift Valley of Central Indian Mid-Ocean Ridge System〔C〕. IEEE，1 −6.

Taylor S M. 2009. Transformative ocean science through the VENUS and NETPUNE Canada o-cean observing systems〔J〕. Nuclear instruments and methods in physics research A，602：63 −67.

The International Seabed Authority（ISA）. 2008. Workshop on polymetallic nodule mining technology-current status and Challenges ahead〔R〕.

The World AUV Gamechanger Report 2008—2017〔R〕. Douglas-Westwood Limited，2007.

Tichet C，Nguyen H K，Yaakoubi SE，et al. 2011. Commercial product exploitation from marine microbial biodiversity：some legal and IP issues〔J〕. Microb Biotechnol，（3）：507 −513.

UNOLS. Ocean Observatories Initiative Facilities Needs from UNOLS〔EB/OL〕. http：// www. unols. org/publications/index. html.

Webb C，Simonetti J，Jones P. 2001. SLOCUM：An underwater glider propelled by environ-mental energy〔J〕. IEEE Journal of Oceanic Engineering，26（4）：447 −452.

WI/IDA. IDA Desalination Yearbook 2012—2013〔OL〕. http：//desalyearbook. com，2012 −10 −08.

Woods Hole Oceanographic Institution. Human Occupied Vehicle Alvin〔OL〕. http：//

www. whoi. edu/page. do? pid = 8422.

Woods Hole Oceanographic Institution. sentry ［EL］. http：//www. whoi. edu/ fileserver. do? id = 56044&pt = 10&p = 39047.

Yamada H, Yamazaki T. 1998. Japan's ocean test of the nodule mining system ［J］. Proceedings of the International Offshore and Polar Engineering Conference，(1)：13 - 19.

Zhang Y, et al. 2011. A Peak-Capture Algorithm Used on an Autonomous Underwater Vehicle in the 2010 Gulf of Mexico Oil Spill Response Scientific Survey ［J］. Journal of Field Robotics，28 (4)：484 - 496.

主要执笔人

金翔龙　国家海洋局第二海洋研究所　中国工程院院士

陶春辉　国家海洋局第二海洋研究所　研究员

朱心科　国家海洋局第二海洋研究所　助理研究员

于凯本　国家深海基地管理中心　副研究员

周建平　国家海洋局第二海洋研究所　副研究员

李　艳　中南大学　副教授

殷建平　中国科学院南海海洋研究所　副研究员

王　冀　国家海洋技术中心　工程师

刘淑静　国家海洋局海水淡化与综合利用研究所　研究员

徐红丽　中国科学院沈阳自动化研究所　副研究员

邵宗泽　国家海洋局第三海洋研究所　研究员

司建文　国家海洋标准计量中心　研究员

齐　赛　61195 部队　副研究员

第二部分
中国海洋探测与装备工程
发展战略研究
专业领域报告

专业领域一：海洋环境探测与监测工程技术战略研究——从近海走向全球

第一章　我国海洋环境探测与监测工程技术战略需求

21 世纪是海洋的世纪，面对人口膨胀、陆地资源短缺、生态环境恶化以及气候变化等一系列关系人类生存与发展的问题，海洋的重要性越发明显。加强海洋与全球变化、海洋环境与生态的研究，做好海洋保护，并推动海洋能源、资源的可持续开发与利用是人类拓展生存空间，维系生存与发展的必然选择。世界已经掀起了"海洋热潮"，并正大踏步向深远海进军。建设一个海洋科技先进、海洋经济发达、海洋生态环境健康、海洋综合国力强大的海洋强国已是我们的国家战略。

无论是认识海洋、保护海洋，还是开发利用海洋都无一例外地需要获取大范围、精确的海洋环境数据，而这就依赖于海洋环境探测与监测工程技术的支撑与发展。

我国是世界第一的人口大国，拥有近 14 亿人口，人均土地面积为 0.008 平方千米，仅占世界人均水平的 3% 左右；在我国已发现 171 种矿产中，煤炭、铁、铅、锌、稀土、钨、锡、钼、锑等 40 余种矿产储量均排在世界前 5 位，但人均拥有量极低，石油、煤炭、天然气人均储量不足世界人均值的 1/10，主要金属人均储量不足世界人均值的 1/4。随着 30 多年经济社会的快速发展，对资源的需求日益突出。目前石油、铁矿石等许多重要资源对外依存度超过 50%（我国部分矿产对外依存度见图 2 - 1 - 1），2010 年已成为了煤炭资源纯进口国，资源安全问题日益凸显。虽然，我国经济总量已经跃居世界第二，但仍属发展中国家，发展依然是国家的主题，而这必然在生存空间、环境、资源供给等方面带来前所未有的挑战。向广阔的海洋拓展生存发展的空间，开发利用丰富的海洋资源是我们必然的选择。

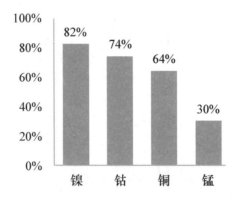

图 2 - 1 - 1　2008 年我国部分矿产对外依存度

一、维护海洋权益和保障海上安全的需求

　　我国是一个海洋大国，拥有漫长的海岸线和诸多岛屿。近年来，各沿海国在加强 200 海里专属经济区和大陆架划界与管理的同时，提出了 200 海里专属经济区以外的外大陆架划界主张，掀起了新一轮"蓝色圈地"运动。因此加强海洋环境探测与监测，是显示存在和宣示主权，扩展管辖海域的重要手段。

　　此外，美国、日本等国家出于遏制或防范中国的目的，利用高技术手段不断加紧对我国近海和西北太平洋海洋环境资料的高密度调查收集，并开展海洋环境高精度预报系统的研发和应用，已在我国近海及邻近大洋形成海洋环境信息优势。这种海洋环境信息对对手的单向透明，严重地制约了我国海洋活动的范围，甚至威胁到我们的国家安全。

　　另外，我国是贸易大国，海洋是重要的交通运输线，承担了近 90% 外贸物资的转运，其中包括 85% 进口石油的运输。海上恐怖活动等非传统的安全威胁正在增加，保障海上安全是极其重要的战略任务。

　　因此，大力发展海洋环境探测与监测工程技术研究，可维护国家的海洋权益，提高我国海洋安全防护水平，为我国从海洋大国向海洋强国迈进提供有力支撑。

二、应对全球气候变化的需求　▶

全球气候变化是世界各国面临的紧迫问题。海洋对气候影响巨大，是全球气候系统中的一个重要环节，它通过与大气的能量物质交换和水循环等作用在调节和稳定气候上发挥着决定性作用，被称为地球气候的"调节器"。大气层的水分有84%以上来自海洋，海洋上表层3米的海水所含的热量就相当于整个大气层所含热量的总和。另外，海洋中的碳储量占地球系统的93%，海洋每年从大气中吸收的二氧化碳约占全球二氧化碳年排放量的1/3。应对气候变化、实现可持续发展是当今人类面临的两个重大问题，因此各国特别关注气候变暖、海平面上升以及海水酸化等一系列问题（图2-1-2）。

图2-1-2　冰川在急剧减少

研究海洋对于应对气候变化有着非常重要的作用。海洋不是局部的，它是流动和变化的，海洋问题是全球性的问题。目前，人类对海洋的了解还是非常粗浅的，仅仅掌握了一些海洋上层的数据，有关海洋深层的数据极为有限；而且数据是片断、非连续和非同步的。包含海洋深层数据在内的更全面和系统的同步、连续数据将是我们更加科学认识和研究海洋对气候影响的基础，而获取系统的海洋基础数据离不开海洋环境探测与监测工程技术的发展。

三、海洋防灾减灾的需求　▶

我国人口规模在 50 万以上的城市有 84 个，其中 49 个分布在沿海地区，形成环渤海区、长江三角洲、珠江三角洲三大经济圈。随着全球气候变暖和海平面上升加剧，海洋灾害频发，台风、风暴潮、海啸、海冰、赤潮、海岸侵蚀、海水入侵等灾害给沿海地区经济与社会发展带来严重影响。21世纪头 7 年，仅风暴潮灾害平均每年造成的直接经济损失就超过百亿元；2006 年超强台风"桑美"（0608），是近 50 年来登陆我国强度最强的台风，造成了浙江、福建沿海的特大风暴潮灾害，福建、浙江两省共损失 70.17 亿元。2009 年"莫拉克"（0908）台风共造成浙江、福建、江西、安徽、江苏和上海等地发生洪涝灾害，共有 133 个县（市区）934.4 万人受灾，因灾死亡 7 人、失踪 3 人，直接经济损失 92.7 亿元。同时受"莫拉克"影响，我国台湾省损失惨重，全台农业产物损失及民间设施毁损约为新台币122.77 亿元，其中农业产物损失达新台币 96.3 亿元。因此，为有效遏制海洋自然灾害带来的影响，必须加速发展海洋环境探测与监测工程技术，实施高频率和高密度的海洋观测，提高海洋灾害的预警和应对能力，最大程度地减少海洋灾害造成的损失（图 2-1-3 和图 2-1-4）。

四、海洋生态环境保护的需求　▶

沿海社会经济发达，工业化程度较高，随着经济建设的快速发展，沿岸水域承受的环境压力越来越大。20 世纪 90 年代以来，我国排入近海海域的污水量逐年增多，1998 年沿海地区排入近岸海域的工业废水约 40 亿吨，占全国工业废水排放总量的 20%。大部分河口、海湾以及大中城市邻近海域污染日趋严重，难以满足海水养殖、海水浴场、海上运动娱乐及海港、海洋开发作业区对水质的要求。近海营养盐和有机污染突出，局部海域油污染和重金属污染也较突出，粗放的海水养殖区大量存在；持久性有机污染物在近岸海水、沉积物和海洋生物体内普遍检出；赤潮等环境污染事件

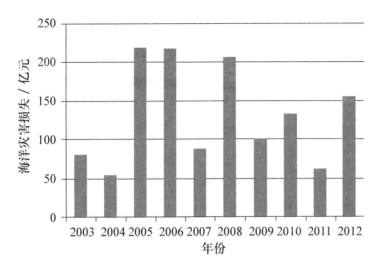

图 2 - 1 - 3　2003—2012 年海洋灾害造成的损失

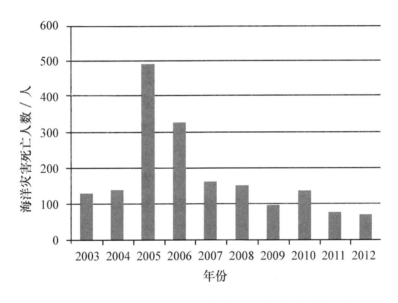

图 2 - 1 - 4　2003—2012 年海洋灾害造成的死亡人数

频发，海洋生态破坏加剧，经济损失逐年上升。这些都严重制约了我国沿海社会经济的可持续发展，如何改善海洋生态环境，使之健康发展是我国面临的紧迫课题。积极发展污染和生态环境监测技术，构建完善的监测体系，提高监测能力，加大近海调查研究强度，了解海洋环境现状及其变化趋势，则是解决问题的关键所在。

五、海洋资源可持续利用的需求

人类社会的发展离不开海洋，在陆地资源逐步耗尽的形势下，世界各国均开始将目光投向海洋。海洋蕴藏着丰富的金属矿藏、油气资源和生物资源，例如南海就是世界四大海洋油气聚集中心之一，有"第二个波斯湾"之称，其石油地质储量大致在230亿~300亿吨之间，约占中国总资源量的1/3，是世界上尚待开发的大型油藏之一，其中有一半以上的储量分布在中国海域。此外我国海域拥有丰富的天然气水合物资源，据估算，仅南海天然气水合物的总资源量就达到643.5亿~772.2亿吨油当量，大约相当于我国陆上和近海石油天然气总资源量的1/2。

随着陆地资源的日益减少，海洋生物资源保护和开发利用已经成为世界海洋大国关注的焦点。我国海洋生物资源种类繁多、数量巨大，仅生物物种就占全球的1/8。同时具有生境类型齐全、特有物种丰富的特点，是海洋农牧化与海洋食品、海洋生物制品和海洋药物等的重要资源宝库。由于海洋生物的流动性，在资源占有方面的国际竞争将更加激烈，特别是深海生物资源和我国近海地区有争议海域的生物资源，如不尽快投入人力、物力进行研究开发，以抢占先机从而获得资源权益和制海权，将面临资源被瓜分和流失的严重损失。

为了开发利用海洋巨大的资源，所开展的海上矿产资源调查、勘探、开采，海上渔业捕捞、养殖，生物基因采样、研究等活动都离不开快速、专一、实时、动态、综合的海洋环境信息保障，需要海洋环境探测与监测工程技术的支撑。通过海洋环境探测与监测工程技术，实现海洋多种物理参数所组成的海洋现象的实时动态监测，了解和掌握海洋物理、化学等现象特征，对于更加深入地了解海洋、保护海洋至关重要。

六、海洋科学研究发展的需求

海洋科学是一门以现场观测为最基本要求的科学，在海洋特别是深海领域的现场观测需要发展独特的技术和方法，海洋科学探索是发展海洋技术最初的动力。20世纪70年代，由于深海探测及运载平台技术的发展，发现了深海热液循环和依靠海底热液供给的化学能维持生存的深海极端生物种群（图2-1-5），对传统的生物学理论提出了挑战，为地球生命的起源、演化提供了新的重要线索,带来了地球科学和生命科学的重大革命。目前,人类对于海洋这一最有望支持人类可持续发展的重要区域还知之甚少,如海洋环境与全球变化、海洋与生命起源以及深海环境等重大问题,都处在研究的初始阶段,而对这些问题的深入研究很大程度上依赖海洋观测技术的发展。因此剖析海洋现象,探求海洋奥秘,发现科学规律,推动海洋科学进步,已成为海洋观测技术发展的澎湃动力。发展海洋环境探测与监测工程技术,特别是深海观测技术,将为我国海洋科学研究提供有效的手段,极大地推动我国海洋科学事业的发展。

图 2 - 1 - 5　深海热液环境

第二章 我国海洋环境探测与
监测工程技术的发展现状

海洋环境探测与监测工程技术是指对海洋水体及其界面的物理、化学、生物等环境参数及其相互作用与过程进行不同时空尺度测量的应用技术，主要用于海洋动力环境、海洋的生态环境以及海洋立体环境的探测与监测，包括工程化的测量方法和仪器设备等，是人类认识海洋、了解海洋、揭示海洋规律、开发利用海洋资源的手段。我国的海洋环境探测与监测工程技术及其开发的仪器设备，虽然其市场竞争能力与发达海洋国家相比尚有较大差距，但是经过3个五年计划的实施，已在海洋环境监测技术方面突破了一批关键技术，研发了一批仪器设备，部分成果填补了国内的空白，有些成果则已经实现应用和产业化。按照应用平台的不同，海洋环境探测与监测工程技术可分为天/空基、船载、岸基、海基四大类，其中海基是指利用海水和海床作为平台的海洋环境探测与监测。海洋环境探测与监测工程技术不但是国家海洋事业发展的基础，也是国家整体海洋科技水平的体现。

一、天/空基海洋环境探测与监测工程技术　▶

天/空基海洋环境探测与监测工程技术包括卫星和航空遥感探测技术，它具有宏观大尺度、快速、同步和高频度动态观测等优点，因其大范围高效率的优势得到越来越多的应用，成为海洋表面环境探测与监测的首选技术，是现代海洋观测技术的主要发展方向之一。

（一）卫星遥感探测技术

卫星遥感探测的海洋应用技术在我国起步于20世纪80年代，从2002年起我国先后成功发射了海洋水色卫星HY-1A、HY-1B，使我国成为继美国、日本、欧盟等之后第七个拥有自主海洋卫星的国家。2011年8月，我国的海洋动力环境卫星"海洋二号"（HY-2）发射成功，并于2012年3月交付用户投入正式使用，标志着我国海洋卫星遥感技术朝着业务化应用目标迈进了一大步。

在水色遥感方面开展了定量化水色遥感信息提取的深化研究，并逐渐发展成为各种遥感监测应用服务系统；在红外遥感方面，海温遥感技术已进入业务化系统，并开始向皮温—体温模式发展；在微波遥感方面，测量海洋温度与海面高度等方面取得了一定进展，进入了业务化应用；在遥感数据同化方面，发展了表面流场和温度场的同化技术，开展了定量化遥感信息提取的深化研究。

1. 海洋水色遥感监测

海洋水色遥感以可见光、红外探测水色和水温为主。近年来，我国在水色遥感关键技术研究方面有了实质性的进展，包括海洋水色遥感辐射传输机理、大气校正算法、水体光学特性研究及水色信息反演等，为我国海洋水色遥感应用工程系统提供了良好的技术支撑，促进了我国海洋水色卫星系列资料的业务化应用。卫星业务化运行期间，已获得渤海、黄海、东海、南海及境外太平洋、大西洋、印度洋、北冰洋、南北两极的大量水色遥感图像。获得的海洋要素海水光学特性、叶绿素浓度、海表温度、悬浮泥沙含量、可溶有机物、污染物等，已在我国赤潮监测、海冰与海温预报、大洋渔业环境信息获取、海岸带监测中发挥了重要作用。

2. 海洋动力环境遥感监测

动力环境遥感以微波遥感为主，可以全天候探测海面风场、海面高度和海温。微波遥感器包括主动遥感和被动遥感两种模式，主要有效载荷为微波辐射计、微波散射计、雷达高度计。我国在海洋微波遥感的主要有效载荷技术方面已经达到或接近国际先进水平，2011 年发射成功的 HY-2 卫星包括卫星精密定轨技术、星载雷达高度计、星载微波散射计、微波辐射计等 4 项关键技术，并于 2012 年交付用户使用。HY-2 具备全天候、全天时、全球连续探测风、浪、流、潮及温度等海洋动力环境信息的能力，在海洋环境监测与预报、资源开发、维护海洋权益及科学研究等方面的价值尤为显著。

3. 海洋监测监视卫星

我国的海洋监测监视卫星（HY-3）已纳入国家航天技术发展规划，并于 2005 年明确了卫星平台、有效载荷要求和技术性能指标，确定了多极化、多工作模态合成孔径雷达（SAR）为主载荷的发展思路。SAR 主要用于全天时、全天候、高空间分辨率的监测和监视我国海洋专属经济区和近海环境，将为维护海洋权益、防灾减灾、保护海洋环境、加强海域管理提供技术支持，提高我国应对海洋专属经济区突发事件的快速反应能力。

4. 海洋遥感数据融合/同化技术

多源卫星遥感监测数据和海洋现场观测数据的多元数据融合或同化，能显著改善海洋观测的精度，提高海洋再分析能力和海洋环境预报水平。目前，我国多元数据同化技术应用研究侧重在中国海及其邻近海域，今后有待向世界大洋拓展。利用国内外多源卫星遥感海表面温度数据，进行融合处理，可以开展多源卫星遥感海面温度数据融合技术研究；通过开展国际合作，在平差、海面高度基准等融合技术研究方面取得了重要成果；通过自主研究，初步建立了可同化多源卫星遥感海面温度、卫星测高数据、Argo 浮标等现场观测资料的海洋同化系统，并将海洋多元数据同化技术应用到海洋再分析和预报业务化系统中。

（二）航空遥感及探测技术

航空遥感主要用于海岸带环境和资源监测、赤潮和溢油等突发事件的应急监测、监视，其离岸应急和机动监测能力、良好的分辨率、较大的空间覆盖面积及较高的检测效率，是其他监测手段不能替代的。主要的遥感器有侧视雷达、成像光谱仪、红外辐射计、激光荧光计、激光测深仪等。我国在"十五"期间增加了一批航空遥感传感器，如成像光谱仪、微波散射计、Ku 波段和 L 波段微波辐射计、激光雷达等，并于 2002 年底顺利完成了飞机改装，在当年冬季的海冰遥测中得到了应用，获得了 20G 的海冰观测资料。

作为我国海洋权益维护保障的中国海监，在海监飞机上装备了光点平台、多光谱扫描仪、AISA + 高光谱成像仪。除能够对远距离目标进行监测以外，还能够对海水中悬浮物浓度、溢油及温排水进行监测。

此外，目前国内正在研制小型无人驾驶飞机，作为遥感监测的平台，无人飞机遥测将成为海洋监测的重要手段。"十五"及"十一五"期间，在国家 863 计划的支持下，国内开展了无人机遥感监测技术研究以及基于无人机的海洋航空磁力探测关键技术研究。利用无人机搭载的高精度氦光泵磁力仪在渤海湾开展了部分区块的航空磁力调查，积累了宝贵的经验。但是，总的来讲，我国在这方面的工作开展较晚，尤其在海洋领域进行这种航空试验的能力还比较弱。为了缩小与国际先进水平的差距，开展航空遥感的研究，增强海洋有人机和无人机航空监测的能力，显得尤为重要和迫切。

二、船载海洋环境探测与监测工程技术 ▶

目前，我国现役科学调查船 19 艘，约占世界总数的 3%，与美、日、俄相差甚远。我国现有的科学考察船中，新建成投入使用的海洋科学考察船有 3 艘，分别是"海洋六号"、"实验 1 号"和"科学 1 号"。"延平二号"、"东方红 2"号建造于 20 世纪 90 年代，"大洋一号"和"雪龙"号是从国外引进改装应用的，其余的调查船均于 20 世纪 70—80 年代初建造，在技术上和应用上还远远落后于美国、日本和欧洲。

以科考船为载体的海洋综合调查技术是目前海洋环境探测与监测工程技术中应用最早、发展最完善的常规工程技术，是对海洋环境探测的重要手段，包括：海洋测深技术、海底地形地貌测量技术、CTD 技术、海流测量技术、海底浅层结构及表面沉积物探测技术、海洋重力测量技术、海洋磁力测量技术、海底底质调查和海洋生物调查技术等。

在 863 计划支持下，我国的船基海洋动力环境观测技术得到了迅速发展，成功研制了高精度 6 000 米 CTD 剖面仪，形成了 1 000 米水深以内的 CTD 测量仪器系列产品。研究了可快速布放和回收的 CTD 剖面测量技术及投弃式温盐深剖面测量技术，开发了船用宽带多普勒海流剖面测量技术、相控阵海流剖面测量技术、声相关海流剖面测量技术以及可与 CTD 剖面仪同步吊放的大深度海流剖面测量设备等。

（一）高精度 CTD 剖面测量仪

"九五"以来，在国家 863 计划的支持下，我国的温盐深测量技术得到较快发展，研制出船用"高精度 6000 米 CTD 剖面仪"，并在此基础上开发出多种 CTD 产品。目前，工作水深 1 000 米以内的 CTD 测量仪产品已初步形成系列，可以替代进口。

研制成功的高精度 6000 米 CTD 剖面仪具有精度高、采样率高、响应时间快等特点；工作深度 1 000 米以内的 CTD 测量仪形成系列产品，该产品具有直读、自容、感应耦合等不同工作方式，而且体积小、重量轻；感应耦合温盐链感应耦合温盐深链技术已经比较成熟，并完成了福建示范区实时传输潜标系统水下 800 米海流数据的上传，在位作业时间长达 3 个半月。

"十一五"期间，在国家 863 计划的支持下，我国开展了可快速布放和回收的 CTD 剖面测量技术的研究和开发，并突破了快速投放回收平台、快速测量和采集等关键技术。

投弃式深海温度测量仪各项技术指标已达到国外同类产品水平，并通过海试检验，拥有完全的自主知识产权，已经小批量生产，交付用户使用。

投弃式 CTD 已在温度和电导率传感器快速响应、自校准测量技术、运动状态下测量校正、试验验证技术等方面取得了突破，并完成实验室样机的研制。

（二）海流剖面测量技术

"九五"以来，我国完成了船用 150 千赫多普勒流速剖面仪定型设计，先后研究和开发了船用宽带多普勒海流剖面测量技术、相控阵海流剖面测量技术、声相关海流剖面测量技术以及可与 CTD 剖面仪同步吊放的大深度海流剖面测量设备，而且具有深海对底跟踪性能，可用于调查观测船或潜器的导航，并开发了能独立使用的计程仪 ADL 和 ACL。"十一五"期间，又开展了投弃式电磁感应海流剖面测量技术的研究。

（三）拖曳观测设备

在拖曳式生态环境要素剖面测量技术方面，研制了拖曳式剖面监测平台系统，用于 200 米水深以内生态环境要素的剖面测量。研制了"6000 米"深海拖曳观测系统，用于多金属结合矿物的分布调查，利用图像压缩技术突破了万米同轴电缆电视信号的难题。

（四）多波束

目前，我国的海洋调查船上使用的多波束多为进口设备。通过国家科技计划的支持，我国浅水多波束测深系统已研制成功，最大探测深度达11 000 米的深水多波束测深系统正在研制当中。

（五）声呐

国内侧扫声呐系统的研制开始于 20 世纪 80 年代中期，已研制成功 SGP 型高分辨率侧扫声呐系统，工作频率为 190 千赫和 160 千赫，作用距离最大为 400 米。1996 年中国科学院研制成功 CS-Ⅰ型侧扫声呐系统，该侧扫系统采用双频分时工作，较好地解决了侧扫声呐分辨率和作用距离间的矛盾，作用距离指标超过同类双频侧扫声呐指标，进入世界先进产品行列。

合成孔径成像声呐，实现了水下地形地貌和水下目标高分辨率成像，各项技术指标与国外相当。此外，相控阵三维声学摄像声呐顺利完成湖上试验，能够对一维、二维和三维静态目标清晰成像，且可对湖底地形进行三维重建和动态拼接。

（六）剖面仪

20 世纪 70 年代中国科学院和地矿系统开始研制浅层剖面仪，目前由我国研制成功的浅层剖面仪有：HQP-l 型、HDP-l 型、CK-l 型、QPY-l 型、GPY-1 型、DDC-1 型、PGS 型、PCSBP 型等。其中，PCSBP 型是中国科学院声学研究所研制的达到国际先进水平的脉冲压缩式浅地层剖面仪。目前由我国研制成功的浅地层剖面仪大都为近海使用。在国内海洋调查中，尤其在深海调查中使用的浅地层剖面仪还依赖进口。

（七）多道地震探测

国家海洋局第一海洋研究所在"十五"863 计划"近海工程高分辨率多道浅地层探测技术"课题研制的 PSS500J 电火花震源。Geo-Sparker 系列震源的发射能量最小为 100 焦，最大可达 20 千焦，所用的发射阵电极数最少为 50 个，最多为 800 个。根据水深、底质类型、所需的浅层穿透深度等要求的不同，震源的输出能量可以在几十到数千焦之间。目前该设备已进行业务化运行。

（八）重力仪

在海洋重力仪研制方面，国内研制工作起步已有很长历史，早期国内北京地质仪器厂研制过振弦式海洋重力仪，但未投入使用。20 世纪 70 年代国家地震局武汉地震研究所曾研制过 ZYZY 海洋重力仪。中国科学院测量与地球物理研究所 1987 年研制成功的 CHZ 海洋重力仪为垂直悬挂弹簧质量系统，由于采用了轴对称结构并加以精心调整的硅油阻尼，该仪器具备当代国际同类仪器先进水平。

三、岸基海洋环境探测与监测工程技术 ▶

（一）岸基台站观测技术

岸基台站观测是指在沿岸或石油平台设站，作为固定式的海洋观测平台，对沿岸海域的水文气象环境进行观测，或对环境质量进行监测。岸基台站是我国海洋环境监测网的主要组成部分，发展岸基台站观测技术是发展我国海洋观测技术的重要内容。

岸基台站观测主要靠海洋观测仪器设备来实现，观测仪器设备主要有压力式无井验潮仪、浮子式数字记录有井验潮仪、空气声学水位计、声学测波仪、加速度计式遥测波浪仪、自动测风仪、感应式实验室盐度计、电极式实验室盐度计、pH 计、DO 测定仪、ZQA 型海洋水文气象自动观测系统等。近年来，海洋台站水文气象自动观测系统也已经取代了传统的人工方法和单要素测量仪器，保证了海洋观测数据的质量。

（二）岸基高频地波雷达

我国从 20 世纪 80 年代末开始研制岸基高频地波（表面波）雷达，"九五"、"十五"和"十一五"期间，在国家 863 计划的支持下，海面动力环境观测高频地波雷达技术取得快速发展，先后研制和开发了中程、远程海表动力环境观测高频地波雷达。同时，研发了与海表动力环境相关的海面舰船监测、监视高频地波雷达，包括单频、变频高频地波雷达，阵列式和便携式高频地波雷达等，并在产品化方面取得重大进展。

海表面动力环境监测地波雷达 OSMAR-S200 实现了产业化，用于海表面流、海浪、风场等海表面状态信息的探测，2008 年在浙江象山和大陈岛等地投入业务化监测，在海流监测方面取得了很好的监测效果。"十五"期间，又研制出管辖海域监测、监视高频地波雷达。另外，在高频地波（表面波）雷达海面移动目标的监测、监视技术方面也取得了重大进展，先后研制了舰-舰和岸-舰海面移动目标的监测与监视系统。

舰载高频地波雷达是在岸基 HFSWR 基础上的发展，主要用于海上特定武器系统的超视距预警与目标指示，也可作为通用意义上的海上移动目标预警平台。通过上舰试验，已成功监测到大连到上海之间来往的客轮。

研制出岸-舰双/多基地波雷达目标探测试验系统，该系统属于岸-舰双/多基地波综合脉冲孔径雷达原理性试验系统，主要用于移动舰船目标的探测与跟踪。该雷达在海岸上采用大型阵列发射，并且每个天线发射相互正交的信号，覆盖一定的海域。而接收站则可安装在海岸、岛礁或小型舰船上，构成单基地或双基地地波雷达探测系统。

四、海基海洋环境探测与监测工程技术

在 863 计划的支持下，近些年来，我国海基海洋环境探测与监测技术，特别是浮标、潜标、海床基、水下移动观测平台等技术取得了重要或重大进展。

(一) 浮标观测技术

锚系资料浮标已构成系列，构成了从沿岸浅海到离岸深海的海洋环境多参数综合观测/监测能力，测量参数包含了气象、水文、生态。低功耗数据采集控制技术、感应耦合传输技术、系留技术、数据实时传输和浮标定位技术、太阳能利用技术、新型轻质浮力材料等得到应用。通信方式广泛采用了 Inmarsat-C、北斗、CAPS 等卫星通信和 CDMA、GPRS 等手机通信及短波、超短波通信。

具有测波向功能的波浪浮标已投入业务化应用。我国早期研制的波浪浮标只能测量波高，不能测量波向。在 863 计划支持下，国产 SZF 型多功能波浪浮标研制成功，具有测量波高和波向的双重功能，已实现了国产化，并替代了进口产品 (图 2 - 1 - 6)。

Argo 浮标研制进入实用化应用阶段。在国家 863 计划的支持下，先后完成了两种通信定位方式的 Argo 浮标，其中一种是采用 Argos 卫星系统定位与通信的最大工作深度 2 000 米的 Argo 浮标；另一种是采用北斗系统定位和通信的最大工作深度为 400 米的 Argo 浮标，并进行了海上布放试验和试用。2 000 米工作水深的 Argo 浮标最长工作时间达到 337 天，获取了连续 58 个剖面数据。目前，两种浮标都已投入小批量生产。

FZS3-1 型表面漂流浮标已用于海洋科学观测。该型浮标是一种小型海面漂流资料浮标，用于自动观测海表层水温和海流，可连续在海上漂流工作 3～6 个月或更长。其中表层水温用传感器测量，海流数据根据拉格朗日方法计算得到，采用 Argos 卫星定位和通信，原始数据经法国 Argos 地面数据处理中心处理后，可以以加密电子邮件方式发送给用户或由用户通过互

图 2-1-6 浮标

联网直接下载接收。

LSF1-2 型水声测量浮标成功应用于声环境调查。LSF1-2 型水声测量浮标是专门为测量海洋环境噪声和海水中声能传播损失而设计的，由船台控制系统和测量浮标两部分组成。

海洋光学浮标研制突破了关键技术。主要解决了阴影效应、防污染、仪器姿态、水下微弱光电信号处理及浮标可靠性等技术难点，完成工程样机研制，并进行了多次海上试验，观测数据已在水色卫星现场辐射定标、近海赤潮监测等方面得到应用。

（二）潜标观测技术

潜标是一种可以机动布放的水下定点连续剖面观测仪器设备，是海洋环境离岸监测的重要手段，主要用于海洋科学观测和军事海洋环境调查，具有其他调查方法无法代替的作用。

潜标系泊于海面以下，具有长期获取海洋水下环境剖面资料的能力。我国从 20 世纪 80 年代以来，先后开展了浅海潜标测流系统、千米潜标测流系统和深海 4 000 米测流潜标系统的技术研究，已掌握了系统设计、制造、布放、回收等技术，并成功地应用于专项海洋环境观测和中日联合黑潮调查，多年的实践逐步提高了潜标系统对船舶的适应性和海区的适应性。近年来，在国家 863 计划的资助下，又发展了具有实时数据传输能力和连续剖面观测能力的潜标系统技术，提高了潜标系统的实用性。

H/HQB 型深海潜标系统已进入实际应用阶段。该系统"九五"期间开始研制，先后解决了表层流观测、姿态及系统张力计算、可靠释放回收等关键技术，经多次海上试验后，已通过有关部门的设计定型审查。

连续剖面测量潜标系统关键技术取得突破，解决了潜标系统剖面观测不连续的难题，减少了水下观测仪器的数量，降低了成本，提高了观测数据的有效性和观测效率。目前在 863 计划的资助下，正在研制具有温盐深和海流剖面测量功能、水下声学数据传输功能、适于极区冰盖下使用的系缆式剖面测量潜标。

（三）海床基海洋观测技术

海床基海洋观测技术是一种适于在水下进行定点、长期海洋观测的技术，其核心技术是水下观测平台的可靠布放、回收、数据通信及安全技术。海床基悬浮泥沙测量系统应用于港口工程前期调查，"九五"期间研制的海床基悬浮泥沙及其流、浪、潮等海洋动力环境背景测量系统，从 2000 年至今多次应用于上海大、小洋山港建设的前期工程调查和研究，长期连续监测港口区水下悬浮泥沙的运移，为港工建筑提供了基础数据。

在海底观测网系统中可作为重要的观测节点。在浅海域使用时，防渔业拖网拖挂是个普遍性的难题，目前通过国家自然基金以及海洋公益项目的支持，海床基抗拖网技术获得一定突破，完成的工程样机成功用于印度尼西亚卡里马塔海峡海流观测。目前，抗拖网海床基已完成多种型号设计和海上试验。

（四）水下移动观测平台技术

水下移动观测平台有载人潜水器（HOV）、有缆遥控潜水器（ROV）、自治水下机器人（AUV）、水下滑翔器（AUG），这些移动平台搭载不同的传感器或不同的作业工具，就可完成不同的探测与监测任务。

在载人潜水器（HOV）技术方面，"蛟龙"号载人潜水器已在 2012 年下潜到 7 062 米的最大深度（图 2 - 1 - 7），成为国际上同类潜水器作业深度最深的潜水器。2013 年已通过了项目验收，并成功开展了第一次试验性应用，在南海及东北太平洋结核区和西太平洋结壳区获得了大量调查作业成果。该潜水器搭载了声学、视频、机械手、采样工具等，可用于深海海底资源以及生物的探测和样品采集。

图 2 - 1 - 7   "蛟龙"号

在有缆遥控潜水器（ROV）技术方面，先后研制成功"海人一号"ROV、8A4 作业型 ROV、海潜 II 强作业型 ROV、SJT-10 遥控潜水器、CI-STAR 型海缆埋设型 ROV、"海龙号 II" ROV 以及正在研发的 4 500 米遥控潜水器等一系列遥控潜水器和作业装备。"海龙号 II" ROV 系统最大工作水深 3 500 米，用于深海底热液矿床的探测、研究及深海基因资源的现场取样，并研制了与其配套的"深海高压厌氧环境模拟设备"，用于深海嗜高温、高压生物基因研究（图 2 - 1 - 8）。

在自治水下机器人（AUV）技术方面，我国先后研制成功下潜深度 1 000 米的"探索者"号和下潜深度 6 000 米的"CR-1"、"CR-2"号 AUV（图 2 - 1 - 9），并在东太平洋 5 000 多米水深海试获得成功，使我国成为世界上少数拥有 6 000 米级别的水下机器人的国家之一。具有坐底观测功能的 AUV 技术取得突破性进展。该型 AUV 具有坐底定点观测、走航观测、多梯形剖面观测、准实时数据传输、自动返回基地等功能。

图 2 - 1 - 8　　"海龙Ⅱ" ROV

图 2 - 1 - 9　　"CR-02"号 AUV

　　水下滑翔器技术取得了突破性进展。在国家 863 计划的支持下，"十一五"期间国内相关单位开展了水下滑翔器技术研究，在总体设计技术、低功耗控制技术、通信技术、航行控制技术、参数采样技术等方面取得了突破性进展。目前已完成了试验样机研制，并进行了初步海上试验（图 2 - 1 - 10）。

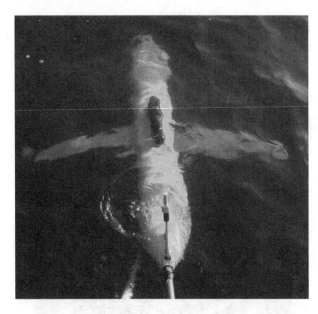

图 2 - 1 - 10　水下滑翔机

五、海洋环境探测与监测传感器技术 ▶

传感器是海洋监测的关键部件和关键技术，也是制约我国海洋监测技术发展的"瓶颈"。近年来，在国家 863 计划的支持下，我国海洋动力环境监测/观测传感器技术得到了长足发展，温盐传感器已形成系列产品，完成了海洋剪切流测量传感器样机研制，推进了我国海洋动力环境监测/观测技术的发展；开发了一批生态环境监测传感器试验样机，推进了我国环境生态环境监测传感器技术的发展。

（一）温度和电导率传感器

研制成功高精度、高稳定性、耐高压、快速响应的温度传感器，突破了专用精密调试设备、耐高压和快速响应敏感元件及其封装工艺、敏感元件的测试方法等关键技术，所研制的海洋探测快速温度传感器完成海上试验。完成了基于光纤布拉格光栅的光纤温度链和传感光缆的研制，研制成功高精度三电极电导率传感器，建立了国家标准。

完成了开放式四电极电导率传感器样机的研制，解决了传感器转换电路的噪声抑制和微小信号的提取等技术难题，建立了低膨胀系数无机非金属材料和高膨胀系数金属铂电极的烧结及封装工艺。

（二）微结构剪切流传感器

开展了剪切流传感器技术研究，解决了关键技术，开发出剪切流传感器样机，并取得相关技术专利，其传感器各项性能已经达到国外传感器水平，已试用于"海洋内波测量系统"、"可回收投放式剖面监测浮标系统"等项目中。

（三）溶解氧传感器

自行研制的两种溶解氧传感器已通过定型鉴定，一是基于原电池测氧原理的溶解氧传感器；二是基于荧光测量技术和荧光猝灭原理研制的溶解氧传感器。开发了两种 pH 测量传感器：一是采用 pH 敏感玻璃电极与参比电极构成的复合电极 pH 传感器；二是采用固态 Ir/IrO_2 pH 电极与固态 $Ag/AgCl$ 参比电极构成的电位差传感器。完成了氧化还原电位（ORP）和浊度传感器的研制。

六、海洋环境立体监测系统　▶

中国目前尚没有建立真正意义上的海洋立体综合观测网系统，但已开始小规模示范区的建设。①开展了海洋环境立体监测上海示范区建设，初步建立了一个由卫星遥感地面接收处理站、高频地波雷达站、海岸/平台海洋站和其他可利用的监测设备组成的区域性海洋环境立体监测应用系统，为示范海区减灾防灾、海洋工程以及海洋环境评价提供了基本的资料信息；②集成 863 计划相关观测装备，在台湾海峡建成一个多平台观测系统组成的区域性海洋环境立体观测和信息服务系统；③利用 863 计划发展的船载快速监测系统、航空遥感应用系统、水下无人自动监测站、生态浮标、无人机遥感应用系统等监测手段进行集成，"十五"开始建立了渤海海洋生态环境海空准实时综合监测系统，形成了一个能实时（或准实时）地监测海洋生态环境状况与动态变化、提供实时监测数据和综合信息的监测示范系统；④在国家探索项目的支持下，在南黄海建立了海底长光纤线阵海洋环境噪声测量演示系统，该系统可以长期、实时观测相关海域的海洋环境噪声，处理后的数据可以分批远程传输、共享。

（一）海洋环境立体监测系统技术示范试验

以上海为中心，建立了覆盖长江三角洲濒临海域的区域性海洋环境立体监测和信息服务示范系统（图2-1-11），实现了海洋环境立体监测系统现场遥测、监控通信功能及实时数据的处理和质量控制、实时数据库数据刷新、网上服务工作的完全自动化；开发了示范区延时海洋监测数据的质量控制方法和质量控制软件包，建立了示范区海洋站和浮标站的历史数据库系统，完成了示范区海洋环境数据产品和图形产品库的制作；完成了海浪预报产品制作，给出风浪值和72小时之内全场海浪波高高危值区域分布及示范区内高危值区域台风路径和强度分布；完成了示范区海洋环境评价子系统的研制，制作出时间统计分析产品。

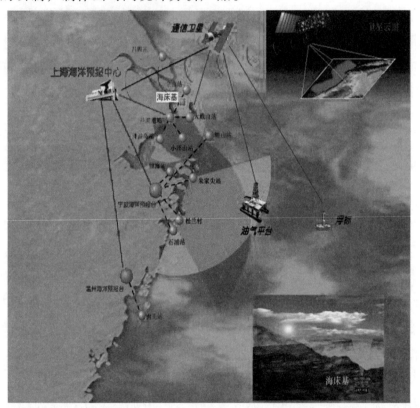

图2-1-11　上海海洋环境立体监测系统

以广州为中心，在珠江口海域建立了海洋生态环境监测示范试验系统。使用了短程岸基高频地波雷达，研制了水质自动分析仪和强风传感器等现场监测仪器，应用了卫星遥感监测数据，开发了网河模型和3D模型的水动力模拟，将POM模型应用于珠江口水文动力过程的模拟，较好地对高度层化河口水域的重要参数的动态过程进行模拟，完成了信息系统集成，具有珠江口环境信息源、环境决策辅助及环境研究工具等功能。

（二）台湾海峡及毗邻海域海洋动力环境实时立体监测系统

　　"十一五"期间，863 计划继续开展了"区域性海洋监测系统技术"的研究，重点任务是：提高示范海域海洋环境实时立体监测业务化运行的稳定性和可靠性，开展仪器设备以及数据通信的通用接口标准、数据同化、产品制作和分发等集成技术研究。发展岸基多功能新型雷达、实时传输潜标、深海垂直升降浮标等定点海洋动力环境监测技术。开展拖曳式剖面探测技术、走航式监测平台技术研究。组织海洋监测技术成果标准化及规范化海上试验。涉及的技术成果包括 LADCP、XCP、Argo 浮标、船载多参数拖曳式剖面测量系统、小型自主航行观测平台、海洋动力环境监测 X 波段雷达、变频多功能高频地波雷达、海气界面微尺度过程监测系统、定点垂直升降剖面测量潜标、光学浮标等。研发的风暴潮漫滩预警和信息集成等应用模块已进入业务应用，动力环境立体实时监测与信息服务系统在区域防灾减灾中发挥了重要作用，尤其对 2007 年"圣帕"、"韦帕"、"罗莎"等台风过程风暴潮进行了实时监测和快速预警。

（三）渤海海洋生态环境海空准实时综合监测示范系统

　　"十一五"期间，国家 863 计划继续支持"渤海海洋生态环境监测技术系统集成与示范"研究工作，并将新开发的船载巡航监测系统、航空与卫星遥感监测系统、定点连续监测系统进行集成，发展和完善海洋生态环境评价与预警技术，研制评价预警模型，建立渤海海洋生态环境监测技术体系（图 2－1－12）。并将通过海上综合试验和系统示范运行，以及第三方独立检测，检验各种监测手段的技术指标，优化改进系统功能，以使系统达到海洋环境监测业务化的要求，并能够实现业务化运行，从而提高渤海海洋生态状况评价水平和海洋灾害事件预警能力，为渤海海洋生态环境治理与管理服务。

（四）南海深水区海洋动力环境立体监测系统技术

　　"南海深水区海洋动力环境立体监测技术研发"项目，面向南海资源开发和国家海洋安全，在进一步推广国家 863 计划海洋技术成果应用转化的基础上，重点发展极端海洋动力环境和深水区内波长期定点连续监测技术、海洋卫星遥感监测及遥感应用技术，为建立南海深水区海洋动力环境监测

图2-1-12 渤海海洋生态环境海空准实时示范区综合监测系统

系统提供技术支撑和示范。同时，国家还设置"海洋环境立体监测技术"专题开展研究。该项目对于维护国家权益、保障南海海洋环境安全，促进中国的海洋技术与科学研究的发展具有重要意义。

(五) 海底观测网技术

相比美、欧等国，我国在海底观测网络方面的研究还处于起步阶段。近年来，我国也逐步认识到建立海底长期观测网络，在维护海洋权益、开发海洋资源、预警海洋灾害、保障领海安全方面的重要意义，国内相关机构和学者目前也正在进行积极的探索研究。浙江大学、中国科学院沈阳自动化研究所在接驳盒技术、供电技术和信息传输与控制等方面进行了技术攻关，而在科技部、中国科学院、教育部的支持下，中国科学院声学研究所、中国科学院南海海洋研究所、同济大学等则均已开始了海底观测组网技术与示范网建设方面的初步研究工作。

组网方面，同济大学于2009年建成的小衢山海底观测站，该系统主要由一个1.1千米长的主干光电缆，一个海底接驳装置和3套观测设备组成，包括测温盐深的CTD，多普勒流速剖面仪ADCP和浊度仪，其电力供应是由水文观测平台的太阳能板提供，并由无线通信将观测数据实时传送到实验室，这是我国开展有缆海底观测的一次有益尝试。2013 年 5 月，中国科学院支持建设的三亚海底观测示范系统建成运行，该系统由岸基站、2 千米长光电缆、基于自主技术的 1 个主接驳盒和 1 个次接驳盒、3 套观测设备（包括视频观测、海底照明、多普勒流速剖面仪 ADCP、多功能水质仪等）、1 个声学网关节点与 3 个距离 500 米到 800 米不等的温深观测节点构成，并具有扩展功能，岸基站提供 10 千伏高压直流电，接驳盒布放在 20 米水深的海底，这是我国海洋观测历史上首个真正意义和具备完整功能的海底观测示范系统（图 2 – 1 – 13）。该系统的成功建成极大地促进了我国接驳盒、高压直流供电、观测设备、信号传输与处理等关键技术的研发，尤其是为系统集成技术以及光电缆铺设、设备布放等工程技术积累了丰富的实践经验，达到了关键技术攻关与示范的效果。另外，科技部 863 计划已投入 2.5 亿元，支持中国科学院声学研究所依托其陵水基地建设 100 千米的南海海底水声观测网试验系统；同济大学则在教育部和上海市的支持下，计划投入近亿元建设 50 千米的东海海底观测网，目前均尚未进入布网阶段。

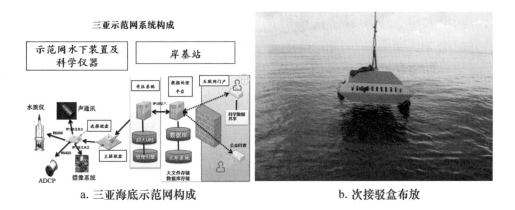

a. 三亚海底示范网构成　　　　　b. 次接驳盒布放

图 2 – 1 – 13　海底观测示范网建设

在组网关键技术研发方面，浙江大学研制的次接驳盒于 2011 年 4 月成功接入美国 Mars 观测网，并搭载了化学、水文动力和视频观测设备，实现了稳定的实时观测。中国科学院沈阳自动化研究所研制的主、次接驳盒和岸基直流高压供电系统、信息传输与控制系统则成功应用于中国科学院"三亚海底观测示范系统"，并已累计运行半年。在诸如高压直流输配电技术、远程直流高压供电技术、10 千伏高低压电能变换技术、水下可插拔连接器应用技术、网络传输与信息融合技术、远程智能操控、低功耗高性能水声通信节点、稳健的网络协议、水声通信网与主干网协同机制等核心技术方面取得了突破，这对加快建设我国长期海底观测系统、全面提升我国海洋观测能力和设备研发水平具有重大意义。

另外，在原位观测设备研制方面，完成了几种海底原位环境参数测量的实验室试验样机，阴离子化学分析系统样机，采用离子交换色谱原理进行设计，针对流体中的 F^-、Cl^-、SO_4^{2-} 等阴离子进行原位监测。海底原位多参数化学分析系统，集成了溶解氧、甲烷、硝酸盐、pH 和叶绿素等多种化学传感器，实现了海底环境中若干化学参数的原位实时监测。海底原位动力环境监测系统，集成了 ADCP、ADV、CTD 等多种传感器，可对温度、盐度、湍流、流速等海底动力环境参数进行原位实时监测。

2009 年 9 月在北京召开了国家 863 计划"十二五"深海技术发展方向战略研讨会，与会专家充分认识到深海海洋动力的环境监测及观测技术，目前从国际发展趋势来看，各发达国家（以美、日为主）深远海的观测探测趋向长期化、实时化、原位观测，而相关仪器则趋向于标准化、模块化。随后，同济大学、中国科学院南海海洋研究所、浙江大学、中国船舶重工集团公司第 715 研究所、国防科技大学等单位纷纷提出在我国的南海、东海建立海底长期观测网络的设想。国家长期海底观测系统已被正式列入我国重大科研基础设施建设规划，我国全面实施海底观测系统建设将很快提上议事日程。

七、海上试验场

我国目前的几个海洋试验场主要是海军和涉海科研院所等机构为进行仪器设备检验所选择的某一试验海区，例如，中国海军水中兵器靶场试验场，中国船舶重工集团公司第 750 试验场，中国科学院南海海洋研究所湛江站东南实验场等，并没有开展深海试验场区的建设，这些试验场的共同的特点是建设规模较小、服务领域较窄、设备和功能比较单一、场址相对分散、共享程度低，而且，大部分海洋试验场缺乏业务化运行的能力。与国外发达国家的综合海上试验场存在较大的差距。

2009 年，国家海洋局组织国家海洋技术中心牵头完成了"海上试验场建设技术研究和原型设计"项目可行性论证，正式立项，通过该项目的实施，将完成国家级、开放型、军民兼用、集多种功能于一身的海上试验场总体方案设计和浅海试验场区工程设计。目前项目已经进入实施阶段，并确定在青岛小麦岛开展浅海试验场的建设工作。

目前，国外海洋试验场发展趋势是由单一功能向多功能且为大型系统和观测网络提供试验条件发展，向深远海和海底发展。由于深海大洋在科学、经济、安全等方面具有重要战略意义，主要沿海国家皆设有面向深海大洋的海洋试验场。

八、大洋、极地海洋环境探测与监测技术 ▶

中国 Argo 大洋观测网试验是由科技部批准的首个实施"中国 ARGO 计划"的启动项目。旨在通过引进国际上新一代、先进的 Argo 剖面浮标，在西北太平洋附近海域构建我国 Argo 大洋观测网的框架，使之有权利共享将在全球海洋中建成的由 3 000 个浮标组成的实时海洋观测网资料，丰富我国的海洋环境数据库，提高我国海洋和大气科学家在国际前沿科学领域中的研究水平和显示度，强化我国在国际 ARGO 计划成员国中的地位和作用。

Argo 剖面浮标技术的应用被誉为"海洋观测手段的一场革命"。通过引进 Argo 剖面浮标、构建 Argo 大洋观测试验网、建立 Argo 资料接收和处理系统，以及实现全球海洋 Argo 数据共享，使我国成为国际 ARGO 计划的重要成员国。我国是继美国、日本、加拿大、英国、法国、德国、澳大利亚和韩国后，第九个加入国际 ARGO 计划的国家。

本项目的组织实施，为我国加入国际 ARGO 计划奠定了坚实的基础，也为我国科学家了解和掌握 Argo 剖面浮标的性能和特点，以及利用这些新颖的观测资料开展海洋和大气科学研究提供了机遇，从而取得了许多过去利用常规观测仪器设备测量而无法得到或解释的现象、规律和认识，进一步推动我国海洋和大气科学的发展。

另外，由大洋协会牵头组织实施 7 000 米"蛟龙"号载人潜水器已分别完成 5 000 米，7 000 米级海试，进行了多次坐底，开展了海底照相、摄像、地形地貌测量及取样等作业，获取了近底精细地形资料，并于 2013 年下半年开始实施业务化运行，利用"蛟龙"号搭载的多种深海海洋环境探测与监测传感器，结合我国大洋航次调查，将大大增强我国在深海近海底以及原位观测能力。

我国先后在南极建成了 3 个科学考察站：长城站、中山站以及昆仑站。在北极建成一个科学考察站：黄河站。截至 2014 年 6 月我国先后执行了 30 次南极考察航次和 5 个北极考察航次，考察项目和内容不断拓展，考察仪器和设备得到了同步发展。

利用研制的极地近岸海洋环境监测系统，对南极长城站海域的生态要素及动力要素，包括温度、盐度、深度、pH、有效光合辐照度（PAR）、氧化还原电位（ORP）、叶绿素、海流等要素进行长期连续监测，监测数据通过系统控制舱上传至岸边实验室，经通信卫星发送到国内的数据中心。

我国在南极布放了极区水文气象自动监测浮标，该浮标布放于冰面上，可随冰漂移，由卫星跟踪定位，并通过卫星将测量数据发至基地。

在南极，还开展了冰面与冰下光辐射监测技术研究，研制了带光纤的高光谱辐射计，突破了多传感器的配比及低温环境下辐射计的可靠性等技术，为海冰光学特性的研究奠定了基础。

"北极 ARV"型水下移动观测平台在北极海区得到了试用，能够搭载多种测量仪器进行作业半径 3 000 米以内的水下移动观测，获取冰底形态、海冰厚度、海水的温盐剖面等数据（图 2 - 1 - 14）。

图 2 - 1 - 14 "北极 ARV"水下机器人

第三章　世界海洋环境探测与监测工程技术发展现状与趋势

海洋竞争实质上是综合国力和高技术能力的竞争,海洋高技术将有效地提高一个国家的海洋竞争能力。进入 21 世纪以来,世界发达国家认识到海洋对于经济、社会和环境发展的极大重要性,纷纷调整海洋发展战略和政策、制定新的海洋科技发展规划、实施新海洋行动计划,将海洋与国家利益紧密联系在一起,并将国家需求作为海洋科技发展的强大动力。作为海洋高技术之一的海洋环境探测与监测工程技术是获取海洋环境参数的重要技术手段,也是进行海洋科学研究、资源勘探以及海洋权益保障的重要支撑。以深潜、遥感、海底观测网等为代表的海洋环境探测与监测技术正成为人类迈向更深、更远、更广海洋的强有力工具。

一、世界海洋环境探测与监测工程技术发展现状 ▶

在海洋科学研究中,观测技术的发展成为推动重大科学研究突破的关键,也是阻碍海洋科学进一步发展的制约因素。因此,在国际海洋研究计划中,把观测技术的发展作为重要组成部分,如全球大洋中脊行动(Inter-Ridge)的海底连续观测和观察任务、国际大陆边缘计划(InterMargin)等;此外,诞生发展了若干专门的海洋观测计划,如全球海洋观测系统(GOOS)、全球海洋实时观测计划(ARGO)、海王星海底观测网络计划、欧洲海底观测网络计划以及美国的海洋观测站行动(OOI)等。

目前,海洋立体观测系统已经初步建立起来,其包括从空中开展遥感观测的卫星、航空飞机和飞行器,表面观测的固定观测站、船载观测和浮、潜标观测,水中及水底的声呐观测和海底机器人和坐底设备观测,海底钻探技术等,图 2 – 1 – 15 即是海洋立体观测的全面阐释。

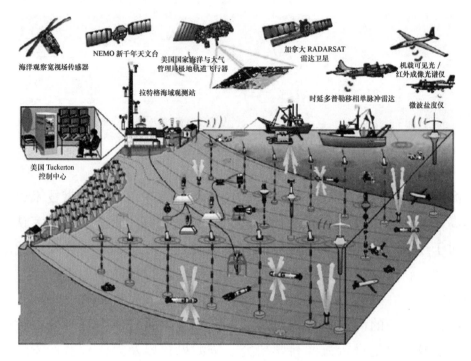

图 2-1-15　海洋立体观测网络

（一）天/空基海洋环境探测与监测技术

1. 海洋卫星遥感技术

　　海洋卫星遥感是获取大范围同步海洋信息的有效手段，在海洋立体监测系统中具有重要的位置。自 20 世纪 60 年代开始，卫星海洋遥感技术得到广泛应用；从 1987 年日本发射升空的海洋卫星 MOS-1 开始，海洋卫星遥感技术已进入成熟发展和应用阶段。利用卫星进行海洋遥感探测，不受天气、海况的影响，可实现快速、同步、大范围、连续的海面监测，具有海面现场探测技术无法比拟的优点，可获得关于海面温度、有效波高、海面风场、流场、浅海水深及水下地形、海洋近表层浮游植物色素浓度等参数。这不仅为海洋环境和灾害监测预报提供了大量信息，而且可为海洋资源开发、海洋污染监测以及 200 海里专属经济区的管理提供所需的信息和数据。美、日、英、法、加拿大、挪威已经建立了基于卫星遥感的典型业务化监测系统，包括渔海况速报系统、赤潮监测系统、溢油监测系统和海冰监测系统等。从 90 年代初开始，美国利用卫星观测的海洋要素建立和健全了全球的和区域的海洋环境预报体系，大大提高了台风、热带气旋、海冰、风暴潮等的预报准确率。荷兰等国建立了基于卫星和飞机的遥感信息的溢油预报和赤潮实时监测系统。美国海军的航行条件保障系统，利用海洋卫星遥感获得的海洋和气象资料进行业务化的数据同化，可提供全球任何地点、任何时候的高分辨率区域性数值预报产品，为其战略和战术的有效运用提供信息保障。自 2008 年起，卫星遥感已能监测海水盐度。从 1995 年至今，世界上大约发射了 20 多颗海洋卫星。

1）海洋水色卫星

海洋水色卫星遥感可以探测与海洋水色环境有关的参数，如叶绿素、悬浮物、黄色物质、污染物、水深等。因此，近几年受到国内外广泛重视。美、欧、日等国现已制订了持续到 2015 年的海洋水色资料的战略计划。美国经过多年的准备和论证，于 1997 年成功发射了 SeaWiFS 水色卫星（图 2－1－16）。经过一段时间的调试和定标后，已进入业务化运行，并于 1998 年 6 月开始对外发布正式产品（图 2－1－17）。所获得的数据和图像质量都超过了 CZCS（海岸带水色扫描系统）的水平。通过 SeaWiFS 的研制和发射，带动了许多相关技术的发展，例如光学浮标的研制成功，除了可完成遥感数据的真实性检验，提高信息产品的质量，而且还为海水表皮和表层的水光学特性研究提供了迄今世界最先进的仪器设备。SeaWiFS 的经验也为我国和世界其他国家和地区的海洋水色遥感提供了很好的借鉴。

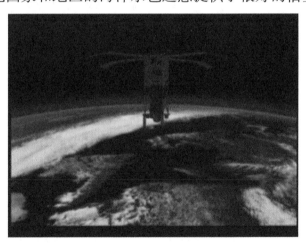

图 2－1－16　SeaWiFS 水色卫星

2）海洋动力环境卫星

利用卫星遥感器测量海洋动力环境的构想在 20 世纪 60 年代就有人提

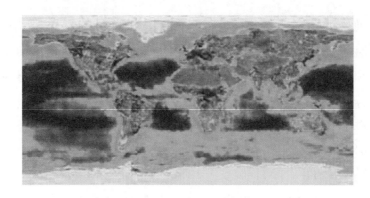

图 2 – 1 – 17   NASA 公布的全球水色

出，70 年代得以实施。发射海洋动力环境卫星的国家有美国、俄罗斯、法国。美国的 GEOSAT 系列卫星、欧盟发射的 ERS-1 和 ERS-2 卫星具有代表性，极大地扩展了海洋环境要素的监测功能，增加了更多的准实时资料。1991 年，欧洲空间局发射 ERS-1 卫星，星上装有微波散射计、雷达高度计和微波辐射计等遥感器，主要目的是开展卫星测量海洋动力基本要素，为用户进行业务服务以及为世界大洋合作研究项目提供业务服务参数（包括海面风场、大地水准面、海洋重力场、极地海冰的面积、边界线、海况、风速、海面温度和水汽等）。散射计风速测量精度为 2 米/秒或 10%、风向精度为 ±20°；高度计的测高精度为 3 厘米；辐射计测量海面温度精度为 ±5 开尔文。ENVISAT-1 卫星是 ERS 卫星的后继星，2001 年底发射，将进行为期 5 年的对大气海洋、陆地、冰的测量。该星测验数据连续，主要支持地球科学研究，并且可以对环境和气候的变化做出评估，甚至可以为军事、商业的应用提供便利。

　　3）海洋综合探测卫星

　　1992 年美国和法国联合发射 TOPEX/Poseidon 卫星（图 2 – 1 – 18）。星上载有一台美国 NASA 的 TOPEX 双频高度计和一台法国 CNES 的 Poseidon 高度计，用于探测大洋环流、海况、极地海冰，研究这些因素对全球气候变化的影响。TOPEX/Poseidon 高度计的运行结果表明其测高精度达到 2 厘米。JASON-1 星是 TOPEX/Poseidon 的一颗后继卫星，主要任务目标是精确地测量世界海洋地形图。该星装有高精度雷达高度计、微波辐射计、DORIS 接收机、激光反射器、GPS 接收机等，其中雷达高度计测量误差约 2.5 厘米。JASON 卫星轨道高度 1 336 千米，倾角 66°，设计寿命为 3 年，最大功耗为 435 瓦，总质量为 500 千克。

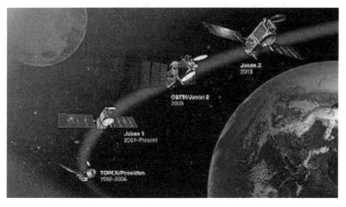

图 2 - 1 - 18　TOPEX/Poseidon 卫星

2009 年 2 月 17 日，"欧洲地球重力场和海洋环流探测卫星"（GOCE）发射升空，它是欧洲航天局研制的最先进的探测卫星之一，质量约 1 吨，使用寿命为 10 年。该卫星装备了多套灵敏度极高的探测设备，获得的数据将有助于科学家更深入地了解地球的内部结构，对人类研究海洋和气候变化将有所帮助。

其他如气象卫星和陆地资源卫星遥感资料在海洋监测上的应用研究也取得了很大进展。例如法国的 SPOT1、2、3、4、5 号资源卫星等。

2. 海洋航空遥感技术

遥感飞机是海洋环境监测重要的遥感平台，有着卫星遥感不可替代的作用。卫星遥感具有全球、连续、大尺度、费用低、实施受环境影响小等特点。但对于周期短、尺度小的海洋环境变化，航空遥感具有其独特的优势，在海洋环境遥感监测方面起到了巨大的作用，为广大海洋遥感工作者及管理决策部门提供了大量的科学研究数据及决策依据。在近海海洋环境监测、海洋污染监测及海洋减灾等方面，发挥了不可替代的作用；它以其特有的机动、灵活和光谱以及空间的高分辨率，成为海洋遥感的一项重要手段。同时，海洋航空遥感还可以为海洋卫星遥感提供模式建立、遥感器校飞等试验，为推动海洋卫星遥感技术发展，提高其定量化程度发挥重要作用。

目前美、日、法、丹麦、荷兰、瑞典、澳大利亚等都开展了大量的海洋航空监测工作。常用的空基遥感遥测平台包括有人驾驶的固定翼飞机和直升机、空中飞艇以及无人驾驶飞机和探空气球，它们均可用于在海面上空进行海洋环境遥感和海上目标监视。瑞典空间公司的海洋环境航空遥感技术水平属于国际领先地位，其中 MSS 系统机载侧视雷达（SLAR）具有大范围全天候探测海面的能力，覆盖范围为飞机两侧各 80 千米。在彩色荧屏上实时显示目标的经纬度、方位和距离。用于海上航行目标、溢油事故、渔船、海冰等的监视和海上搜救。无人机是近年发展起来的一种集观测、侦察、监视、攻击于一身的空中平台。其最典型的代表是美国的"全球鹰"。无人机在军事上用于远程海上和沿海的巡逻监视、监测、通信中继、战斗等任务；在海洋观测中，用于收集海上情报、部署无人水下航行器、监测水面水体状况。用于海洋观测的无人飞行器（UAV），可以携带多种传感器包，例如气象、海面温度、超光谱水色、潮汐和波浪高度等。原则上，UAV 可以一天或再长一些的时间飞行在某个位置，可以进行高空间分辨率的时序采样。

国际上投入业务化运行的主要航空监测系统见表 2 – 1 – 1。

表 2 – 1 – 1　国际上主要的航空监测系统

国别	主要传感器	运行情况	评价
美国	SLAR、IR/UV、ARC、ACTV 数据注释系统	20 世纪 80 年代业务运行	较具代表性
法国	IR 行扫描仪	1976 年投入业务运行	简单、性能一般
瑞典	SLAR，IR/UV，照相机，存贮，注释和定位系统，必要时可增添电视摄像机，微波辐射计（MWR）和激光荧光计	1981 年投入业务运行	体积小，重量轻，性能价格比适中，较受欢迎
加拿大	微光电视，IR/UV，激光荧光计，SKAR，照相机	业务运行	较实用
荷兰	SLAR，IR，MWR，激光荧光计	业务运行	
丹麦	SLAR，IR/UV，照相机，微光电视	业务运行	

（二）岸基海洋环境探测与监测技术

岸基高频地波雷达（一般在 3 ~ 30 兆赫兹）可用于测量海冰、海面风场、海浪场、海流场等海面环境参数。美、英、加、日等国先后研制了用于测量海表面动力环境的岸基高频地波雷达。

美国 SeaSonde 海洋传感器公司研制的近海海洋动力学应用雷达 CODAR

是一种近程高频地波雷达（图2-1-19），作用距离在60千米左右，实际作用距离与发射机频率和功率有关，覆盖范围约（100×60）平方千米，空间分辨率约为3千米，可以布放在港湾、河口、平台。该公司先后开发了标准型、海上平台型、高分辨率型、专属经济区型等多种型号的CODAR。单台雷达只能给出径向表层流资料。两台以上雷达的组合可以给出表层海流矢量图。

图2-1-19　美国CODAR

英国、加拿大等国家研制的作用距离200千米左右的中程高频地波雷达已用于海洋环境监测。从国外情况看，海洋环境监测的中程雷达，因其空间分辨率低，占地面积大，设备价格昂贵，因而应用不多。最受欢迎的是目标物探测与环境探测相结合的地波雷达。

（三）海基海洋环境探测与监测技术

1. 科考船及船载观测技术

国外发达国家在常规海洋环境探测与监测工程技术的研究与应用方面一直处于领先地位，美国现拥有世界上装备最先进、船只数量最多的海洋科学考察船队。以伍兹霍尔海洋研究所和斯克里普斯海洋研究所为例，共拥有8艘海洋调查科考船，其中4艘为近海调查船，4艘为大洋综合调查船。船上搭载了先进的导航定位系统、多波束测深系统、侧扫声呐、CTD等设备，并可搭载各类海洋调查设备，并配置了相应的实验室便于海上现场实验。另外，欧洲以法国、英国和德国为代表的国家，拥有众多技术先进的科考船。一直是全球海洋科学技术研究的重要力量，法国海洋研究与开发中心（IFREMER）拥有7艘海洋科学考察船。日本则拥有目前世界上最大的海洋调查船"地球"号。

在船载投弃式测量仪器方面，美国、日本等国家发展了多种机载、船载、艇载的投弃式快速剖面测量仪器，如 XBT、XCTD、XCP、XSV 等，自动快速获取潜在目标海域的实时环境数据，在军事海洋环境监测中有很好的实用价值。美国正在开发深度大于 1 000 米的投弃式多参量测量仪器，加拿大最近开发了 2 000 米投弃式湍流剖面测量仪。美国和挪威等国家已开发了万米温盐深和流速测量产品。目前，船用水质和生物自动监测仪器很少，多数属于分析仪器。虽然市场上已有一些水质分析仪器，但难以适应船舶环境条件。

（1）海流剖面仪。海流是海洋动力环境观测的主要参数之一，声学多普勒海流剖面仪（ADCP）、声相关海流剖面仪（ACCP）是基于船载的主要观测设备，近 10 年来，新开发的投放式声学多普勒海流剖面仪（LADCP）已成为大深度海流剖面观测的重要仪器。而新开发的投放式海流剖面仪（XCP）相比电磁海流计，探测海域广，测量深度大，运行周期短，探头体积小；相比 ADCP，其探头无需改动船体，不释放声频信号，探测深度一般为 1 500 米，该项技术目前为美国洛克希德马丁 Sippican 公司和日本 TSK 公司所拥有。

（2）温盐深测量技术。为获得海水温盐深数据，发达海洋国家极其重视高精度 CTD 剖面测量技术的研究与开发，船用走航 CTD 剖面仪包括投弃式温深仪（XBT）和温盐深仪（XCTD），相关技术也是美国洛克希德马丁 Sippican 公司、日本 TSK 公司处于世界领先水平，基本垄断全球市场。

（3）船载拖曳测量系统。船载走航拖曳系统在拖曳深度、走航速度和测量参数等方面得到较快的发展，代表性产品有 SeaSoar、Aquashuttle 和 Moving Vessel Profiler（MVP），拖曳剖面测量范围可达到 500 米、最快走航速度达到 20 节，TriSoarus 剖面深度已达到 700 米；测量参数已发展到 CTD、叶绿素荧光计、水下光学辐射测量、流速和湍流测量。

2. 浮标、潜标系统

浮标系统是一种很重要的水面或水下多参数测量仪器设备，包括锚系资料浮标、潜标、表面漂流浮标、中性浮标及抛弃式温深浮标等。

1）锚系浮标观测

美国 20 世纪 60 年代发展了锚系浮标，用于定点、连续、长期、同步的监测海洋表层水文、气象和水质参数，并且早在 80 年代中期就在主要河口布放了 30 多个水质监测浮标。现已成为海洋动力环境和海－气界面气象参数长期连续观测的主要手段，是业务化观测的主要装备。现代材料、电子、通信和能源技术的进步，使其在位率和可靠性大为提高。

海洋观测浮标作为主要观测手段应用于 GOOS、TAO、BATS（百慕大大西洋时间序列测站项目）、PIRATA（热带大西洋示范研究浮泊阵列项目）等国际海洋观测计划中。在热带气候观测计划中，美国现在已经布放 1 015 个 TRITON 浮标，日本 JAMSTEC 计划布放 20 个浮标，2008 年，美国开展了基于 TRITON 浮标的海洋湍流测量技术研究。

浮标系统除应用于海洋表面环境监测之外，在深海探测应用方面也起着非常重要的作用。为了发展和测试在真正的深海环境下用于长期（1 年）多学科综合监测，1997 年美国在距离俄勒冈州海岸 402 千米（250 英里），海面下方 1 520 米处的 Axial 火山处建立了 NeMO 系统。声学设备联接在了表面浮标上用来检测监测和调查抽样地球物理、地球化学、微生物变化在大洋中脊系统的活跃阶段，从而决定海底岩浆运动、断层之间的关系以及表层生物圈生物、化学和物理性质的变化。

1995—2001 年欧洲研究框架计划（FP4）发展和建设了 GEOSTAR（GEophysical and Oceanographic STation for Abyssal Research）单框架海底自治观测站，系统通过海面的表面浮标进行接近实时数据传送。

2）潜标观测技术

50 年代初，美国首先发展了潜标系统，用于次表层或深海的海洋环境监测。从 60 年代到 80 年代初，美国每年平均布放 50 ~ 70 套潜标。现在平均每年维护 20 套左右在位观测潜标，最大布放深度达 8 000 米，布放回收率达到 95% 以上，现已将 ADCP 应用于潜标系统。

潜标观测技术已由分层系挂仪器，不连续观测方式发展成为能连续进行剖面自动测量的方式，且观测数据能经感应耦合或水声通信传输至海面浮标，经卫星中转上岸。最新应用中，潜标还被用于海底观测系统水下节点观测数据的中继站，并承担 AUV 的能源补给及数据接驳，成为海洋立体观测系统的重要组成。

2002—2004 年的欧洲研究框架计划（FP5）中，建设了 4 个节点的 AS-SEM 浮标连接观测系统，该系由光节点组成，能够与表面浮标通信，用于最大 1 平方千米的海床区域内长期监测岩土工程，大地测量和化学参数。

2011 年日本海啸发生以后，日本气象厅决定在岩手县至福岛县海域设置 3 处"浮标式海底海啸仪"以加强海啸观测。由于海底观测仪器探得的海啸数据可通过浮标由卫星线路发送,无需铺设海底电缆,大大缩短了建设周期。与潮汐监测站相比,由于其更接近地震震源,能更早发出警报。

3)漂流浮标及剖面浮标技术

表面漂流浮标是根据各种科学试验和海洋环境监测计划的需要而发展起来的一种移动观测平台。从 20 世纪 70 年代发展了单参数漂流浮标以来,经过 40 余年的努力,已形成了适合不同目的的漂流浮标,多数浮标用 AR-GOS 系统通信及定位,随着全球卫星定位系统的成熟和降价,已逐渐采用 GPS 定位及移动卫星通信。美国国家气象局飓风中心每年布放 5~10 个漂流浮标,支持飓风预报;近年来美国主要用漂流浮标跟踪和预测溢油和赤潮的漂移,用漂流浮标的实时数据作为卫星遥感海洋应用的地面真值校准,用实测数据支持海洋环境预报和天气预报模式研究和检验。

剖面浮标能够进行浮力调节,实现自动升降和剖面测量,主要测量温度、电导率和深度,还可加配溶解氧和叶绿素荧光等传感器。剖面浮标是未来的一个发展方向,特别是适于沿海海域使用的剖面浮标。

以美国、日本为首的一些海洋国家发起代号为 Argo 的国际性合作计划,作为全球海洋观测系统和全球气候观测系统的组成部分,按照经纬度每 3 度布放一个。截止到 2010 年 1 月,全球共有 29 个国家和地区参与了 Argo 浮标的布放,共投放浮标 6 623 个,其中目前仍在海上正常工作的浮标 2 941 个,获取了约 50 余万条海洋剖面资料,共同构成了一个庞大的全球实时海洋监测网。Argo 漂流浮标能够在深度 2 000 米的海水中做自动沉浮运动,测得的垂直温盐剖面数据可以在浮出水面时通过卫星转发到岸站,3 000 多个漂流浮标阵每年可以提供 10 万个温盐剖面数据和参考速度,对揭示大洋温度、盐度场和流场的时空变化特征发挥重要作用。新一代 Argo 浮标研制正朝着体积小、寿命长、功能多及水深大等方向发展,最长工作寿命已达 7 年,观测参量由温度和盐度值增加到溶解氧、叶绿素、硝酸盐、风和降水,最大工作水深已达到 3 500 米,它的应用将进一步推动深海科学研究的发展。

3. 水下移动平台观测技术

在深海观测中,主要是载人潜水器(HOV)、遥控无人潜水器(ROV)、水下自治潜水器(AUV)的相继发展。载人潜水器可安装多种传感器,可潜入海底(浅海)进行作业和现场决策,常用于热液裂口、大洋海岭、深海生物学和生物发光、考古遗址、沉船勘探和海底输油管道检查等。通过新材料的应用突破，可实现轻型化，增加下潜深度。

遥控无人潜水器（ROV）可替代载人潜水器开展工作，在某些情况下具有载人潜水器无可比拟的优势。过去十几年，自治式无人潜水器（AUV）得到了快速发展，并逐步替代遥控潜水器开展更多的水下探测。

目前，各种深潜器（ROV、AUV）的下潜深度正在逐步突破，在突破7 000 米深度后，正在试验研制下潜万米的深潜器。据报道（NSF 网站，2009），由美国伍兹霍尔海洋研究所（WHOI）最新研制成功的混合型水下机器人（HROV）Nereus，是当前最先进的潜水器，是遥控潜水器（ROVs）和自治式无人潜水器（AUV）的结合。2009 年 5 月 31 日，Nereus 下潜到了世界大洋的最深处——西太平洋马里亚纳海沟（Mariana Trench）的挑战者深渊（Challenger Deep），约 10 902 米。在这里，Nereus 承受了高达地表面1 000 倍的压力，并进行了 10 小时的观测。

水下滑翔器作为低功耗、可控制和大范围海洋观测系统，成为最具有发展前景的技术之一，正朝着深海、远程及强流区和业务化观测的方向迈进，目前美国已研制出世界上最大、航速最快的水下滑翔机 XRay，滑翔机的翼展为 20 英尺（约 6.1 米）、质量约为 1 500 千克、速度为 3 ~ 5 节、航程达到数千千米，目前该装备已完成第一次海试。AUV 和水下滑翔器已广泛应用于海洋科学研究和业务化观测系统中，美国在蒙特利湾（Monterey Bay）和俄勒冈近海业务化观测系统中已将 AUV 和水下滑翔器作为主要观测手段。

4. 海底观测技术

早在 20 世纪 80 年代初，美国就发展了海岸海洋自动观测系统（CMAN），该系统有 48 个站，包括：9 个近海平台，17 个灯塔，13 个岸站，8 个大型导航浮标，1 个锚系浮标，使用 DACT 全自动数据采集遥控遥测系统，测量参数包括：风速、风向、气温、气压、表层水温、波浪、潮汐、降雨量及能见度。同期，美国还发展了 SWQMS 水质监测系统，能监测7 个气象参数，5 个水文参数，16 个污染参数，观测数据经处理后直接发回岸站。

2004 年，美国公布《美国海洋行动计划》，建议正式设立 IOOS（Integrated Ocean Observing System）项目，建立由美国海洋与大气管理局、美国海军、海岸警卫队、国家科学基金委、美国宇航局、美国环境保护局以及美国地质调查局等 8 个部门或机构所管辖的监测系统单元共同构成的，包括基础设施、公海监测、海岸监测在内的具有综合职能的、全方位的海洋监测系统。系统能够满足各部门对海洋环境监测的不同需求，利用船舶、卫星、浮标、雷达、岸站等监测手段，针对海洋大气、水质、地质、沉积物、生态系统等不同介质，开展水文、气象、物理、化学、生物等多要素监测。IOOS 的任务是建立系统，以推进海洋观测资料的迅速获取、传播与应用。2010 年 11 月，正式发布了 IOOS 计划书，表明包括国内和国际两部分，其中国内由 11 个子系统组成；国际上，IOOS 是全球海洋观测系统 GOOS 计划的美国部分。IOOS 将通过船基、岸基、遥感、滑翔机、海底锚系等工具，为赤潮、生态、海平面、表层流等相关的气候环境与渔业资源国家目标服务。

GOOS 是由 IOC（Intergovernmental Oceanographic Commission）于 1989 年提出的以现存 6 个全球系统为基础，建立一个全球海洋数据采集、传输、处理、数值模拟和数据产品服务的综合业务系统。该系统计划通过布放海洋观测卫星、增强海滨水面全球观测、利用先进技术对海洋平面进行系统监测、对温度和盐度的集成海洋监测、定点时序观测站建设、海洋炭和海水情况测量等技术手段，为海洋预报和研究、海洋资源的合理开发和保护、控制海洋污染、制定海洋和海岸综合开发和整治规划等提供长期和系统的资料。

5. 海底观测网技术

海底观测网络主要由海床基自动观测站、自持式水下移动剖面测量系统（AUV）、环境探测传感器、水下通信链路等组成，在海洋预测、海洋科学研究、海洋资源开发、地震观测、国家安全等方面具有重大的科学和现实意义。从 1960 年安装用于核爆炸和定位的地震观测站开始，经过几十年的发展，海底观测这一方式已经被广泛应用于除地震监测之外的热液现象、海啸预报、海洋环境变化、全球气候、地球动力学等科学研究和监测，海底观测的规模也由最初的观测站、观测链，发展到现在的观测网络，且相关技术正朝着高速的通信方式、海量的数据传输、大功率能源供给、长期连续监测、高时空分辨率和多参数观测能力的方向发展。海底观测技术越来越受到各国政府和学术界的重视，特别是印度洋海啸以后，许多国家都把海底观测技术作为监测和预警海啸的重要手段重点发展。欧美及亚洲日本等国在研制开发多种海底观测网络技术和装备的基础上，投入巨资建立海底观测网络。目前，国际上多个小型海底观测网络（如 VENUS 和 MARS 等）已投入运行。同时，一些大型的海底观测网络计划（如 NEPTUNE，OOI，ESONET 等）也正在紧锣密鼓地实施中。

加拿大

东北太平洋时间序列海底网络试验（NEPTUNE）是美国于 1998 年启动的海底网络计划。作为该海底网络的重要组成部分，NEPTUNE Canada 是全球第一个区域性光缆连接的洋底观测试验系统，于 2009 年完成设备安装并于同年 12 月底开始了正式的运转。它主要包括 6 个节点（目前已使用的为 5 个），分别为 Folger Passage、Barkley Canyon、ODP1027、ODP889、Middle Valley 以及 Endeavour。除进行水文地质、地球化学等科学问题之外，它还将应用于海洋污染、港口安全与船运、灾害减轻、资源勘探、海洋管理和公共政策制定等方面。

欧洲

从 1995 年开始，欧盟资助了一系列不同规模的项目来发展海底观测系统。"ESONET 计划"于 2007 年 3 月提出，计划通过铺设大约 5 000 千米的海底缆线及相关观测设备，围绕欧洲从大陆架到深渊，形成覆盖 300 万平方千米海底地形的监测，系统通过海底终端接线盒将观测站与陆地连接起来并利用电缆 IP 协议为观测仪器提供能源、实现双向实时数据遥感勘测从而进行全球变化、自然灾害警报等信息的传送和欧洲海域的基本管理。

EUROSITES 网络由欧盟资助，于 2008 年 4 月正式启动，目的是整合和增强欧洲附近 9 个已有的进行多学科研究及物理、生物地球化学和地质各种变量原位观测的深海观测站。该网络重点研究的主题范围包括：外海的生物地球化学循环和海洋环流、深层水的形成和地震海啸预警系统的发展。EUROSITES 是 OCEANSITES 深海观测站国际网络欧洲组成部分，它对全球海洋和气候观测系统的贡献是 OCEANSITES 网络的区域性实施内容，以及致力于地球观测的全球海洋观测系统（GOOS）重要的一部分。

日本

海底电缆科学研究组于 2003 年 1 月提出了"先进的区域性实时地球监测网"（ARENA）计划。该计划由日本东京大学主持，其目标是沿日本海沟建造跨越板块边界的光缆连接观测站网。其早期目标是地震观测，目前科学家们期望 ARENA 能提供多学科的资讯，如地震、海洋学和生物学信息。该监测网利用铺设于海底的有缆网络和配置于海底网络上的观测仪器，开展海底监测。通过覆盖相关海域和海底的综合性监测网和长时序的监测，构筑起海洋学、地球物理学、地震学，以及海水资源、海底能源开采等多学科、跨领域的应用平台，为试验验证、科学研究、深海海洋工程服务。在 ARENA 计划中，有多种观测手段，如深海浮标、沿岸浮标、水下滑翔器、AUV、漂流浮标、卫星和飞机等，并用海底电缆将海底观测仪器设备组成网络。通过这些手段可以实现对关注海域的四维观测。

总的来看，集成海洋监测传感器技术、各类观测平台技术和系统集成技术组建海洋立体观测系统是进行大范围、立体、实时同步观测海洋的有效技术手段。以美国为首的先进海洋国家在联合国的号召下，根据全球海洋观测系统（GOOS）框架要求，纷纷建立了国家集成的海洋观测系统（已实施组建的海洋立体监测系统见表 2 - 1 - 2），部分海洋立体观测系统开始投入业务化运行，开始提供信息产品和预警预报服务。

表 2 - 1 - 2　全球海洋观测系统统计一览

组建机构	系统名称	覆盖范围	用途	进展
政府间海洋学委员会（IOC）	全球海洋观测系统	全球范围	研究气候变化，进行生态、生物资源、海岸带综合监测等	实施中
	全球海啸预警系统	全球范围	监测地震、海啸，发布预警	投入运行，发布海啸预报信息
美国国家海洋与大气管理局（NOAA）9 个系统	美国太平洋海岸西北部近海观测系统	美国太平洋海岸西北部	6 个子系统构成主要监测近岸、河口保护区环境状况获取动力环境信息及水文气象数据	投入运行
	美国太平洋海岸西南部近海观测系统	美国太平洋海岸西南部	11 个子系统构成，主要监测动力、生态和水文气象参数，开展生物资源调查	投入运行
	墨西哥湾西部近海观测系统	墨西哥湾西部	11 个子系统构成，主要监测海洋动力、水文气象参数	投入运行

续表

组建机构	系统名称	覆盖范围	用途	进展
美国国家海洋与大气管理局（NOAA）9个系统	墨西哥湾东部和佛罗里达人西洋海岸近海观测系统	墨西哥湾东部和佛罗里达	11个子系统构成，监测近岸、河口保护区环境状况，获取动力、生态和水文气象参数	投入运行
	美国大西洋海岸东北部观测系统	美国大西洋海岸东北部	15个子系统构成，监测近岸、海岛、河口保护区环境状况，获取动力、生态和水文气象参数（包括地波雷达）	投入运行
	美国大西洋海岸中部和东南部的观测系统	美国大西洋海岸中部和东南部	17个子系统构成，监测近岸、河口保护区环境状况，获取动力、生态和水文气象参数	投入运行
	阿拉斯加观测系统	阿拉斯加	6个子系统构成，监测海啸、生物资源，获取动力、生态和水文气象参数	投入运行
	夏威夷观测系统	夏威夷	4个子系统构成，监测大洋环流、生态环境，获取动力、生态和水文气象参数。	投入运行
	五大湖近岸观测系统	五大湖近岸	5个子系统构成，获取动力、生态和水文气象参数	投入运行
美国和加拿大	海王星(NEPTUNE)海底观测系统	东北太平洋的海底，最大深度约3 000米	美国承担的是蒙特雷湾海洋科学观测站MARS，加拿大承担的是维纳斯（VENUS）观测站，用于监测板块运动、地震、气候变化和科研教学	MARS二期工程将于2013年结束并投入业务化运行，VENUS于2008年投入运行
欧洲海洋观测系统	欧洲海底观测系统（ESONET）	大西洋与地中海	用于生态、渔业资源监测，开展相关科学研究	2009年进入观测状态
	欧洲海洋观测数据网络（EMOD-NET）	涵盖欧洲海岸带、大陆架以及周围海盆数据	提供海洋基础数据、开展数据抢救、信息管理和分发	科学研究、海洋管理、资源利用、海洋环境保护
日本	日本新型实时的海底监测网（A-RENA）	日本海沟	监测地震、生物资源、海水资源、海底能源	实施中

6. 传感器技术

海洋环境传感器是海洋观测的核心仪器设备，研制稳定，高灵敏度和精确度的传感器是海洋探测与监测技术发展的重要内容。伴随着海洋监测系统的拓展，在深海环境和生态环境的长期连续观测的需求下，美国、日本、加拿大和德国等国家已研制出全海深绝对流速剖面仪及深海高精度海流计、多电极盐度传感器、快速响应温度传感器、湍流剪切传感器、多参数水质测量仪等，并已形成商品。同时伴随海洋观测平台技术的发展，与运动平台自动补偿的各类环境监测传感器也取得较大进展，美国等国家目前已研制适应于 AUV、ROV 水下滑翔器和拖曳等运功平台温度、盐度、湍流、pH、营养盐、溶解氧等传感器。

（1）海洋动力环境观测传感器。此类传感器主要有温度、电导率、深度传感器，海流计，验潮仪和测波仪等。在高精度 CTD 剖面仪上的压力传感器，只有美国一家公司可以生产。新一代的电磁海流计集成了压力、温度计盐度传感器，可以同时获取海水流速、温度、盐度、潮位及海浪等信息。测波仪最为可靠的是的荷兰的"波浪骑士"，利用压力和声学传感器测量波浪的仪器也有较快发展，但是精度较低，适用于精度要求不太高的情况。验潮仪方面，德国的 PS-Light 系列气泡验潮仪和加拿大的 TGR-2050 自记式验潮仪均具有较好的稳定性和精度。

（2）海洋生态环境监测传感器。海洋生态环境监测传感器主要有营养盐、溶解氧、二氧化碳、氨、负二价硫、海水化学耗氧量、生化耗氧量等监测设备。英国 ECO-Science 公司研制的 NAS-2E 型营养盐自动分析仪，可在水下 250 米处工作 60 天，在其基础上的 EcoLAB 第四代分析仪可同时分析硝酸盐、亚硝酸盐、磷酸盐、硅酸盐和氨氮；美国 Subchempak 分析仪可用于水下 200 米，有 4 个通道，可选择测量硝酸盐。亚硝酸盐、铵盐、磷酸盐、硅酸盐、铁、铜；YSI 公司的营养盐分析仪可在水下连续工作 30 天。总的来说，海水营养盐分析仪正向集成化、小型化、系列化及深水检测的方向发展。溶解氧传感器的发展方向是高准确度、高可靠性和快速时间响应，高采样速率，完备数据后处理，良好人 – 机界面，结果可视化，易于维护等。二氧化碳传感器的主要方向是光纤传感器。其他几类传感器也都在不断发展完善中。

二、面向 2030 年的世界海洋环境探测与监测技术发展趋势 ▶

海洋开发已进入立体开发阶段，在深入开发利用传统海洋资源的同时，不断向深远海探索开发战略新资源和能源，大力拓展海洋经济发展空间已是必然。与此同时，海洋科技向大科学、高技术体系方向发展，进入了大联合、大协作、大区域研究阶段；海洋调查步入常态化和全球化，这对海洋环境探测与监测工程技术提出了更多、更高的要求。未来近 20 年，世界海洋观测将全面进入立体观测时代，朝着大深度和高精度方向发展，实现实时化、系统化、信息化和数字化。

(一) 继续加强长期连续定点观测平台建设

如何有效、连续地获取和传递海洋长时间序列综合参数，既是海洋科学研究和创新发展的重要前提，也是全球与区域海洋观测网络建设的核心问题。国际海洋科学委员会（SCOR）在对海洋科学未来 20 年的发展趋势（Ocean 2020）展望中，特别强调了长时间序列观测的重要性。海洋具有大密度和流动性，再加上其时空间的易变性，给直接观测带来了极大困难，准确、实时、长序列周期获取海洋资料是当前国际海洋学界面临的最大挑战之一。长期定点海洋测量平台，具有其他观测手段难以比拟的优越性。鉴于此，世界先进国家，尤其是美国和欧洲，先后建立了海洋综合观测系统，如 WOODS HOLE 海洋研究所的马则维尼亚三脚支撑测量平台、SCRIPPS 海洋研究所的漂浮式定点测量平台（FLIP），意大利 PO RIVER 外海测量平台等。海上长期观测站越来越成为国际海洋观测系统（GOOS）的重要组成部分。

(二) 海洋环境立体观测系统常态化应用

在空天–海洋一体化系统中，"上天、入地、探极、下海"成为未来空间海洋科学的技术发展重点。进一步发展完善海洋立体观测系统也是未来海洋科学技术发展的重点，其中最重要的就是多平台多传感器的集成，也就是形成卫星遥感海洋观测技术；近海生态环境自动监测技术；高频雷达海面环境探测技术；船基调查观测技术；锚系资料浮标观测技术；漂流浮标技术；潜标观测技术；水下移动观测技术；水下自航行观测技术；固定式水下无人自动观测站和区域性多平台集成海洋环境立体观测系统，辅之以高性能数据采集、交换与管理系统,实现数据的实时、高效和共享。

例如"全球海洋观测系统(GOOS)"在集成监测仪器设备和平台方面包括了海洋遥感遥测和自动观测技术与装备,水声探测和探查技术与装备,卫星、飞机、船舶、潜器、浮标、岸站等观测平台,监测参数包含了动力环境、生态环境以及水文气象近 20 种参数的监测。在 ARENA 计划中更着重各种观测手段的综合,不仅有海底电缆,还包括各类浮标、水下滑翔机、AUV、卫星和飞机等。且每隔 50 千米设置一个海底监测网络观测站点,在该观测站上,联结有海底地震仪、海啸测量仪、磁力计、电位差仪、倾斜仪、流向流速仪、温度仪、地球测量用音响脉冲发生仪、摄像机、反射能力传感器以及各种化学传感装置等观测仪器实现多要素测量。仅在美国大西洋海岸东北部观测系统 9 个子系统中的"近岸海洋观测实验室"中观测参数就包括了:水温、电导率、盐度、溶解氧、水深、荧光、光透射率、光学后向散射、压力、波高、有效波高、海底轨道速度、海底漂移幅度、峰值波周期、风速、风向、流速、流向、气温、气压、太阳辐射、湿度、LEO-15 的实时录像等参数。

(三)全球海底观测网络基本成型

建立长期的海底观测网(图 2 - 1 - 20),是深海海洋环境监测技术发展的基本趋势,目前,海底长期观测网已成为发达国家争相发展的热点,它是继调查船和卫星之后的第三个海洋观测平台,海底观测网络技术正朝着高速的通信方式、海量的数据传输、大功率能源供给、长期连续监测、高时空分辨率和多参数观测能力的方向发展。由于,海底观测技术越来越受到各国政府和学术界的重视,特别是印度洋海啸以后,许多国家都把海底观测技术作为监测和预警海啸的重要手段重点发展。欧、美及亚洲日本等国在研制开发多种海底观测网络技术和装备的基础上,投入巨资建立海底观测网络,预计未来 20 年全球海底观测网路将基本成型。

另外,海底观测系统将向低成本、高效率、高抗故障能力方向发展。日本新型实时的海底监测网(ARENA)利用基于已经成熟商业化程度的海底通信光缆系统,还充分利用了可以任意进行各种观测站点观测仪器的扩展功能。由此可在削减其构筑成本的同时,使用观测枢纽中的仪器,即使在出现故障时,也不会对基本海底观测网络上的其他观测仪器造成影响,从而保证整个系统拥有最大限度的可靠性。

图 2 - 1 - 20　新泽西大陆架观测系统

（四）空天遥感观测技术不断突破

卫星遥感技术的发展为海洋的大尺度观测和不间断观测提供了可能，海洋卫星遥感正向标准化、系列化和业务化的方向发展；海洋水色遥感卫星向着高光谱、高时空分辨率、高灵敏度的方向发展。未来，多频段遥感仪器观测技术还将得到继续发展，特别是开发针对海洋关键要素的专用海洋卫星，监测波浪变化、盐度变化的微波遥感卫星，高营养级生物的卫星传感器设计等技术将获得突破。航空遥感技术今后的发展则趋向于用低成本的无人机替代有人驾驶飞机，并搭载多种集成传感器包，实现更自由时间、大尺度的观测任务飞行，获得更高空间分辨率的时序采样。

（五）新型传感器及搭载平台技术不断发展

面对复杂多样的海水化学组成和物理化学性质，目前使用的传感器从原理设计和应用上都还有很多改进空间，未来 20 年，一方面是对现有各类传感器的改进与完善，使之能够更加可靠，灵敏和具有更高的精度，同时实现环境普适，小型化和多功能一体化等；另一方面，还要开发新的化学、生物传感器，智能式海洋观测仪器、声电传感器等，实现更多参数或环境目标的测量。例如国外正在开展温度光纤传感器的研究，有望实现海水温度最为经济的同步剖面测量。

就浮标/潜标这一搭载平台而言，未来将向一体化、规范化、标准化、实用化、智能化、可靠性、稳定性和兼容性等方向发展，浮标/潜标系统在极端环境下可靠性/稳定性技术、深水锚系结构、水动力环境设计成为发展重点。

海底资源的探测和开发，海下生命的观察更需要尖端的技术支撑，集成更多观测设备的智能化水下机器人和深潜器搭载平台将实现全球海域的不间断巡航监测，显著提高了人们对深海海洋生态系统的认识能力以及深海资源的勘探和开发能力。当然，这也离不开水下移动观测仪器的通信和定位导航技术的不断提升。

（六）注重数值模拟与四维同化研究

国际发达国家的海洋研究都是在加强观测的基础上，积极充分地开展大规模数值模拟与四维同化研究，从而将观测的表面化理解上升到较高层次上，较好地利用了通过昂贵成本获得的海洋观测资料，从而大大降低了科学研究的成本，提高了海洋科学研究的效率。

第四章 我国海洋环境探测与 监测工程技术面临的主要问题

海洋环境探测与监测工程技术是制约我国海洋科技发展的重要因素，总体上海洋调查探测技术手段仍然不足，技术相对落（图2-1-21）。造成重点区域的持续性调查和观测研究不够，已难以适应现代国际海洋开发的形势，也难以应对中国在南海的岛屿、资源开发等越来越突出问题上的竞争需求。

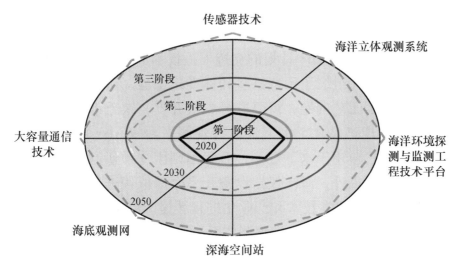

图2-1-21 国内外发展水平比较雷达图

（图中椭圆代表国际上所处年代的水平，黑色实线代表我国当前水平，
蓝色虚线表示未来预计我国达到的水平）

一、尖端技术系相对落后，主要仪器设备依赖进口 ▶

受多方面因素的影响，我国海洋探测监测核心技术相对落后，缺少原创性技术成果。航空遥感探测技术、现场原位观测技术、海底观测网络技术、深远海监测技术等尖端技术的研发刚刚起步，能力十分薄弱，极区海

洋环境监测技术几乎为空白，极大地限制了我国参与全球海洋与气候变化研究领域的工作；在航空遥感探测方面，目前国内还没有成型业务化运行的无人机探测平台；大部分常规探测调查仪器设备依赖进口；在海底环境观测技术方面，只限于示范网络的建设，多采用浮标供电、卫星传输的形式，没有形成岸基光纤主干网络，无法进行大功率的能量传输及海量数据的高速传输，从而难以进行几年、几十年的长期连续观测；在深海运载技术方面，还没有形成 AUV、ROV 和 HOV 等综合的应用技术体系；海底地球物理探测技术亟待研发，常用的重、磁、电、震、声等仪器设备几乎全部依赖进口。

我国的海洋观测技术，特别是海洋卫星遥感技术、水下移动和定点观测技术、多平台集成海洋观测技术、海底组网观测技术、数据产品开发和应用技术等非常落后，甚至常用的海洋观测仪器，如高精度电导率和温度剖面测量仪（CTD）、声学多普勒海流剖面仪（ADCP）、海面动力环境监测高频地波雷达（HFGWRD）、剖面探测浮标（Argo）、投弃式温度深度计（XBT）等，尽管在国家 863 计划的支持下，技术上有了进步，形成了工程样机或定型样机，并组织了示范试验和标准化工程，初步具备了产业化条件，但还存在不少工艺问题，需要进行二次开发，缺乏市场竞争力，在一定时期内难以实现产品化。水下自航行观测平台（AUV）和水下滑翔器（Glider）在国外已应用于水下观测，而我国则刚立项研制。因此，至今除了台站和锚系浮标以外，海洋仪器设备几乎全部依赖进口。我国缺乏海洋观测技术平台，自主研发技术和产业化进程缓慢，以单平台观测技术为主，观测平台集成度低，未建立海洋观测体系，海洋科学研究和技术研发脱节，研究积累薄弱，海洋技术装备落后。要改变这种被动局面还有很长的路要走。海洋观测技术落后和主要海洋仪器设备依赖进口，已严重制约了国家海洋观测能力和海洋科学的发展。

我国海底观测技术的研发起步较晚，特别是深海的海底观测技术，因此要实现海底观测网络的建设，还有很多技术"瓶颈"和难题，包括长距离高保真的数据和电能传输海底光纤电缆，全自动耐高压低功耗的海底观测仪器等。

二、不能满足长期、连续、实时、多学科同步的综合性观测要求 ▶

各地的临海观测台站，功能较为单一和专业，不利于对整体过程和相互作用精细深入的刻画。在现有的陆地生态系统观测站 CERN 中，中国科学院的 3 个海洋站的观测海域主要集中在 3 个台站所在地点及所在湾区，缺乏对中国近海关键区的监测，例如渤海、黄海、长江口区、南海中部与南部海区；观测内容少，观测内容主要是常规的海洋生态环境参数和气象参数。中国科学院和福建省建设的区域性海洋观测系统还是试验性的，有待提高和完善。

缺少长期、系统和有针对性的近海海洋科学观测，是导致对我国近海诸多重大海洋科学问题的认识肤浅、争论长久、难以取得重大原创性成果的主要原因，因而是制约我国海洋科学发展的主要"瓶颈"之一。随着我国国民经济的发展和社会的进步，海洋经济和海上军事活动日益增强，众多新的海洋科学问题摆在了科学家面前等待解决。从满足海洋科学技术创新的需求出发，针对关键海域的重大海洋科学问题，加强近海区域性长期综合观测网络建设，获取全天候、综合性、长序列、连续实时的观测数据，对于我国海洋科学发展与重大海洋科学问题的解决迫在眉睫。

三、成果转化水平较低

在国家 863 计划、科技支撑、公益专项和自然科学基金等国家重大科技计划的支持下，近年来，经过广大海洋科技工作者的不懈努力，在海洋环境探测与监测工程技术领域取得了丰硕的成果，有些重大成果已经示范应用，开始产业转化，但相对于目前取得的大量技术成果而言，科技成果的产业化水平还较低。由于缺乏进一步的投入，应用研究相对滞后，我国自主研发的探测监测技术可靠性和稳定性距离业务化应用差距还相当大，同时面临国外成熟技术的激烈竞争，海洋监测技术成果转化率大大降低，大部分科研成果亟待进一步投入，开展深入研究，最终走向产业化。

四、基础平台建设薄弱

与发达国家相比，我国海洋环境探测与监测工程技术研发的基础平台建设还比较薄弱，目前还没有可投入应用的海洋环境探测、监测技术海上试验场，给探测监测仪器性能测试与检测检验带来了困难，严重制约着海洋环境监测、探测工程技术走向业务化实现产业化的进程；缺少海洋环境探测、监测工程技术发展的技术支撑保障基地，影响着我国海洋探测、观测工程技术资源的凝聚与整合。

此外，缺少系统的近岸观测平台，新的观测手段尚未普及，高效自动化的采样系统缺乏，观测标准化亟待推广，数据传输受到限制，缺乏全国性的数据共享和全球化的数据交换。另外，缺少由多种平台，包括卫星、浮标、岸基雷达、水下机器组成的立体、实时海洋观测网络，不能够有效地对海洋灾害实施实时预报和预警。投入不足、应用机制不健全，缺乏国家级的公共试验平台和相应技术标准、规范的制定已经成为我国深海技术发展的"瓶颈"性限制因素，导致我国深海技术与装备工程化和实用化的进程缓慢，产业化举步维艰。

五、数据不能共享，缺乏统一组织协调，造成资源浪费，效率低下 ▶

我国近海观测资源分散在不同的涉海部门，互不相干，缺少系统集成，也没有资源和数据共享机制，低水平重复，资源严重浪费，影响了我国海洋科学研究和海洋环境预报的有效发展。缺乏国家统一的近海海洋观测系统，观测资源和观测数据不能共享共用已成为制约我国海洋科学发展的主要"瓶颈"之一。

目前，我国近海的100余个沿岸海洋观测台站分属国家海洋局、海军、中国科学院、地方海洋部门和企业管辖，一大批油气勘探和开采平台和各部门拥有的各种海洋船舶30余艘，但缺乏协调组织、没有充分利用，没有形成我国统一的国家海洋观测系统。我国远洋运输船2 080余艘，但只有35艘承担了海洋气象志愿观测任务，仅占我国远洋船总数的0.15%，观测资源未能有效利用。

第五章 我国海洋环境探测与监测工程技术的战略定位、目标与重点

一、战略定位与发展思路 ▶

以服务于国家海洋战略为目标，抢占海洋环境探测与监测技术制高点，提高海洋环境探测与监测高技术创新与突破能力，制定科学完备的海洋科技发展规划、海洋发展战略和政策及新海洋行动计划，为获取大范围、精确的海洋环境数据提供支撑与保障，真正使天/空基、船载、岸基、海基等不同平台的海洋环境探测与监测工程技术成为国家迈向更深、更远、更广海洋的强有力的工具。在大力发展海洋环境探测与监测工程技术的同时，打造国际一流的海洋环境探测与监测工程技术研发团队，推动海洋环境探测与监测工程技术的深化和应用，突破一批该领域核心技术，自主研发一批制约我国开展海洋环境探测与监测的重大装备并形成我国海洋环境探测与监测自主仪器设备的产业化、系列化、市场化，为在本世纪中叶将我国建设成为海洋强国提供技术支撑，为我国从海洋大国走向海洋强国奠定重要技术基础。

我国海洋环境探测与监测工程技术的发展思路是坚持以国家需求和市场引领为导向，通过国家支持，创新引领，鼓励金融与社会投入等措施，在海洋环境探测与监测技术重点领域，突破并掌握海洋环境探测与监测技术领域的核心技术，实现我国海洋环境探测与监测技术领域从近海走向深远海，监测体系由分散向网络集成、立体化发展，构建海空一体化，多平台、多视角获取海洋环境信息，通过网路系统提供全球或区域实时的基础信息和信息产品服务，发展现代海洋观测仪器、构筑现代海洋观测系统、提高海洋预报的准确性，真正将我国建设成为一个海洋科技先进、海洋经济发达、海洋生态环境健康、海洋综合国力强大的海洋强国。

二、战略目标 ▶

按照现在—2020—2030—2050 年分 3 个阶段进行，各阶段的战略目标

如下。

（一）2020 年

实现我国海洋环境探测与监测工程观测能力、观测技术、观测内容的整体提升，主要实现关键传感器、平台以及大容量通信技术的突破，初步完成我国近海及关键区域观测体系的构建；引导并培育一批探测与监测装备生产的企业。

（1）在海洋观测仪器设备关键传感器技术领域，大力发展大深度、高精度和高稳定性的海洋传感器技术，重点开展温度传感器、电导率传感器、CTD、剪切流传感器、溶解氧传感器、pH 测量传感器、浊度传感器、负二价硫传感器、二氧化碳传感器等定型标准化研究，推出产品，同时不断致力于提高产品的可靠性、稳定性和精确度，做到高分辨率和低能耗等。为发展现代海洋观测仪器、构筑现代海洋观测系统、获取高质量的观测数据，促进海洋科学研究与应用，缩小相关技术差距，减少对国外产品的依赖提供有力支撑。

（2）在海洋环境探测与监测工程技术平台方面，包括开发生态环境现场原位测量和水下自航行剖面测量技术；加强自主研发的卫星航空遥感、浮标、潜标、海底观测平台和装备的集成与应用，开展无人机监测监视、微波遥感、重要生态过程与生态区遥感遥测、海洋航空遥感监测等技术研究，形成重点区业务化海洋学研究示范系统；突破并掌握浮标、潜标、拖曳体、水下滑翔机等关键平台的总体设计、低功耗、导航定位等关键技术，研制样机及产品定型；解决海底观测设施的长时间供电，自动观测控制和设备连接等关键问题，尝试开展星基、空基、船载、水下移动和固定平台在内的多平台联合观测与长期连续观测示范，初步实现对关键海区海洋环境信息获的四维立体监测能力，并为相关后续技术的开发应用提供有效的技术平台。

（3）通信技术是海洋观测技术的重要内容，大力开发新的水下数据传输技术，集成应用水面数据通信通用技术，突破海洋观测系统建设、特别是海底观测网的建设中水下通信与组网技术等关键技术。

（4）在突破相关关键技术的基础上，制定海洋环境探测与监测工程技术传感器、平台、大容量通信技术配套的设计、制造、测试及应用标准，引导、培育一批海洋环境探测与监测工程仪器装备的生产企业，转化一批具有自主知识产权的仪器和装备，促进海洋观测仪器设备的产品化和国产化。

（二）2030 年

在主要海洋环境探测与监测技术研究方面达到和接近世界领先水平，海洋环境探测与监测工程关键核心技术转化步伐加快，实现海洋环境探测与监测主要关键仪器设备、平台的自主研制、生产，形成几家具有自主知识产权和竞争力产品的骨干企业；完善我国近海及重点海域海洋立体环境观测体系，实现常态化应用。

（1）追踪世界海洋科技发展，结合产品实际应用情况，根据国家基础工业，材料技术、信息水平的进步，不断提高快速响应、自动校准技术，进而改进已有传感器的可靠性、长期稳定性和精确性，达到国际同类先进产品的技术水平；满足国内不断发展的海洋探测与监测任务的需求，并走向国际市场。同时，不断加强对新传感器发展趋势的追踪，开展环境普适，小型化和多功能一体化的传感器研究，特别是开发新的化学、生物传感器，声电传感器等的理论与技术应用研究，初步实现一些新传感器、极端环境传感器应用开发与世界同步，同时努力降低成本和提高耐用性。

（2）结合我国海洋发展战略及观测、监测技术的需要，通过引进与自主创新结合的方式，完善我国的海洋动力环境观测、生态环境监测、卫星遥感应用技术、高分辨声学观测技术；发展极地遥感技术、极地测绘技术、天文观测技术、智能化新探测技术、连续地球物理观测技术以及极地大气探测技术。促进相关平台技术的市场转化和应用，重点是声学海流剖面仪、感应耦合温盐链、合成孔径声呐系统、多波束测深系统、浮标、潜标拖曳体、水下滑翔机、海洋卫星等探测与平台设备的改进与应用，加强多传感器与可移动平台的兼容性集成；同时，利用先进的远程通信技术与信息技术实现观测数据的无缝传输，快速的数据分析与管理，提供满足个性需求的可视化服务等。形成几家具有自主知识产权和竞争力产品的骨干企业，关键设备的自给率超过50%。

（3）在海洋立体环境观测体系建设方面，完善我国近海及重点海域海洋立体环境观测体系，实现常态化应用。主要利用自主的组网、传输与通信技术和自主研制的相关先进的海洋观测技术和设备，构建具有我国特色海洋观测网络，实现对关注海区海洋环境的长时间序列连续观测，使我国海洋观测初步进入从空间、水面、沿岸、水下、海床对海洋环境进行多平台、多传感器、多尺度、准同步、准实时、高分辨率的四维集成观测时代。

（三）2050 年

实现我国海洋环境探测与监测工程全系列仪器设备的产业化、系列化、市场化，新型海洋环境探测与监测传感器、平台关键技术研究、开发能力达到世界一流水平；打造出一流的海洋环境探测与监测装备的国际化企业集团；完成南海、西太平洋以及印度洋自主海洋立体观测体系的建设，形成业务化能力；深远海环境探测与监测体系得到全面提升。整体海洋环境探测与监测能力位居国际前列。

（1）传感器的技术研发、生产和主要海洋探测与监测技术的研究应用处于世界领先地位，并形成具有自主特色的高灵敏度、高可靠性、低功耗、低成本的拳头产品，支撑国内外海洋观测发展的需求。

（2）开发一批具有完全自主知识产权，技术先进的新平台；引领海洋探测与监测平台的发展方向。

（3）建立起符合我国国情和战略需要的自主立体海洋观测体系，并与国际海洋观测体系有效融合。

三、战略任务与重点

（一）总体任务

根据我国海洋环境探测与监测工程技术的战略定位与发展思路，结合我国海洋环境探测与监测的技术现状，我国海洋环境探测与监测工程技术的战略任务要遵循面向需求，突出重点的原则，确定我国近海及沿岸、不同海洋区域、全球不同尺度下有所为有所不为的战略任务，实现核心海洋区域的多频、多维、高密监测，重点区域的观测与监测的结合，并同时关注海区的一般观测。

加强产业培育，推动成果转化，突破制约我国海洋环境探测与监测工程技术发展的主要因素，加强我国海洋总体调查探测技术及手段，突出重点海洋区域的持续性调查和观测研究，满足我国海洋环境探测与监测工程技术领域发展需求；实现海洋环境探测与监测工程技术领域核心技术突破，培育创新能力，开展前瞻概念性产品研究；与发达国家相比，我国海洋环境探测与监测工程技术研发的基础平台建设还比较薄弱，缺少海洋环境探测、监测工程技术发展的技术支撑，因此，我们要实施重大创新工程，积极参与国际重大观测计划，加强世界各国海洋探测、观测工程技术资源的凝聚与整合，借鉴国外先进的海洋探测、观测技术，加速我国海洋环境探测与监测工程战略进程。

（二）近期重点任务

1. 深海资源探测、资源开采环境的监测

获取大范围、精确的海洋环境数据是开展深海资源探测和开采的前提，根据深海矿产资源勘查技术向着大深度、近海底和原位方向发展的趋势，着力发展深海资源探测、资源开采环境的原位测量、数据采集、保真取样、快速有效的资源评价等核心技术，在大力拓展和深入开发利用深远海战略新资源和能源的同时，对海洋环境探测与监测工程技术提出了更多、更高的要求，深海资源探测、资源开采环境的监测应朝着大深度和高精度的方向发展，实现实时化、系统化、信息化和数字化。

加强深海资源探测、资源开采环境的监测，大力提高海洋环境探测与监测工程的技术支撑，推动海洋能源、资源的可持续开发与利用，拓展人类生存空间，维系生存与发展的良性循环，为建设一个海洋科技先进、海洋经济发达、海洋生态环境健康、海洋综合国力强大的海洋强国打下技术基础。

2. 构建长期定点观测 – 船基走航观测 – 空天观测 – 机动平台观测立体观测体系建设

进一步发展完善海洋立体观测系统也是未来海洋科学技术发展的重点，也是我国海洋环境探测与监测工程技术的核心，其中最重要的就是多平台多传感器的集成，也就是形成卫星遥感海洋观测技术；近海生态环境自动监测技术；高频雷达海面环境探测技术；船基调查观测技术；锚系资料浮标观测技术；漂流浮标技术；潜标观测技术；水下移动观测技术；水下自航行观测技术；固定式水下无人自动观测站和区域性多平台集成海洋环境立体观测系统，辅之以高性能数据采集、交换与管理系统，实现数据的实时、高效和共享。

利用先进的海洋观测技术和设备，构建长期定点观测 – 船基走航观测 – 空天观测 – 机动平台观测立体观测体系，实现对海洋环境进行长时间序列的连续观测，重点研究卫星遥感技术、水声和雷达探测技术、水面和水下观测平台技术、传感器技术、无线（含水声、光学）通信技术和水下组网技术，使海洋观测进入从空间、水面、沿岸、水下、海床对海洋环境进行多平台、

多传感器、多尺度、准同步、准实时、高分辨率的四维集成观测时代。

3. 关键区域的海底观测网建设

根据我国海洋环境探测与监测工程技术发展的基本趋势和需求，在关键海洋区域的建设以我为主导长期的海底观测网，建立我国继调查船和卫星之后第三个自主的海洋观测平台，实现高速的通信方式、海量的数据传输、大功率能源供给、长期连续监测、高时空分辨率和多参数观测能力等海底观测网络核心技术突破，研制开发多种海底观测网络技术装备，组建我国重点区域海底观测网络，为监测和预警海啸等海洋科学研究提供重要的海底观测技术手段和支撑。

此外，在海底观测网建设中，要注重海底观测系统的低成本、高效率、高抗故障能力的建设，充分利用基于已经成熟商业化程度的海底通信光缆系统，充分利用可以任意进行各种观测站点观测仪器的扩展功能，在削减其构筑成本的同时，使用观测枢纽中的各种仪器，即使在出现故障时，也不会对基本海底观测网络上的其他观测仪器造成影响，从而保证整个系统拥有最大限度的可靠性。

4. 深海空间站工程建设

瞄准对我国21世纪解决能源问题、发展海洋经济、维护祖国陆海领土的完整性、保障海洋权益和海上生命线安全有重要战略意义的深海远洋装备的长期需求，重点研究以新概念深海空间站为核心、向上联系水面工作与保障平台，向下联系多功能深海潜器的三元海洋装备新体系技术。建成基本上能覆盖世界上绝大部分海域与水深的船舶和海洋工程深远海装备的研究、试验、设计与作业的科技体系和基础设施，总体上达到当时世界先进水平；形成勘探与开发21世纪新型能源天然气水合物的关键深海装备技术；大幅度带动我国船舶与海洋装备技术创新能力的跨越发展，深海工程装备技术实现从引进、消化向自主创新的转变；为实现世界第一造船大国的目标奠定坚实的技术基础；同时，形成一支梯次配置、善于攻关的人才队伍。

四、发展路线图

我国海洋环境探测与监测工程技术战略发展路线见图2-1-22。

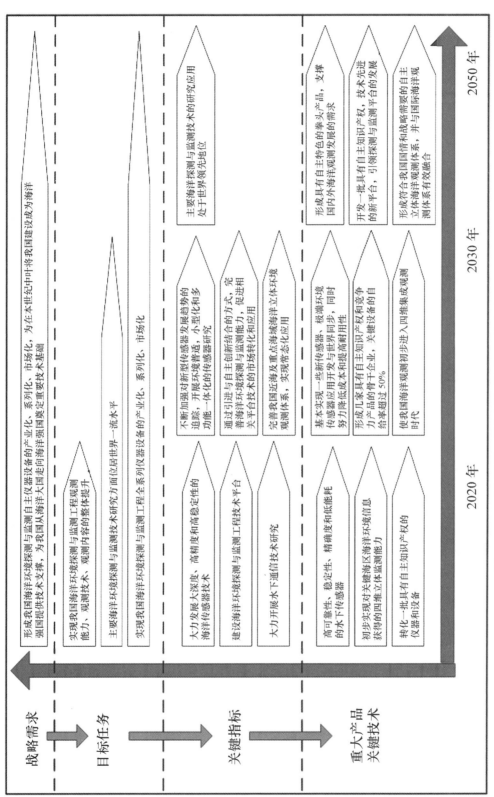

图 2-1-22　我国海洋环境探测与监测工程技术战略发展路线

第六章 保障措施与政策建议

海洋探测与监测能力建设，对中国迈入海洋科技创新能力领先、海洋经济发达、海洋国土安全与权益综合保障能力强大、海洋环境观测预报与防灾减灾技术先进、在国际海洋事务中发挥重大作用的海洋强国，将发挥重大支撑作用。需要站在国家海洋战略发展的高度，以国家利益为核心，以加强海洋观测系统建设和海洋观测技术发展为抓手，创新管理机制，加强部门协作，整合科技资源，促进技术进步与转化，加快我国海洋环境探测与监测工程技术的发展。为了确保我国海洋环境探测与监测工程技术中长期规划的圆满实现和持续高效发展，必须从资金、制度、人才队伍等方面予以充分的保障。

（一）资金保障

找准重点突破口，对系统建设、共性技术的预研，设立重大专线，由中央财政为主投入，实现稳定和连续的海洋环境探测与监测工程技术研发经费保障，加大关键核心技术装备的研发投入；重大设备购置和更新、培训等，中央、地方联合投入。明确任务，制订阶段实施计划，稳步推进。支持、鼓励和吸引社会资源投入海洋环境探测与监测工程技术的产业化及观测能力的建设上来；鼓励国内高新技术企业参与海洋环境探测与监测工程技术研究与开发工作，利用市场机制，引导他们投入企业自有资金到这项事业中来，发挥竞争力强的作用。

（二）制度保障

加强对海洋环境探测与监测能力建设的管理与协调。不断完善专项运行管理、公共服务、资金管理、知识产权和成果管理、绩效评价等制度建设。通过转型运行管理制度建设，实现技术、设备资源的交互和共享，保证专项规范、持续、高效运行。通过资金管理制度建设，保证财政经费的专款专用和使用效益，以及其他各类资金和收益的安全管理和合理分配。

通过知识产权和成果管理制度建设，建立知识产权保护、成果共享、利益分担的机制。通过绩效评价制度建设，建立科学合理的专项运行绩效评价体系和奖惩机制。推进我国海洋观测体系的规范化与标准化建设，健全海洋观测资料交换与共享机制，提高调查成果利用率。

（三）人才队伍建设

通过重大专线的支持以及可靠的制度保障，联合国内涉海科研院所及高新企业，加强海洋环境探测与监测工程技术人才队伍建设，一方面尽快满足我国海洋权益维护对海洋环境探测与监测技术的需求，尽快取得一批高水平的研究成果；另一方面逐步培养锻炼一支业务能力强、技术过硬的专业化和职业化的人才队伍，为我国海洋环境探测与监测工程技术的快速发展提供人才支撑。

第七章 重大海洋工程与科技专项建议

一、关键海区的国家长期海洋观测系统建设重大专项建议 ▶

（一）需求分析

长期以来，我海洋管理部门和海洋研究机构均根据各自不同的职能需要制订了一些观测计划、观测项目和观测系统，但总的来说，缺乏国家层面的顶层设计，缺乏明确的长期科学目标和应用目标，缺乏各部门间的协作与联合，从而造成部门所有，力量分散；重复投入，资源浪费，观测系统的服务对象与应用需求单一，数据利用率低；观测系统的空间覆盖和时间连续性差，科学价值不显著；发展缓慢，观测系统维护困难等问题。20世纪90年代以后，对大洋科学观测研究工作几近停顿，使得我国在该领域的研究水平与国际的差距越来越大。我国至今还没有一个从国家层面上统筹规划、具有国际影响、由中国科学家主导的长期海洋科学观测计划。

从国家海洋科学研究的发展趋势看，海洋观测更加强调整体观、系统观的观测思路，从单一学科观测向多学科交叉融合的趋势发展；海洋科学的研究工作越来越依赖于长期的连续观测、探测和实验资料的积累与分析，全球、区域和国家尺度的长期观测、监测与信息网络正在形成；海洋科学技术越来越依赖于海洋观测技术的发展，海洋的立体观测网络建设将成为未来海洋科技发展的关键。

因此，围绕我国在维护海洋权益和保障海上安全、应对全球气候变化、海洋防灾减灾的需求、海洋生态环境保护、海洋资源可持续利用、海洋科学技术发展等诸多方面重大而迫切的需求，针对不同海域特色和实际情况，在近岸、近海、西太平洋和印度洋等一些关键海区构建我们自己的国家海洋长期立体观测系统尤为必要。国家长期海洋观测系统的建设和运行，将实时监测海洋环境变化，提升海洋环境安全保障能力；长期积累基础科学数据，提升海洋科技自主创新能力，推动海洋科学技术向纵深发展；打造先进海洋观测技术试验示范和推广应用平台，推动海洋关键技术集成和产业化；为我国近岸地区防灾减灾、促进海洋经济健康快速发展，近海海洋权益维护和安全保障、海洋生态环境保护和资源可持续利用、实现人与自然和谐发展，全球大洋和极地海洋大气相互作用研究与气候变化预测、国家利益维护与拓展等，提供强有力的支撑与保障，具有现实和深远的重大意义。

（二）总体目标

本专项的总体目标是在近岸、近海、西太平洋和印度洋等一些关键海区构建我国的长期立体海洋观测系统；并分三阶段实施完成。

第一阶段到 2020 年末，在近岸海域，加强沿岸现有海洋观测台站改造和新台站建设，更新和配备成熟、可靠、自动化程度高的海洋观测设备，以实现业务台站的实时、准实时观测能力；并优选一部分建设海洋综合实验站，加装地波雷达观测等，使其具备生态环境，海水水质，生物资源，海洋气象，海洋灾害等综合实时观测能力与科学实验能力。同时建设一到两个海洋探测与监测装备综合试验场。在珠江口、长江口建设海洋环境浮标实时监测网，用以监控海水水质污染、生态环境与海平面变化，以及赤潮、海啸预警等。建设首期南海深海底基长期观测系统。加密我国近海走航式标准断面观测，优化西太平洋和印度洋标准断面观测；并在西太平洋、南海、东印度洋关键区域布放长期、实时传输的多参数浮、潜标监测。初步构建卫星/航空遥感网和示范性中国 Argo 观测网。

第二阶段到 2030 年末，在近岸海域，完成近岸海域业务化观测台站和海洋综合试验站的建设，实现覆盖全海岸线的近岸海洋多要素的长时间序列、多学科、集成化的业务化观测。台站平均分布密度每 100 千米 1 个；建成海洋综合实验站 20 个，规模化的海上试验场 3 个。完成近海海洋环境监测网络系统，实现对我国河口、近海海水水质、生态环境、海平面变化以及赤潮、海啸灾害的实时同步监测。在西太平流、南海、东印度洋等关键区域定期固定断面走航观测网和定点多参数浮、潜观测网成功完成并成熟应用。南海海底观测网络进一步扩展，并建设东海陆架边缘跨陆架海底观测系统。航空和卫星遥感更加成熟可靠，长期、稳定、连续运行的海洋空间监测与地面应用体系形成，中国 Argo 观测网建设和卫星遥感应用系统实现对接。

第三阶段到 2050 年末，完成我国海洋立体观测系统的构建，它包括扩展的近岸海洋台站实时观测网、近海海洋环境观测网；区域走航断面观测网，有缆海底观测网；定点浮/潜标观测网，漂流浮标观测网，航空及卫星遥感观测网，以及水下自航观测、下潜式观测和机动性海洋应急观测系统等。实现对我国近岸、近海、西太平洋和印度洋等一些关键海区的高密、精准观测，同时实现对全球大洋、极地观测的有效覆盖。

（三）主要任务

（1）建设我国近岸海域重点建设海洋观测台站网，并实现业务台站的实时、准实时观测能力，同时根据海域特色和不同海洋科学问题，优选一定量的台站建设海洋观测、研发和试验公共平台，重点解决我国近岸海域面临的海洋科学问题，实现观测与科学研究的结合以及先进技术示范与推广。

（2）建设近海海洋环境监测网络系统、重点实现对我国河口、近海海水水质、动力环境、生态环境、海平面变化以及赤潮、海啸灾害的实时同步监测。

（3）在黄海、东海、南海代表性海域建设 3 个科学目标和监测目标兼顾的区域性海洋立体观测系统，分别是黄海冷水团边缘－中心观测系统、长江口－东海陆架边缘跨陆架观测系统、三亚－西沙－南沙跨陆架观测系统。主要包括强化标准断面观测网、同时以海上大型平台或岛礁、定点浮标/潜标、移动式观测平台等为节点构建多参数浮、潜标观测网，并建设南海北部海底观测网。

（4）在西北太平洋关键区域，建设大型海洋、大气综合观测浮标，锚定观测实时传输潜标集群等，形成与 TRITON、TOGA-TAO 同等层次和规模的中国大洋浮标网，并实施定期综合性观测断面和地球物理断面。在印度洋的赤道东印度洋、亚丁湾、印度尼西亚贯穿流和孟加拉湾－安达曼海等重点区域建设针对气候预测、航行保障和赤道海洋动力为目标的观测系统建设。重点建设东印度洋综合性超级海洋观测研究站，大型海洋、气象综合观测浮标，锚定观测实时传输潜标集群等，以及定期综合性观测断面和地球物理断面，形成与 RMMA 同等层次和规模的中国印度洋浮标网。同时在西太平洋、南海和印度洋建设中国 Argo 漂流浮标观测网。

（5）建设基于我国海洋水色环境卫星、海洋动力环境卫星、海洋监视监测卫星，以及气象卫星和资源卫星等建立我国海洋空间监测网。构建长期稳定运行的卫星对地观测体系和卫星遥感应用系统，实现现场调查观测数据与卫星遥感数据有效融合。

（6）建设机动性海洋应急观测系统，包括现场和机载应急观测系统，在应急事件发生过程中，在特定的研究与应用目标下，用于局部区域紧急布放和强化观测，以获取有价值的数据，为应急处理突发事件、科学研究、国家需求、地方经济发展等提供数据保障。

（7）建设"智慧海洋"，实现数据高速传输，海量数据汇总、处理和存储，数据共享分发与多功能可视化系统以及三维海洋实景实时再现与展示等。

二、海洋探测与监测通用技术重大专项建议

（一）需求分析

海洋探测与监测通用技术是关系国家海洋安全、经济发展、环境保护、减灾防灾的不可缺少的基础技术和支撑保障条件，涉及机械、电子、材料、工艺及水声通信等多种技术学科，海洋探测与监测通用技术不但是国家海洋事业发展的基础，也是国家海洋整体技术水平的体现。

海洋探测与监测通用技术包括海洋特征参数精确测量技术、防腐蚀技术、防生物吸附技术、水下密封技术、水下耐压技术、浮力材料和新型材料的加工工艺、水下能源供给、水下电机技术、声学技术、高效水下通信技术、水密接插件、水下防老化及抗氧化技术、水下焊接技术、大容量数据传输技术等领域。目前，国外发达国家在海洋探测与监测通用技术领域特别是高效水下通信技术、水密接插件、大深度浮力材料、水下焊接技术等方面远远领先我国，而我国海洋探测与监测通用技术相对滞后，严重制约我国海洋科技的发展，主要表现在常用的海洋探测及监测通用仪器及基础零部件设备几乎全部依赖进口，而国外先进国家对高、精、尖的海洋技术特别是我国海洋探测与监测通用技术对中国实行禁运，大大制约了我国深海探测的发展。这种海洋形势迫使我国必须快速发展海洋探测与监测通用技术，制定符合中国国情的海洋探测与监测通用技术发展战略规划，推动我国从海洋大国向海洋强国跨越。

海洋探测与监测通用技术是人们开展海洋探测与监测、获取海洋环境

和资源信息的前提，是维护海洋权益、开发海洋资源、保护海洋环境、减轻海洋灾害、提高海上防御能力、促进海洋科学发展的保证。海洋探测和监测通用技术是加快发展海洋事业，努力建设海洋强国，着力提升我国综合国力、国际竞争力和抗风险能力的重要技术保障。

（二）总体目标

总体目标按照 2020—2030—2050 年分 3 个阶段进行，各阶段的战略目标如下。

第一阶段到 2020 年末，实现我国海洋探测与监测通用技术整体提升，主要实现水下推进（电机）技术、浮力材料、平台以及水声通信等通用技术的突破，初步完成海洋探测与监测关键基础零部件研制体系的构建。

（1）在海洋观测仪器设备关键零部件技术领域，大力发展大深度、高精度和高稳定性的通用基础零部件，重点开展关键基础部件的定型标准化研究，同时不断致力于提高产品的可靠性、稳定性和精确度，做到高分辨率和低能耗等，为发展现代海洋探测与监测通用仪器设备，促进海洋科学研究与应用，减少对国外产品的依赖提供有力支撑。

（2）水声技术是海洋观测技术的重要内容，大力开发新的水下数据传输技术，集成应用水面数据通信通用技术，突破海洋观测系统建设、特别是水下通信与组网技术等关键技术。

（3）在突破相关关键技术的基础上，制定海洋环境探测与监测通用技术中传感器、平台、大容量通信技术配套的设计、制造、测试及应用标准，引导、培育一批海洋环境探测与监测工程仪器装备的生产企业，转化一批具有自主知识产权的仪器和装备，促进海洋观测仪器设备的产品化和国产化。

第二阶段到 2030 年末，实现我国海洋探测与监测通用技术的关键核心技术转化，实现海洋探测与监测通用技术中关键仪器设备、平台的自主研制、生产，形成几家具有自主知识产权和竞争力产品的骨干企业；完善我国海洋探测及监测通用技术研发能力，实现通用技术常态化应用。

（1）大力发展浮力材料、水声技术、深海线缆与连接件技术、水下推进（电机）技术、深海液压技术、水下电能供给技术、深海机械通用零部件技术等海洋探测与监测通用技术；战略性地规划建立一批相关企业形成通用技术产业群，专门开展海洋探测与监测通用技术的研发和产品支撑；

完善我国海洋探测及监测通用技术研发能力，实现通用技术常态化应用。

（2）结合我国海洋发展战略及观测、监测通用技术的需要，通过引进与自主创新结合的方式，提高我国海洋探测与监测通用技术研发能力，促进相关技术的市场转化和应用，重点是提高海洋探测与监测通用技术的应用，加强多传感器与可移动平台的兼容性集成，形成几家具有自主知识产权和竞争力产品的骨干企业，关键设备的自给率超过50%。

（3）利用自主的声学通信技术、传输与通信技术和自主研制的相关先进的海洋探测与监测技术和设备，构建具有我国特色的海洋探测与监测通用技术体系，使我国海洋探测与观测通用技术、基础零部件以及关键设备和仪器，初步满足对海洋环境进行多平台、多传感器、多尺度、准同步、准实时、高分辨率的四维集成观测时代要求。

第三阶段到2050年末，实现我国海洋探测与监测通用技术及仪器设备的产业化、系列化、市场化，具备新型海洋探测与监测通用技术中传感器、平台等关键技术研究和开发能力，达到国际一流的海洋探测与监测通用技术水平，使我国海洋探测与监测通用技术得到全面提升。

（三）主要任务

1. 提高海洋探测与监测通用技术创新能力

海洋探测与监测通用技术涉及机械、电子、材料、工艺及通信等多种技术科学学科，主要从控制、导航、定位、耐压材料、水下密封技术、海洋特征参数精确测量技术、水下防腐蚀、防生物吸附技术、高效水下通信技术、水下组网关键技术、大容量数据传输技术等方面加强海洋探测与监测通用技术创新能力。

2. 提高海洋探测与监测通用技术关键零部件研发能力

加强海洋探测与监测通用技术关键部件研发能力，针对高灵敏度传感器、新型抗压耐腐蚀材料、水下水密接插件、水密电缆等海洋探测与监测通用关键零部件需求，研制可满足长期使用、高效、低功耗海洋环境综合探测与监测关键零部件。进一步开发面向多种应用的系列化产品，满足控制、导航、定位、新型探测传感器及多传感协同探测、近距离大容量水声通信、超远距离水声通信、水下组网连接、水下与船载/机载/星载立体空间接力通信、长时高效能源、深水耐压、抗流、抗拖网、防腐蚀、防海生物附着、海上布放/回收等技术要求。

3. 拓展海洋探测与监测通用技术的应用范畴

随着近代海洋科学技术的发展，使得地球科学的研究领域极大地拓展，也对探测与观测资料提出了新的要求。我国急需加大该领域投入力度，全面发展海洋探测与监测通用技术研发能力，重点在海洋探测通用技术集成，海洋工程新材料应用、长效防腐蚀技术，海洋生物腐蚀和污损的绿色控制及其应用技术，海洋工程设施实时监测技术，以及深海工程设施的新型材料和应用技术等海洋工程技术方面还需要大幅度的提高，拓展海洋探测与监测通用技术的应用范畴。

4. 建设海洋探测与监测通用技术研发及资源共享平台

建设海洋探测与监测通用技术研发及资源共享平台，提供长期持续海洋探测与监测通用技术公益服务，为进一步完善海洋岸基、海基、海床基和天基立体探测监测基础平台研发体系，构建海洋探测与监测通用技术公共平台，全面提升海洋环境观测监测能力和水平提供重要的技术支撑。

主要参考文献

陈建军，张云海. 2009. 海洋监测技术发展探讨［J］. 水雷战与舰船防护，（02）：47-50.

国家海洋局. 2012. 国家"十二五"海洋科学和技术发展规划纲要［EB/OL］. http：//www. soa. gov. cn/bmzz/jgbmzz/kjs/hykjglzc_ 571/201211/t20121109_ 14660. htm.

国家海洋局. 2012. 全国海洋环境监测与评价业务体系"十二五"发展规划纲要［EB/OL］. http：//www. soa. gov. cn/zwgk/gjhyjwj/hyhjbh_ 252/201211/t20121105_ 5389. html.

国家海洋局. 2012. 中国海洋灾害公报［EB/OL］. http：//www. soa. gov. cn/zwgk/hygb/.

国土资源部. 2009. 全国矿产资源规划（2008—2015 年）. http：//www. mlr. gov. cn/xwdt/zytz/200901/t20090107_ 113776. htm.

海洋百科 http：//ocean. h. baike. com/article-50461. html.

胡敦欣. 2005. 海洋在全球气候变化中的作用——概况、展望与建议［J］. 科学中国人，（11）：21-23.

惠绍棠. 2000. 海洋监测高技术的需求与发展［J］. 海洋技术，（01）：1-17.

孔毅，薛剑，赵现，等. 2012. 海洋环境探测装备效能评估研究［J］. 计算机仿真，

（04）：219 – 224.

孔毅，赵现斌，等. 2010. 机载 SAR 海洋环境探测方法研究［C］//经济发展方式转变与自主创新—第十二届中国科学技术协会年会（第二卷）.

李锦菊，王向明，李建，等. 2011. 我国环境监测技术规范规划制定现状分析［A］. 经济发展方式转变与自主创新——第十二届中国科学技术协会年会（第一卷）［C］. （02）：25 – 28.

吴培中. 2000. 世界卫星海洋遥感三十年［J］. 国土资源遥感，（01）：2 – 10.

许建平，朱伯康. 2001. ARGO 全球海洋观测网与我国海洋监测技术的发展［J］. 海洋技术，（02）：15 – 17.

中国 21 世纪议程管理中心，国家海洋技术中心. 2009. 海洋高技术进展［M］. 北京：海洋出版社.

中国大洋协会. 2006. 进军大洋十五年［M］. 北京：海洋出版社.

朱光文. 2002. 我国海洋监测技术研究和开发的现状和未来发展［J］. 海洋技术，（02）：27 – 32.

朱心科，金翔龙，陶春辉. 2013. 海洋探测技术与装备发展探讨［J］. 机器人，（03）：376 – 384.

Deepak C R, Ramji S, Ramesh N R. 2007. Development and testing of underwater mining systems for long term operations using flexible riser concept［C］// Proceedings of The Seventh 2007 ISOPE Ocean Mining（and Gas Hydrates）Symposium.（25）：155 – 170.

E Conte, A D Maio, G Ricci. 2000. Adaptive CFAR Detection in Compound Gaussian Clutter with Circulant Covariant Matrix［J］. IEEE Signal Processing Letters,（3）：63 – 65.

JAMSTEC. Dense Ocean-floor Network for Earthquakes and Tsunamis-DONSET［OL］. http：//www. jamstec. go. jp/donet/e/

K Mikolajczyk, T Tuytelaars, C Schmid, et al. 2005. A Comparison of Affine Region Detectors［J］. International Journal of Computer Vision,（1 – 2）：43 – 72.

Komjathy A, Maslanik J, Zavorotny V U, et al. 2000. Sea ice Remote Sensing Using Surface Reflected GPS Signals［J］. IEEE IGARSS,（7）：2855 – 2857.

LIU Jian-qiang, HUANG Run-heng, MANORE M, et al. 1998. Demonstration of RADARSAT ScanSAR in Monitoring of Ice in the Bohai Sea of China［J］. Radarsat ADRO, 235 – 245.

Liu Yuzhong, Zhang Jie, Xue Yongqi, et al. 2003. Advance in Marine Technique and Application Research of Air-borne Hyperspectral Remote Sensing in China［J］. SPIE Proceedings-Multispectral and Hyperspectra Remote Sensing Instruments and Applications,（4897）：44 – 50.

LUO Yawei, WU Huiding, ZHANG Yunfei, et a1. 2004. Application of t he HY21 satellite to sea ice monitoring and forecasting ［J］. Acta Oceanologica Sinica, 23（02）: 251 –266.

P Hyder, D R G Jeans, E Cauquil. 2005. Observations and predictability of internal solitons in the northern Andaman Sea ［J］. Applied Ocean Research, （1）: 1 –11.

THOMAS C M. 2003. The coastal module of the Global Ocean Observing System（GOOS）: an assessment of current ca-pabilities to detect change ［J］. Maritime Policy and Management, （4）: 295 –302.

Yoshida H, Hyakudome T, Ishibashi S, et al. 2010. A compact high efficiency PEFC system for underwater platforms ［J］. ECS Transactions, （1）: 67 –76.

YOSHIOKA Hiroshi, TA KAYAMA Tomotsuka, SERIZAWA Shigeatsu. 2005 . ADCP application for long-term monitoring of coastal water ［J］. Acta Oceanologica Sinica, 24（01）: 95 –100.

主要执笔人

刘保华   国家深海基地管理中心   研究员

练树民   中国科学院南海海洋研究所   研究员

于凯本   国家深海基地管理中心   高级工程师

殷建平   中国科学院南海海洋研究所   副研究员

专业领域二：海洋资源勘查与利用工程技术战略研究

第一章 海洋资源勘查与利用工程技术战略需求

一、维护国家海洋权益需求 ▶

《联合国海洋法公约》将总面积 3.61 亿平方千米的海洋划分为国家管辖海域、公海和国际海底三类区域，于国家管辖海域以外的国际海底区域面积约 2.517 亿平方千米，占地球表面积的 49%，由依据《联合国海洋法公约》成立的国际海底管理局代表全人类进行管理。目前，有 165 个国家及联盟（如欧盟）已成为联合国海底国际组织的成员。

国际海底赋存大量多金属结核、富钴结壳和多金属硫化物，预计近期国际市场对金属的需求将逐渐加大，很可能使国际海底在未来 10 年内进入开发阶段。2012 年国际海底管理局第 18 届会议已核准基里巴斯马拉瓦研究和勘探有限公司多金属结核、法国海洋开发研究所和韩国政府多金属硫化物 3 份勘探矿区申请，但尚未与申请者签订勘探合同。截至 2013 年 4 月，国际海底管理局已签订了 14 份勘探合同，覆盖大约 100 万平方千米的海底。在这些合同中，12 份合同涉及多金属结核勘探，两份合同涉及多金属硫化物勘探。2013 年 7 月举行的国际海底管理局第 19 届会议是国际海底工作从勘探向开发"转段"过程中的一次重要会议。本届会议上，新矿区申请数量明显增加，争夺激烈；开发规章的讨论渐趋深入，秘书处和法律与技术委员会加快工作步伐；在海底商业开发前景刺激下，国际海底管理局内部各种利益冲突日益凸显，各种新问题新挑战不断出现。此次会议上，国际海底管理局续又核准了中国大洋矿产资源研究开发协会和日本国家石油、天然气和金属公司分别提出的两份富钴铁锰结壳勘探矿区申请，国际海底管理局已核准 19 项勘探矿区申请，签订 14 项勘探合同，还有 5 份合同待签。

此外，近年来各沿海国在加强 200 海里专属经济区和大陆架划界与管理的同时，将目光投向了 200 海里专属经济区以外的外大陆架，提出外大陆架划界主张，掀起了新一轮"蓝色圈地"运动。目前，俄罗斯、英国、法国等国已经向联合国大陆架界限委员会提交了 200 海里以外的外大陆架划界申请案，日本、美国和南海周边国家也正积极准备。2008 年澳大利亚外大陆架划界方案得到联合国大陆架界限委员会批准，新增管辖海域面积 250 万平方千米。2013 年 12 月 14 日，我国政府向联合国提交了"中华人民共和国东海部分海域 200 海里以外大陆架划界案"。毋庸置疑，未来谁能够拥有和控制更广阔的海洋，谁就掌握了更多的资源和生存空间。

在新的国际海洋法律制度下，积极发展海洋高新技术，提高海洋领域的国际竞争能力，和平开发海洋并从中获得更多的资源和更大的利益已成为各主要海洋国家的国家发展战略。

二、国家矿产资源安全战略需求 ▶

矿产资源是国民经济可持续发展的基础性物质保障条件，我国经济对各类自然资源的消费和需求呈现持续增加态势。中国是一个人口和地域大国，但不是一个资源大国，人均陆地面积只有 0.008 平方千米，远低于世界人均 0.3 平方千米的水平，人均陆上资源占有量更是远低于世界平均水平。到 2020 年我国对资源类，如锰、铅、镍、铜、钴、铂等矿产需求对外依存度都将超过 50%（图 2-2-1 和图 2-2-2）。这将会成为制约我国国民经济发展的一个重要因素，同时也影响到国家资源战略安全。因此，在寻找替代品的同时，必须开拓新的来源。

海洋作为接替新资源基地的经济和战略意义十分突出。目前，海底矿床有前景的类型有多金属结核、富钴结壳、多金属硫化物、天然气水合物（可燃冰）、磷矿和稀土等。深海多金属结核、富钴结壳和多金属硫化物分布区无疑已成为人类社会未来发展极其重要的战略资源储备地（图 2-2-3）。随着陆地资源的日趋减少与技术的发展，合理勘探、开发深海多金属结核、富钴结壳和多金属硫化物资源已成为未来世界经济、政治、军事竞

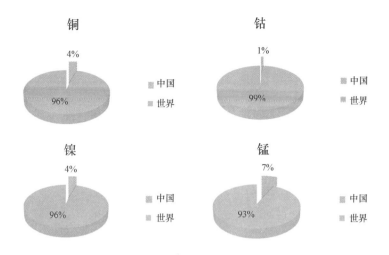

图 2 - 2 - 1　2013 年我国部分金属矿产储量占世界储量百分比

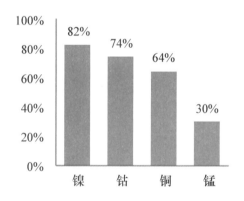

图 2 - 2 - 2　2008 年我国部分矿产对外依存度

争和实现人类深海采矿梦想的重要内容。

三、开展深海极端环境生态系统研究需求

　　21 世纪是海洋世纪，海洋生物资源的开发和利用已成为世界各海洋大国竞争的焦点之一，其中基因资源的研究和利用是重点。在大深度的海底，生存着深海海盆生物群、深海热液喷口生物群和深海海山生物群等（图 2 - 2 -4）。在人类极少涉足的深海环境中蕴含有丰富的生态类群，是无可替代的生物基因资源库，是人类未来的最大的天然药物和生物催化剂来源，也是研究生命起源及演化的良好科学素材。据估算，位于深海沉积物顶部的 10 厘米空间约含有 4.5 亿吨脱氧核糖核酸（DNA）。在陆地生物资源已被比

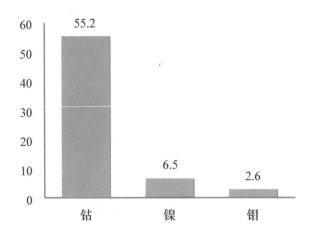

图 2 - 2 - 3　部分矿产海陆储量比值

图 2 - 2 - 4　深海生物群落

较充分利用的今天，对深海生物及其基因资源的采集和研究将为生物制药、绿色化工、水污染处理、石油采收等生物工程技术的发展提供新的途径与生物材料。由于深海生物人工培养上的难度，基因资源的应用显得格外重要。特别是深海极端基因资源的研究和利用，对于揭示生命起源的奥秘，探究海洋生物与海洋环境相互作用下特有的生命过程和生命机制，发挥在工业、医药、环保和军事等方面的用途，具有十分重要的意义。

此外，深海热液喷口等区域的环境与地球早期环境类似，不仅是观察地球深部结构的窗口，也被认为是探索生命起源奥秘的最佳场所。深海热液区不依赖于光合作用的生态系统的发现，丰富了人们对生命体系的认识。开展深海生物及其基因的研究不仅将对生命科学的发展起到积极的推动作用，也会有助于人们重新审视地球科学的传统理论体系，进而谋求在新的理论框架下提出单一学科难以解决的重大科学问题。

有鉴于此，制定代表国家利益、面向国家战略需求的"深海生物及其基因资源研究的中长期发展规划"，以引领诠释生命起源奥秘、探究地球演变规律、阐释气候变暖本质等方面的基础科学研究，可进一步提升我国在海洋权益中的话语权、拓展国家海洋战略发展空间。

四、国家能源战略安全需求

随着世界经济的发展，人口的增加，社会生活水平的不断提高，各国对能源的需求迅速增长。在当前的世界能源结构中，石油、天然气、煤炭等化石燃料占主体。一方面这些燃料是不可再生的；另一方面由于大面积开采造成的环境问题和燃烧带来的污染问题愈来愈严重，已引起世界各国的高度重视。随着全球范围内能源危机的冲击和环境保护及经济持续发展的要求，从能源长远发展战略来看，人类必须寻求一条发展洁净能源的道路。

开发利用新能源和可再生能源成为21世纪能源发展战略的基本选择，而海洋可再生资源具有美好的开发利用前景。海洋可再生资源包括潮汐能、波浪能、温差能、盐差能、海流能和化学能等，广泛存在于海洋中，蕴藏量巨大，可以再生，取用不尽。联合国估计全球海洋再生能的理论总功率达766亿千瓦，技术可实现的功率约64亿千瓦，是目前世界总发电容量的两倍。

1. 国家能源安全战略的需要开发海洋可再生能源

我国海洋可再生能源资源丰富，随着海洋能开发利用技术的进步和开发规模的扩大，储量极其丰富的海洋能必将成为我国未来能源供给中不可缺少的重要组成部分。对海洋能的开发利用可以实现能源供给的海陆互补，减轻沿海经济发达、能耗密集地区的常规化石能源供给压力，多种能源共同维持我国未来能源的可靠供给，保障我国能源安全和经济社会的可持续发展，有利于发展低碳经济及节能减排目标的实现。加快海洋能开发利用，形成产业化利用规模，对我国能源安全具有重大的现实意义和深远的战略意义。

2. 调整我国能源结构迫切需要开发海洋可再生能源

在全球气候变化及节能减排的大环境下，我国尤其是沿海地区以火电为主的电力供给结构，必然面临着碳减排和二氧化硫、氧氮化合物减排的沉重压力。调整能源结构，发展可再生能源和清洁能源，已经成为沿海地区经济社会可持续发展的迫切要求。相比陆地而言，在沿海地区发展海洋可再生能源有着明显的优势。潮汐能、波浪能、潮流能、温差能、盐差能、海上风能等都是取之不尽的可再生清洁能源，虽然由于技术限制以及工作环境恶劣，造成其成本相对要高于陆地能源。但海洋电力主要供给沿海地区和偏远岛屿，在输送成本方面有相对的优势，随着关键技术逐步突破，发电成本进一步下降，海洋可再生能源将成为解决沿海地区能源供给紧张，调整能源结构的重要能源补充。

3. 我国沿海及海岛经济发展需要大力开发海洋可再生能源

我国沿海地区人口集中、资产密集，能源需求量逐年上升，能源压力日趋增大。特别是电网不能覆盖的边远海岛地区，电力缺乏已经成为制约我国海岛经济开发的重要因素之一。目前，多数有人居住的海岛尤其是较为偏远的海岛都依靠柴油发电，不仅价格高，而且不能保证供应，更不能用于发展生产。2011 年 4 月，国家海洋局公布了首批 176 个无居民海岛开发名录，拉开了无居民海岛开发的序幕。要开发海岛，发展海岛经济，维护海洋权益，必须解决海岛生产生活用电问题。

综上所述，对海洋能的开发利用可以实现能源供给的海陆互补，减轻沿海经济发达、能耗密集地区的常规化石能源供给压力，多种能源共同维持我国未来能源的可靠供给，保障我国能源安全和经济社会的可持续发展，有利于发展低碳经济及节能减排目标的实现。加快海洋能开发利用，形成产业化利用规模，对我国能源安全具有重大的现实意义和深远的战略意义。

五、海水综合利用战略需求

1. 建设节约型社会迫切需要发展海水利用

我国政府把节约资源作为基本国策，加快建设资源节约型、环境友好型社会，促进经济发展与人口、资源、环境相协调。随着我国经济社会的快速发展，存量的水资源已远远不能满足巨大的发展需求。除了在全社会大力倡导和实施节水和跨流域调水措施外,大力推进海水利用,向大海要淡水,不仅可以增加我国淡水资源总量,有效缓解淡水资源不足,还能够把节约出来的大量淡水用于国民经济发展所急需的其他领域。当前,海水利用作为重要内容,已被明确列入了《中华人民共和国循环经济促进法》、《国务院关于做好建设节约型社会近期重点工作的通知》(国发〔2005〕21号)、《国务院关于加快发展循环经济的若干意见》(国发〔2005〕22号)和《国务院关于印发节能减排综合性工作方案的通知》(国发〔2007〕15号)中。海水利用是解决我国沿海地区水资源短缺的重要战略举措之一,更是建设节约型社会的必然选择。

2. 优化沿海水资源结构迫切要求加大海水利用力度

我国不少沿海城市的水资源结构单一,大多过度依赖地表水;不少城市过度开采地下水,造成地面沉降,区域性地下漏斗面积增加,生态环境恶化,城市发展受到严重制约;另外农业、工业、生活互相争水等用水结构性问题严重。海水利用可在优化沿海城市水资源结构中发挥独特的作用。一方面扩大海水淡化规模,以海水淡化水增加居民饮用水和工业用除盐水的供给能力;另一方面在重点用水行业大力推广应用海水作为冷却水,置换出工业发展所用的淡水,既保护淡水资源,又可腾出淡水用于生活与农业用水的更大空间,从而促进水资源结构的优化。

3. 海岛的开发、利用和保护迫切需要发展海水利用

我国大多数岛屿远离大陆、缺乏淡水资源,因而长期无法居住和开发,即使有常驻居民的 400 多个岛屿,也普遍存在缺水问题,严重制约了我国海岛的开发、利用和保护,并且,海岛具有重要的经济和军事战略地位,关系国家权益和国家安全,而能否解决水资源供应,是关系到海岛能否维持人类生活的首要问题。海水利用对于解决海岛的用水问题,具有非常紧迫和极为重要的战略意义。因此,当前迫切需要开发利用海水资源,为海岛的开发利用和维护国家安全提供基础支持。

第二章　国内海洋资源勘查与利用研究现状

一、海洋固体矿产资源探测 ▶

　　我国深海矿产资源勘探活动最早始于 20 世纪 70 年代末期。1978 年 4 月，我国"向阳红 05"号科学考察船在进行太平洋特定海区综合调查过程中，首次从 4 784 米水深的地质取样中获取到多金属结核。1981 年，针对联合国第三次海洋法会议期间围绕先驱投资者资格的斗争，我国政府声明我国已具备了国际海底先驱投资者的资格。从 80 年代开始，我国在国际海底开展了系统的多金属结核资源勘查活动，并于 1990 年向国际海底管理局筹备委员会提交了《中华人民共和国政府关于将中国大洋矿产资源研究开发协会（简称大洋协会）登记为先驱投资者的申请书》，于 1991 年 3 月获得批准，使我国成为继苏（现俄罗斯）、日、法、印度之后的第五个先驱投资者，在东太平洋 CC 区拥有了 15 万平方千米的多金属结核开辟区。从此，"国际海底矿产资源勘查评价"列入国家长远发展项目，深海矿产资源的勘查研究进入了一个新的历史纪元。

　　1991 年根据国务院批准的专项任务大洋协会组织了《大洋多金属结核资源研究开发第一期（1991—2005）发展规划》，在国家专项投资的支持下，经过"八五"、"九五"和"十五" 3 个五年计划的努力，第一期规划目标已基本达到。进入 21 世纪，中国大洋协会根据国际海底形势和国家长远利益，及时研究并经国家同意，确立了我国 21 世纪大洋工作方针，即"持续开展深海勘查、大力发展深海技术、适时建立深海产业"。加大了富钴结壳、多金属硫化物资源调查的力度，调查区域包括太平洋、印度洋、大西洋，实现了我国大洋工作由勘探开发单一的多金属结核资源扩展、调整为开发利用"区域"内多种资源，调查范围由太平洋向三大洋的战略转移。并于 2003 年以国家海洋局第二海洋研究所为依托建立了中国大洋勘查技术与深海科学研究开发基地。

以"大洋一号"为调查平台，从 2001 年开始，我国开展完成了太平洋海山富钴结壳资源 7 个航次的调查，目前基本圈定满足商业开发规模所需资源量要求的富钴结壳矿区，完成了向国际海底管理局提出矿区申请的技术准备工作。2013 年 7 月 19 日国际海底管理局核准了中国大洋矿产资源研究开发协会提出的 3 000 平方千米的西太平洋富钴结壳矿区勘探申请。

2005—2012 年，我国在国际海底区域先后主持实施了 6 个航次的硫化物调查，取得了包括在东太平洋海隆、大西洋中脊、西南印度洋中脊等地区的大量热液硫化物、热液沉积、热液生物等样品，发现了多处热液异常区和热液异常点。先后在三大洋洋中脊新发现 35 处海底热液区，约占世界 30 年发现的 1/10。不仅实现了中国人在该领域"零"的突破，而且是世界上首次在超慢速扩张脊上发现正在活动的海底黑烟囱，三大洋的发现为我国科学家进行深海科学研究提供了独特的平台和引领世界的机遇。2010 年在"国际海底区域多金属硫化物探矿和勘探规章"获得通过的第一时间，我国政府代表团向国际海底管理局提交了多金属硫化物资源勘探区申请，从而成为国际上第一个提出多金属硫化物资源勘探区申请的国家，并于 2011 年获得国际海底管理局的批准。

1994 年，大洋协会引进了"大洋一号"海洋地质地球物理调查船，2002 年对"大洋一号"船进行了现代化增改装，装备了引进和自主研发的世界先进调查设备，使其成为具有国际先进水平的大洋矿产资源勘查调查船，可满足全球性大洋调查的需求。根据资源勘查中不同阶段的任务和对不同种类资源调查研究的需求，自主研究开发了一系列重要的深海勘探调查设备，提高了我国深海调查研究能力。在"大洋一号"首次环球航次中，大洋固体矿产资源成矿环境及海底异常条件探测系统，为我国科学家发现东太平洋隆起等地带的热液异常提供了关键探测手段。深海富钴结壳浅钻，成功实现了一次下水多次取芯功能，显著提高了深海岩心取样效率。长程超短基线定位系统具有水下动态目标跟踪功能。深海彩色数字立体摄像系统，在识别调查区富钴结壳、区分结壳分类、圈定分布范围、极端覆盖等方面起到了重要作用。深海电视抓斗，成为深海硫化物调查的重要手段，特别是在印度洋抓取了一块约 45 千克的完整的热液硫化物矿石烟囱样本。这是中国科学家第一次从热液活动区采集到矿石样品，对研究和比较三大洋热液具有非常重要的价值。在 2009 年的第 21 航次环球调查中，在东太平洋海隆"鸟巢"黑烟囱区首次使用水下机器人"海龙 2 号"观察到罕见的巨大黑烟囱，并用机械手准确抓获约 7 千克黑烟囱喷口的硫化物样品，这是目前我国大洋调查最高精尖技术装备的首次现场成功使用，标志着我国成为国际上少数能使用水下机器人开展洋中脊热液调查和取样的国家之一。在太平洋海山结壳区首次成功实施了我国大洋声学深拖系统"BENTHOS SIS-3000"调查，在太平洋海山结壳区获得大量高质量和高分辨率的海底精细地形、浅地层以及侧扫资料，标志着我国大洋科学考察已具备了深海底微地形地貌和浅地层结构的高分辨率、高精度探测能力，达到国际先进水平。结合国家 863 计划，还成功研发了 6000 米自治水下机器人 CR-01 和 CR-02，以及深海 7000 米载人深潜器，已经完成 7000 米级海试和太平洋多金属结核区应用性试验。目前，我国海底矿产资源勘查技术主要包括高精度多波束测深系统、长程超短基线定位系统、600 米水深高分辨率测深侧扫声呐系统、超宽频海底剖面仪（OBS）、富钴结壳浅钻、彩色数字摄像系统和电视抓斗、大洋固体矿产资源成矿环境及海底异常条件探测系统、海底热液保真取样器等技术，并以"大洋一号"科学考察船为平台，进行了矿产资源探测技术系统集成，构成了一个相对完整的大洋矿产资源立体探测体系。

二、深海极端环境生物资源勘查

深海、极地物资源及其基因资源开发技术是国际前沿技术，我国正在开展这一领域的研究，并取得了一批高水平的成果。

我国从"九五"末期开始启动深海生物及其基因资源的研究。以"大洋一号"科学考察船为依托，自主建立和发展了深海保真采样设备、深海环境模拟与微生物培养平台，通过多个中国大洋航次、中美联合热液航次和国际合作交流获取了 7 000 米水深以内的太平洋、大西洋和印度洋样品，分离培养出了一系列嗜极微生物，构建了微生物菌种资源库；中国大洋矿产资源研究开发协会与国家海洋局第三海洋研究所共同组建了中国大洋生物基因资源研究开发基地，建立了中国大洋生物样品馆、深海微生物资源库，并在深海微生物菌种库的基础上，整合了国内海洋微生物资源，建立了中国海洋微生物菌种保藏中心。目前库藏微生物资源共有 1.5 万多株，菌种资源约 16 万份。此外，开展了深海微生物多样性分析、活性物质筛选与功能基因研究等。

"十五"期间，我国在深海及其生物基因资源研究方向上开始起步，经过 10 年发展，虽然取得了巨大进步，但和发达国家相比仍有很大的差距。

三、深海资源探测装备 ▶

我国在"八五"至"十二五"期间在潜水器技术的研究、开发和应用方面做出了卓有成效的工作。国家 863 计划、原国防科工委预研计划、大洋协会设备发展计划和海司航保部防救装备研制计划都安排支持了这方面的直接技术、相关技术和支撑技术的预研和开发应用。中国船舶重工集团公司第 702 研究所、中国科学院沈阳自动化研究所、中国科学院声学研究所、上海交通大学和哈尔滨工程大学等单位都组建了专门研究机构，已成功地研制出了质量从几十千克到二十几吨，工作深度从几十米到 7 000 米的各种潜水器，如工作水深为 1 000 米、6 000 米的自治潜水器以及智水军用水下机器人，SJT-10 遥控潜水器、ML-01 海缆埋设机、自走式海缆埋设机、海潜一号、灭雷潜器、8A4、ReconVI、YQ-2、与国外合作研制的 3 500 米的"海龙Ⅱ"号以及正在研发的 4 500 米遥控潜水器等一系列遥控潜水器和作业装备，7103 深潜救生艇、捞雷潜水器、常压潜水装具、移动式救生钟和机动式救生钟等载人潜水装备和 7 000 米载人潜水器等（图 2 - 2 - 5 至图 2 - 2 - 7）。

通过上述各种运载器的研制，使我国在耐压结构及密封、槽道螺旋桨推进、水声导航定位、水声环境探测、图像传输、预编程控制、主从式机械手控制等技术方面都已取得实用性成果；在路径规划、动力定位、光学、声学图像识别及导引，力感机械手智能技术等方面也取得了长足的进展，提升了与之相关的制造和加工能力，这为赶超国际深海载人潜水器的先进水平奠定了重要的技术基础，同时还锻炼和培养了一支专业素质高、科研经验丰富的全国性攻关队伍。

四、海洋能开发与利用 ▶

20 世纪 60 年代，我国开始发展海洋可再生能源技术。经过 50 年的发展，我国海洋可再生能源的开发利用取得了很大的进步。

图 2 - 2 - 5   "海龙 II" ROV

图 2 - 2 - 6   CR-02 AUV

1. 潮汐能

目前，我国运行中的潮汐电站有两座，分别在浙江的江厦（图 2 - 2 - 8）和海山，总装机 4 150 千瓦。我国自行设计制造单机容量为 2.6 万千瓦的潮汐发电机组，能够抵御恶劣海洋环境的低水头大功率潮汐发电机组的

图 2 - 2 - 7　"蛟龙"号 HOV

设计和制造技术，基本达到了商业化程度。2007 年，完成了最后一台机组的安装。

图 2 - 2 - 8　浙江江夏潮汐发电站

2. 波浪能

我国在波浪能发电技术研究已有 30 多年的历史，相继开发了装机容量从 3 千瓦到 100 千瓦不等的多种形式的波浪能发电系统。并先后研建了 100 千瓦振荡水柱式和 30 千瓦摆式波浪能发电试验电站。目前，在国家财政支持下，我国已启动了多项装机容量在百千瓦级的波浪能发电装置研制工作，并以此为基础在广东、山东等地区建设多能互补独立示范电站，为解决海岛能源供给问题提供有力的示范与引导作用。

3. 潮流能

在潮流能方面，自 20 世纪 90 年代以来，我国进行了包括导流罩增强型潮流能发电装置、柔性叶片潮流能发电装置以及小型潮流能发电装置在内的多种类型的潮流能发电系统的研制工作，并陆续建成装机容量 70 千瓦的"万向－Ⅰ"漂浮式潮流能电站，装机容量 40 千瓦的"万向－Ⅱ"座底式潮流发电装置。目前，我国在浙江舟山启动了潮流能示范电站建设工作。

4. 海洋温差和盐差能

我国从 20 世纪 80 年代开始海洋温差能的开发研究。1985 年，中国科学院广州能源研究所开始对"雾滴提升循环"装置进行研究。"十一五"期间，在国家科技支撑计划经费的支持下，开展了温差发电的基础性试验研究，且多集中于系统循环方面。

我国盐差能实验室研究开始于 1979 年，并在 1985 年采用半渗透膜法开展了功率为 0.9 ~ 1.2 瓦的盐差能发电原理性实验，目前此项研究基本处于停滞状态。

5. 海洋生物质能

我国在海洋生物质能的开发利用方面已取得了较大进展。2008 年，我国在深圳的海洋生物产业园启动了海洋微藻生物能源研发项目，主要是利用废气中的二氧化碳养殖硅藻，再利用硅藻油脂生产燃料。同年，中国科学院海洋研究所与山东省花生研究所合作，在生物柴油生产关键技术及创新材料研究项目中，在实验室取得了海藻榨柴油的初步成果，培育出的富油微藻最高含油比已经达到 68%，生物柴油的获得率达到 98% 以上，甘油纯度达到分析纯标准。利用该技术生产的生物柴油，各项指标优于国家现行的生物柴油标准 GB/T 20828—2007，达到德国生物柴油标准。

五、海水综合利用 ▶

近年来，在党和国家高度重视及《海水利用专项规划》的指导下，我国海水淡化和综合利用事业得到了较快发展，技术基本成熟，已建成具有知识产权的千吨级和万吨级示范工程，低温多效海水淡化、海水循环冷却等部分领域已跻身国际先进水平，海水淡化成本已达到 5 元/吨，具备规模化应用和产业化发展的基本条件。大连、天津、河北、青岛、浙江等地相继建成了一批海水淡化和综合利用项目并投产运营。截止到目前，全国海水淡化工程实际产水量约 66 万吨/日，年海水直接利用量近 620 亿立方米。主要用于解决沿海城市工业用水和海岛生活饮用水，用于市政供水的大型海水淡化工程尚属空白。我国最大低温多效单机规模 2.5 万吨/日（天津北疆），反渗透单机规模 1 万吨/日（天津新泉），海水循环冷却单机规模 10 万米³/时（浙江宁海）。

1. 海水淡化

我国海水淡化技术的研发起步于 20 世纪 60 年代，经过多年发展，现已全面掌握低温多效和反渗透海水淡化技术。在低温多效海水淡化方面，"九五"期间，开展了多级闪蒸和低温多效海水淡化关键技术研究，为实施示范工程奠定了坚实的技术基础。"十五"期间，攻克千吨级低温多效蒸馏海水淡化技术，自主设计、制造完成了山东青岛黄岛电厂 3 000 吨/日低温多效蒸馏海水淡化装置建设并投入运行（图 2 - 2 - 9），实现我国蒸馏法海水淡化工程化"零"的突破。"十一五"期间，自主设计制造了多套 3 000 吨/日和 4 500 吨/日低温多效海水淡化装置出口海外，在对进口装备消化吸收的基础上建成了国华沧东 1.25 万吨/日低温多效海水淡化工程。

图 2 - 2 - 9　青岛黄岛电厂 3 000 吨/日低温多效海水淡化示范工程

在反渗透海水淡化方面，"九五"期间，相继完成了山东长岛、浙江嵊泗和大连长海 1 000 吨/日反渗透海水淡化示范工程。"十五"期间，完成了山东荣成 5 000 吨/日反渗透海水淡化示范工程（图 2 - 2 - 10）。"十一五"期间，我国自主研发完成浙江六横 1 万吨/日反渗透海水淡化示范工程，除反渗透膜外，基本实现国产化。

图 2 - 2 - 10　山东荣成 5 000 吨/日反渗透海水淡化示范工程

2. 海水直接利用

近年来，我国沿海地区新建高耗水行业普遍采用海水作为工业冷却水，海水直流冷却技术在沿海电力、石化等行业得到广泛应用，年利用海水量逐年上升，已达到 620 亿米^3/年以上。在海水循环冷却方面，经过"八五"、"九五"、"十五"科技攻关，已进入产业化示范工程阶段。"八五"期间，我国海水循环冷却实验室研究开始起步。"九五"期间，在海水缓蚀剂、阻垢分散剂、菌藻杀生剂和海水冷却塔等关键技术上取得突破，完成百吨级中试工业试验。"十五"期间，海水循环冷却进入示范工程阶段，2004 年，相继在天津碱厂和深圳福华德电厂建成我国首例 2 500 吨/时海水循环冷却示范工程和 28 000 吨/时海水循环冷却示范工程。"十一五"期间，在浙江国华宁海电厂建成我国首例 10 万吨/时海水循环冷却技术示范工程。在我国首次实现了千吨级、万吨级和 10 万吨级海水循环冷却技术产业化应用，填补了国内空白，达到国际先进水平。

在大生活用海水技术方面，自 20 世纪 50 年代末开始，我国香港地区开始大规模应用大生活用海水技术，已较好地解决了海水净化、管道防腐、海生物附着、系统测漏以及污水处理等技术问题，年冲厕海水使用量 2.7 亿立方米。在我国大陆地区，经过"九五"、"十五"科技攻关取得可喜进展。"九五"期间，突破大生活用海水生化处理技术，形成大生活用海水水质标准、大生活用海水排放标准等标准建议。"十五"期间，大生活用海水技术取得了新型海水净化絮凝剂、大生活用海水生态塘处理技术、大生活用海水系统设计规范等多项科技成果。目前，已建成青岛胶南海之韵小区 46 万平方米大生活用海水示范工程。

3. 海水化学资源利用

在海水化学资源利用方面，我国主要开展了从海水中提取钾、溴、镁元素的探索。在海水提钾方面，我国从 20 世纪 70 年代开始以无机离子交换法先后进行了两次中间工业试验，最大规模达到 2 000 吨/年，但最终由于能耗较大导致成本过高而未能实现工业化生产。自"九五"以来，一直持续开展有关从海水卤水中提取钾盐的实验研究和示范。经过科技攻关，我国在天然沸石法海水卤水直接提取钾盐的技术方面取得了突破。在海水提溴方面，我国主要采用空气吹出法。20 世纪 80 年代，自空气吹出法溴素提取工艺在全国盐田卤水推广以来，我国溴素生产企业年生产能力大多在 1 000 吨左右。在溴素生产工艺上，我国在空气吹出提溴工艺的改进、气态膜法和超重力法提溴方面开展了有益的探索。"十五"期间，我国完成"百吨级气态膜法海水（卤水）提溴技术与示范研究"，建成示范装置。在海水提镁方面，我国近年来开展了海水制取氢氧化镁的制备工艺和应用研究，相继开发了多种氢氧化镁合成工艺，取得了良好的效果。通过"九五"、"十五"、"十一五"科技攻关，我国攻克海水提取镁关键技术，建成万吨级浓海水制取膏状氢氧化镁示范工程、硼酸镁晶须中试装置等。

第三章　国内海洋资源勘查与利用研究存在的问题分析

我国在海洋资源勘查与利用海洋科技尽管经过近20年的发展，技术上有了突破性的进展，但总体水平与世界先进水平相比，仍存在较大差距，与国家海洋强国发展战略的要求还不相适应，主要表现为以下5个方面。

一、海洋探测基础研究薄弱　▶

传感器是海洋探测装备的灵魂，虽然我国在海底探测装备集成方面有了突破性的进展，但是在核心传感器方面，如常用的重、磁、电、震、声、化学等仪器设备几乎全部进口。另外，在深海通用技术与材料方面，如浮力材料、能源供给、线缆与水密连接件、液压控制技术、传感器技术、水下驱动与推进单元、信号无线传输等，在探测与作业范围、精度，集成化程度和功率密度，操作的灵活性、精确性和方便性，使用的长期稳定性和可靠性等方面，与国外差距都还很大。这种情况制约着我国深海资源勘查和开发利用活动的开展，限制了我国深海海上作业的整体水平的提高。

此外，在海底探测基础理论研究方面基础薄弱。例如，尽管已在陆地发现了古代黑烟囱，但对深海底热液喷口区现代活烟囱的研究起步较晚，虽然已发现了海底热液喷口，但是对海底热液喷口的精确定位能力不足。另外，深海资源评价技术在我国也起步较晚，差距较大。

二、缺乏系列化深海资源勘查装备　▶

我国目前深海调查技术手段还不能完全满足深海资源勘查的需要，已经影响和制约了我国深海多金属硫化物资源勘查、海底热液喷口精确定位与原位观测、海底极端环境下生物基因取样等工作的进一步发展，迫切需要系列化的深海探测装备，如大深度高智能AUV、强作业型ROV、中深钻、电法等，进行海底资源勘查、取样和评价。

三、海洋探测装备工程化程度和利用率低　▶

　　尽管经过 10 多年的努力我国的深海潜水器技术有了突破性的进展，特别是在 7 000 米载人潜水器、海龙Ⅱ型 3 500 米 ROV、6 000 米水下自治机器人的研究过程中，通过引进、消化和吸收，掌握了一批关键技术，但是与世界先进国家相比，我国的深海技术和装备目前还处于起步阶段，面向深海的装备技术水平有一定差距。同时由于应用机制不健全，缺少国家级的公共试验平台，工程化和实用化的进程缓慢，产业化举步维艰。

　　由于研究部门分散，大型海洋探测装备参与研制部门过多，探测装备后期保障和维护困难。此外，探测装备研制部门与用户脱节，造成现有探测装备难以长期使用，利用率偏低。

四、海洋能开发利用示范工程规模小　▶

　　长期以来，我国海洋可再生能源开发利用技术主要以跟踪国外先进技术为主，在潮汐能、潮流能、波浪能、生物质能等方面都开展了较为全面的技术研究，取得了一些试验性的成果，部分技术达到了小规模示范应用条件，但相关技术还未突破，示范应用进展缓慢，与国外相比存在较为明显的差距。主要体现在海洋能基础理论和方法研究明显不足，研究基础能力低，研究队伍力量十分有限；海洋可再生能源电站环境评价方法研究基本处于空白；发电技术种类相对较少，创新力度明显不足；海洋可再生能源示范工程规模偏小等方面。

五、科技投入不足，体制机制不适应发展需求　▶

　　虽然我国近年来加大了海洋科技的投入，但在海洋科技上投入长期偏低的现状并未得到彻底改变，与海洋科技强国相比形成强烈反差。在研究项目的安排上，由于体制原因，各部门研究机构低水平重复研究，一方面造成研究资源的浪费；另一方面，造成研究力量分散、重大科学技术问题难以有效组织力量集中攻关。科学研究机构和海洋产业部门之间的关系联系不紧密，致使很多研究成果难以真正形成生产力。

第四章 国际海洋资源勘查与利用研究现状与发展趋势

一、国际深海资源探测发展现状

（一）深海固体矿产探测现状

大洋矿产资源调查和研究始于19世纪大洋多金属结核的发现。国际社会早期对"区域"资源的勘探，主要集中在多金属结核方面。1873年英国"挑战者"号科学考察船在进行环球考察时在大西洋加那利群岛的法劳岛之西南300千米处的海底首次发现了多金属结核，并根据多金属结核和火山岩伴生的现象，Murray和Renard首次提出了多金属结核的"火山成因假说"。之后，美国"信天翁"号考察船两次在太平洋进行锰结核考察，并编制了"太平洋东南部锰结核分布图"。但当时，人们还没有认识到多金属结核的经济价值。

第二次世界大战以后，1957—1958年实施的国际地球物理年证实了世界三大洋广泛分布有多金属结核。到20世纪60年代，由于美国学者Mero指出其潜在的经济价值，加上战后经济复苏，金属价格上涨，人们才注意到多金属结核的经济潜力。此后，以美国公司为主体的一些跨国财团开展了大规模的海上探矿活动。从1962年开始，美国肯尼科特铜业公司、萨玛公司、深海探险公司和海洋资源公司在东太平洋海盆进行多金属结核资源调查、勘探和采矿试验。美国除由企业公司进行多金属资源调查外各个研究机构和大学也进行了多金属结核和富钴结壳资源方面的科学研究，包括结核和结壳的成因，形成机制及分布规律的研究。

1972年Horn在纽约主持召开了第一次国际多金属结核主题研讨会，发表了《世界锰结核分布图》和《大洋锰、铁、铜、钴和镍含量分布图》。提出北太平洋北纬6°30′—20°，西经110°—180°之间的地区为多金属结核富集带，叫做"银河带"，简称CC区。从1972年开始，在美国科学基金会的资助下，美国 25 所大学联合开展了"国际海洋考察十周年"的一个项目"大学间锰结核研究计划"，作为成果出版了《中太平洋铁锰沉积矿床研究》。1975 年，美国国家海洋与大气管理局在东太平洋 CC 区实施"深海采矿环境研究计划"，作为成果出版了《太平洋锰结核区海洋地质学与海洋学》。

　　到 20 世纪 70 年代末，第一代具有商业开发远景的多金属结核矿区基本确定，其开采技术研究也取得重大进展。由于深海采矿前景不明朗，跨国公司放缓了"区域"活动的步伐，以政府资助的实体为主的活动逐步取代了跨国财团的活动。从 20 世纪 80 年代开始，富钴结壳和其他深海资源的勘查力度得到加强。

　　在美国之后，西方发达国家从本身需求出发，也积极开展了多金属结核和富钴结壳资源的调查。联邦德国从 1968 年开始实施了 4 个"海洋研究和海洋技术计划"。法国多金属结核调查和研究开始是由法国镍业协会、法国海洋开发中心和原子能委员会在南太平洋区域进行的。于 1987 年法国以海洋勘探开发中心的名义向联合国国际海底管理局申请，在 CC 区获得"先驱投资者"开辟区。与此同时，由波兰、苏联、保加利亚、捷克、古巴、越南和德国组成的"国际海洋金属矿产勘探联合体"（IOM）也于 1991 年向联合国申请在 CC 区获得"先驱投资者"勘探区。苏联从 20 世纪 50 年代开始进行多金属结核调查，特别是"国际地球物理年"期间利用"勇士"号船在太平洋进行基础调查。1964 年编制《太平洋锰结核分布图》。1987 年，苏联开始在太平洋进行多金属钴结壳资源调查，后俄罗斯于 1994 年在西太平洋麦哲伦海山处发现结壳富集区之后继续进行调查研究，准备以麦哲伦海山为主要靶区向联合国申请勘探区。而日本也在 1968 年利用"东海大学丸二世"船在太平洋水深 1 400 米处进行了采矿试验。在 1970—1973 年，日本在太平洋上进行了多个航次调查。1987 年，日本以日本深海资源开发公司名义向国际海底管理局申请，获得了东太平洋 CC 区"先驱投资者"勘探区。

　　当前，海底固体矿产资源勘查与利用已上升为世界海洋强国的国家战略。苏联 1987 年第一个向联合国提出多金属结核矿区申请，并于 1998 年率先向海底管理局提出制订其他深海资源法律制度的提议，并准备提出富钴结壳矿区申请。2000 年 6 月美国前总统克林顿发布海洋勘探长期战略及措施，提出最大程度地从海洋中获得各种利益，启动了美国海洋勘探新纪元。

日本启动的"深海研究计划"投资力度达21.5亿美元，同时，投入巨资支持日本海洋科学技术中心（JEMSTEC）的发展，该中心开发的无人遥控潜水器工作深度已达11 000米。日本对天然气水合物开发技术的储备与发展，使其有可能在21世纪成为第一个进行天然气水合物开发的国家。印度的深海采矿活动完全由政府出资支持，于1996—2000年间用于天然气水合物调查与技术开发的资金达5 600万美元。韩国等也加大了深海资源勘查的投资力度，于1998年成功研制了6 000米水下机器人，在太平洋和印度洋海域进行多金属硫化物和富钴结壳矿区的选区调查。除了以上各国进行多金属结核调查外，跨国集团也从20世纪60—70年代开始在东太平洋CC区进行多金属资源调查，采矿和冶炼实验。

深海资源的争夺是各国政府瓜分国际海底共有资源的一个重大领域。截至2013年4月，国际海底管理局已核准19项勘探矿区申请，签订了14项勘探合同，覆盖大约100万平方千米的海底，还有5份合同待签。2013年7月举行的国际海底管理局第19届会议上，新矿区申请数量明显增加，争夺激烈，又核准了中国大洋矿产资源研究协会和日本国家石油、天然气和金属公司分别提出的两份富钴铁锰结壳勘探矿区申请。

对于发达国家而言，其工业实力雄厚，知识储备丰富。一旦拥有商业前景，就有足够的技术储备支撑勘探。而发展中国家在研究积累和基础工业方面都不如发达国家，在配套技术和勘探技术上都处于相对落后的境况。

（二）深海生物基因资源探测现状

自1977年美国"阿尔文"号最先在太平洋深海热液区发现了完全不依赖于光合作用的生态系统后，地球生命极限不断被打破。深海钻探发现，海底下1 626米的地球内部也有微生物存在；最近还发现，深海还广泛存在着各种功能的古菌与病毒。地球"深部生物圈"的发现推动地学和生命科学的融合，形成了新的学科交叉。

目前，海洋生物基因资源（MGRs）的保护与可持续利用，以及知识产权归属已经成为联合国国际海底会议的重要议题，美国、日本、法国等在深海生物技术方面占据主动。政府、企业以及私人财团在深海微生物调查投入了大量资金。已经有超过18 000个天然产物和4 900个专利与海洋生物基因有关，人类对MGRs知识产权的拥有量每年在以12%的速度快速增长，说明MGRs不再是一个应用远景，而是一类现实的可商业利用的重要生物资源。基因组测序技术与生物信息技术的发展，大大加速了海洋微生物基因资源的发现与发掘速度。Craig Venter 研究所在海洋生物基因测序方面开展了大量工作（http：//www. jcvi. org）；2004 年 Craig Venter 一次报告的海洋生物新基因数就超过原国际基因数据库总和；在 2004—2008 年间，美国的一个私人基金 Gordon and Betty Moore 基金就为 53 个海洋微生物基因组测序项目投入总计约 1.3 亿美元（www. moore. org）。而且，新一轮的深海微生物研究计划正在酝酿中。近年来国际著名刊物不断对调查结果进行连续报道，发表在《Plos Biology》上的大洋宏基因组采集（Oceanic Metagenomic Collection）系列进展报道；《Nature》系列刊物（Nature Reviews Microbiology）2007 年的海洋微生物学大型综述专刊；美国科学院院刊（PANAS）上的深海微生物多样性调查研究报告等，凸显了学术界对深海微生物资源的高度关注。

（三）深海资源探测装备发展现状

世界各国均投入了大量的人力和物力开展深海探测装备的研制，以构成覆盖不同水深、从水面支持母船到水下运载作业装备的完整的装备体系。美国、日本、俄罗斯、法国等发达国家目前已经拥有了先进的水面支持母船和可下潜 3 000 ~ 11 000 米的深海运载器系列装备，包括有遥控潜水器、自治水下机器人、载人潜水器、深海工作站和深海资源开采机器人等所构成的技术装备体系，实现了装备之间的相互支持、联合作业、安全救助，能够顺利完成水下调查、搜索、采样、维修、施工、救捞等使命任务，充分发挥了综合技术体系的作用。

美国保持着水下运载器技术发展和应用的领先地位。美国伍兹霍尔海洋研究所的 Alvin 载人潜水器（4 500 米）、Sentry 自治水下机器人（6 000 米）、Jason 遥控潜水器（6 500 米）在深海勘查和研究中以其技术先进性和高效率应用而著名。该研究所还在积极开展新型深海运载器的研发，其开发的工作水深达 11 000 米的"海神"号（Nereus）HROV 于 2009 年 5 月 31 日已成功完成在西太平洋马里亚纳海沟 10 902 米水深的下潜海试，这是世界上第三套工作水深达到 11 000 米的潜水器系统（图 2 - 2 - 11）。

日本在海洋研发方面重点在深海潜水器计划，其水下技术处于世界领先水平，国家投入巨资支持其国家水下技术中心（JAMSTC）的发展。日本政府投入巨资建设了水面母船支持的多类型深海潜水器，包括 SHINKA6500

图 2 - 2 - 11　美国"海神"号 HROV

载人潜水器、SHINKA2000 载人潜水器、KAIKO 号 11000 遥控潜水器（已在执行海洋考察任务中丢失）、KAIKO 号 7000II 遥控潜水器、HYPER DOL-PHIN 遥控潜水器（3 000 米）、大深度小型无人探查机 ABISMO（11 000 米）、URASHIMA 号水下自治机器人（AUV）（3 500 米）以及深拖系统等，其中 ABISMO 于 2008 年 6 月 3 日在潜深 10 258 米处应用其运载器上所携带的重力活塞取样器成功获得水深 10 350 米处海底的沉积物样品，URASHI-MA 号 AUV 于 2005 年 2 月 28 日创造了连续巡航 317 千米的世界纪录。

基于以上装备，日本和美国、法国联合对太平洋、大西洋进行了较大范围的海底资源和环境勘探，获取了大量宝贵资料。

（四）海洋可再生能综合利用现状

目前世界上共有近 30 个沿海国家在开发海洋能。总的来说，目前潮汐能开发利用技术成熟，关键是建坝后的生态问题。海洋风能技术比较完善，已经进入规模化开发阶段，欧盟、北美的海洋风能产业已具规模，在能源供给中发挥重要作用。其他几种海洋能开发利用技术都处于研究试验和规模化开发阶段。

1. 潮汐能开发

潮汐能发电技术主要是基于建筑拦潮坝，利用潮水涨、落的水能推动水轮发电机组发电。在所有海洋能技术中，潮汐坝是最成熟的技术，目前世界上已经有几座容量达 240 兆瓦的商业发电站运行，如法国朗斯电站、英国塞汶河口电站、加拿大安纳波利斯电站、加拿大芬地湾电站等。还有一些新的建设和可行性研究正在进行。但潮汐能发电对环境有潜在的负面影响，另外工程建设需要巨额投资。英国政府发布的《海洋能源行动计划 2010》针对潮汐发电的特殊性有针对性地提出了具体建议：政府和地方当局应在战略环境评估中增加潮差开发的详细内容和影响，进行相关区域的海洋能源战略环境评估，在处理可再生能源技术和供应链问题的计划中都应体现潮差的需求，同时也保证在其所提出的建议和活动中也全面考虑到潮差研究部门的需求。

2. 波浪能开发

波浪能发电是继潮汐能发电之后，发展最快的技术。目前世界上已有日本、英国、美国、挪威等国家和地区在海上研建了 50 多个波浪能发电装置。其结构形式、工作原理多种多样，包括振荡水柱式（oscillation water column，OWC）、筏式、浮子式、蛙式、摆式、收缩波道式、点吸收式等技术形式。目前欧洲的波浪能发电技术整体居于领先地位，特别是近 5 年来，欧洲国家在此方面取得了很多进展。OWC 技术近年来建成的能装置有：英国的 LIMPET（land installed marine powered energy transformer）公司的固定式 500 千瓦电站、葡萄牙的 400 千瓦固定式电站、筏式波浪能利用技术有英国 Ocean Power Delivery 公司的 Pelamis（海蛇）波能装置，具有蓄能环节，可提供与火力发电相当稳定度的电力，另外还有，2008 年葡萄牙的 Agucadoura 波浪能装置，该项工程花费了约 900 万欧元，预将产生 2.2 兆瓦的电能，这些电能足够满足 1 500 个家庭的用电需求。Agucadoura 波浪能发电站的最终目标是产生 21 兆瓦的电能。

3. 潮流能开发

潮流能发电也是近几年来发展较快的海洋能发电技术，以英国为代表的欧洲国家掌握的潮流能发电技术代表着国际最高水平。英国 MCT 公司研制的 SeaGen 系列机组已经达到了兆瓦级的水平。目前，英国、美国、加拿大、韩国等国家，已有较大规模的项目在实施当中，未来几年将会有数个 10 兆瓦级电站建成。英国 Marine Current Turbine 公司是目前世界上在潮流发电领域取得显著成就的单位之一。该公司设计了世界上第一台大型水平轴式潮流能发电样机——300 千瓦的"Seaflow",并于 2003 年在 Devon 郡北部成功进行了海上试验运转。该公司第二阶段商业规模的 1.2 兆瓦的 Seagen 样机也于 2008 年在北爱尔兰 Strangford 湾成功进行了试运行,最大发电功率达到 1.2 兆瓦。

4. 海洋温差能开发

海洋温差能发电有 3 种方式:开放式、封闭式和混合式。温差能资源主要集中于低纬度地区,温差能应用技术的研究也主要集中在温差能资源丰富的地区和国家如美国、日本、法国与印度等,并得到了国家计划的支持。1979 年,美国在夏威夷海域建成世界上第一座海洋温差发电系统,平均输出功率 48.7 千瓦;1980 年,在该海域建造了 1 兆瓦闭式试验装置;1993 年,在该海域建成了最大发电功率 255 千瓦的岸式温差能开式循环发电试验装置。1980—1985 年,日本政府和电力公司共同出资,建成了 3 座离岸式海洋温差试验电站。

5. 盐差能开发

目前提取盐差能主要有 3 种方法:渗透压能法(PRO)——利用淡水与盐水之间的渗透压力差为动力,推动水轮机发电;反电渗析法(RED)——阴阳离子渗透膜将浓、淡盐水隔开,利用阴阳离子的定向渗透在整个溶液中产生的电流;蒸汽压能法(VPD)——利用淡水与盐水之间蒸汽压差为动力,推动风扇发电。渗透压能法和反电渗析法有很好的发展前景,目前面临的主要问题是设备投资成本高,装置能效低。蒸汽压能法装置太过庞大、昂贵,这种方法还停留在研究阶段。2008 年,Statkraft 公司在挪威的 Buskerud 建成世界上第一座盐差能发电站。

6. 海洋生物质能开发

近年来,以海洋微藻为主的海洋生物质能开发利用技术研究逐渐成为发达海洋国家的研究热点。微藻富含多种脂质,硅藻的脂质含量高达 70%~85%,世界上有近 10 万种硅藻。全球石油俱乐部评估,1 公顷微藻年产 96 000 升生物柴油,而 1 公顷大豆只能生产 446 升柴油。

2007 年 9 月,美国 Vertigro 过程公司在德州 El Paso 的海藻研发中心正式启动商业运营,开始大量生产快速生长的海藻,并以此作为原料,用于生物燃料的生产。目前,Vertigro 公司已与葡萄牙和南非的合作伙伴签约,将海藻的工业化生产推向商业化应用。

（五）海水综合利用发展现状

目前，海水利用技术在解决全球范围内淡水短缺问题上发挥着越来越重要的作用，已经形成产业。

1. 海水淡化

国际上最先采用海水淡化技术的是阿联酋、科威特等中东石油国家，北非、欧洲、中北美洲、东南亚一带的国家海水淡化技术应用程度很高，一些海岛国家几乎完全依赖于海水淡化。根据最新的国际脱盐协会的统计，截至 2011 年年底，世界范围内海水淡化总装机容量约为 7 740 万吨/日（GWI/IDA. Inventory-2013 world ［DB/OL］)，解决了 2 亿多人的用水问题。当前，国际上海水淡化工程中应用最广泛的技术主要有：多级闪蒸、低温多效和反渗透。且随着技术的进步与发展，海水淡化单机规模出现了大型化趋势，已达到万吨级以上水平。世界上最大的多级闪蒸、低温多效和反渗透海水淡化单机产量分别达到 7.6 万吨/日、3.6 万吨/日和 1.5 万吨/日，且近几年新建的海水淡化工程日产淡水大多在几十万吨。如：世界上最大的多级闪蒸海水淡化厂建于沙特阿拉伯，日产淡水 88 万吨；最大的低温多效海水淡化厂也建于沙特阿拉伯，日产淡水 80 万吨；最大的反渗透海水淡化厂建于以色列，日产淡水 37 万吨。

2. 海水直接利用

在海水直接利用方面，海水直流冷却技术已基本成熟、海水循环冷却、海水脱硫等技术发展迅速。国际上大多数沿海国家和地区都普遍应用海水作为工业冷却水，其年用量已经超过 7 000 亿立方米。目前，世界上最大的海水循环冷却单套系统（配套 1 100 兆瓦核电机组）循环量达 15 万米³/时，最大的烟气海水脱硫单机规模 700 兆瓦。

其中，海水直流冷却技术有近百年的发展历史。日本早在 20 世纪 30 年代就开始使用海水作为工业直流冷却水，目前几乎所有的沿海企业，如钢铁企业、化工企业、电力企业等工业冷却系统都采用海水直流冷却技术，年利用海水量已达到 3 000 亿立方米。随着国际环境保护公约的出台，对海水直流冷却技术提出了更高的环保要求，无公害海水直流冷却技术亟待发展。

海水循环冷却技术方面，20世纪70年代，比利时哈蒙（HAMON）公司在意大利建造了第一座自然通风海水冷却塔，标志着海水循环冷却技术进入一个崭新的发展阶段。经过30多年的发展，国外的海水循环冷却技术已经进入大规模应用阶段，产业格局基本形成，市场范围不断扩大，单套系统海水循环量已达15万吨/时，建造了数十座自然通风和上百座机械通风大型海水冷却塔。

3. 海水化学资源利用

在海水化学资源利用方面，目前，全世界每年从海洋中提取海盐6 000万吨、镁及氧化镁260余万吨、溴素50万吨。美国仅溴系列产品就达100余种。以色列从死海中提取多种化学元素并进行深加工，主要产品包括钾肥、溴素及其系列产品、磷化工产品等，实现年产值10多亿美元。

二、国际上海洋资源勘查与利用发展特点与趋势 ▶

（一）国家需求导向更加突出

海洋科技服务于经济、社会发展和国家权益的国家需求目标更为突出和强化，国家需求成为未来海洋科技发展的强大动力。各国不断加大海洋科技投入，制定海洋科技发展战略，发展海洋高技术，促进国家社会经济发展。各国通过深海探测对国际海底的竞争方兴未艾，美国、日本、俄罗斯、法国、英国等许多国家都把海洋资源的开发和利用定为重要战略任务，竞相制定海洋科技开发规划、战略计划，优先发展深海高新技术，以加快本国海洋开发的进程。当前，围绕北极海域的权益争夺日趋白热化，在南海和东海海域的摩擦也不断升级，主要原因是看到了这些海域的巨大经济价值和战略地位。

（二）深海技术成为海洋高技术发展的核心领域

国际海底蕴藏着极为丰富的多金属结核、富钴结壳、海底多金属硫化物等矿产资源和深海生物与基因资源。各海洋强国正在加紧开采技术储备，迎接真正的商业开采时代的来临。深海大洋不仅关系到世界各国的资源战略和经济安全问题，而且与国家的政治权益、国防安全、运输通道安全等息息相关。世界海洋强国积极拓展深海发展战略空间，纷纷建立基于全球战略的海洋环境立体监测系统，为深远海资源开发和海上作业、交通等经济活动提供安全保障。总之，国际间以开发深海资源为核心的海洋维权斗争愈演愈烈，而与之相伴的深海技术实力的较量也日益凸显，成为海洋高技术发展的关键。

（三）深海海底战略资源勘查技术趋于成熟，开发技术取得长足进展

深海矿产资源勘查技术向着大深度、近海底和原位方向发展，精确勘探识别、原位测量、保真取样、快速有效的资源评价等技术已成为发展重点。多金属结核、多金属软泥和浅海的多金属硫化物的开采技术已完成技术储备，深海块状硫化物的开采技术已有一些技术积累。深海微生物的保真取样和分离培养技术不断完善，热液冷泉等特殊生态系统的研究正在揭示深海特有的生命规律，深海微生物及其基因资源的开发利用，初步展现了其在医药、农业、环境、工业等方面的广泛应用前景。

（四）深海采矿技术从面向多金属结核单一资源扩展到面向富钴结壳、多金属硫化物等多种资源

在深海采矿技术研究方面，20 世纪 50 年代末国际上开始多金属结核开采技术的研究。日本、美国、法国等提出过多种采矿系统技术原型和样机，到 70 年代末至 80 年代初，以美国为首的几个财团先后在太平洋成功进行了数次水深达 5 500 米、以管道提升式系统为原型的采矿试验，验证了深海多金属结核开采的可行性。

20 世纪后期，深海矿产资源开发研究从面向多金属结核单一资源扩展到面向富钴结壳、多金属硫化物等多种资源。澳大利亚的两家公司在多个西南太平洋国家专属经济区内申请了 100 多万平方千米的硫化物勘探区，开展了大量针对海底多金属硫化物的勘探，并宣布已与 Technip 等世界著名海洋工程公司合作提出采矿系统方案，并签订了采矿系统开发制造合同，曾计划于 2010 年进行商业开采。近期，提出了海底切削采集加管道输送的硫化物开采技术。

（五）深海探测仪器与装备朝着实用化、综合技术体系化方向发展，功能日益完善

目前深海调查所使用的专用探测仪器主要有前视声呐、侧扫声呐、通信声呐、多普勒声呐、长基线定位系统、短基线定位系统、超短基线定位系统、联合声学定位系统和惯性导航系统，用来保障各种潜器的运行，完

成既定作业；水下采样工具包括了从采集海水到岩芯取样一系列的取样设备，如海底生物多样性、海底热液区、水合物等取样装置及配套取样技术。

国际上的水下运载器已成为最重要的探查和作业平台，其发展趋势是朝着实用化、综合技术体系化方向发展，且功能日益完善。发展多功能、实用化遥控潜水器、自治水下机器人、载人潜水器和配套作业工具，实现装备之间的相互支持、联合作业、安全救助，能够顺利完成水下调查、搜索、采样、维修、施工、救捞等任务，已成为国际水下运载器的发展趋势。

（六）深海通用技术朝着更高性能、更加完整、更高水平的方向发展

深海通用技术是深海技术发展的基础，世界许多国家特别重视深海通用技术的研究与发展。可以说，深海通用技术的发展水平，决定了深海技术的水平。西方国家对我国的封锁，首先是从通用技术开始的。深海通用技术范围很广，主要有浮力材料、海洋材料防腐技术、水声技术、深海线缆与连接件技术、水下推进（电机）技术、深海液压技术、水下电能供给技术、深海机械通用零部件技术和海洋试验技术等。海洋发达国家，都战略性地规划建立了一批相关企业，专门开展深海通用技术的研发和产品支撑，如美国 Emerson 公司的浮力材料、美国圣地亚哥地区的通用技术产业群等。现在国际上的深海通用技术朝着更高性能、更加完整、更高水平的方向发展。

（七）海洋可再生能开发利用技术将成为未来焦点之一

开发利用海洋蕴藏的巨大能源资源是解决未来能源短缺的主要途径，特别是石油、天然气等战略能源资源。随着世界经济的发展，能源需求不断增加。在市场需求压力和高油价的驱使下，未来全球海洋油气勘探开发将继续呈现较快增长的趋势，勘探开采作业海域范围和水深不断扩大、增加。随着技术的不断进步，开发利用海上风能、波浪能、潮汐能、温差能将呈现蓬勃之势。

第五章　海洋资源勘查与利用工程技术战略定位、目标与重点

一、战略定位与发展思路　▶

（一）战略定位

以国家权益和战略需求为导向，统筹规划，分步发展，开拓科技创新，优化激励政策。加快海洋资源，尤其是新型海洋资源的勘查技术发展和利用；加快深海生物及基因资源研发上下游主要发展领域及其方向的规划和布局，建立国家级深海生物资源研发平台；加快海洋可再生能源的规模开发利用，使海洋可再生能源成为海岛主要能源及沿海地区的部分清洁替代能源。加快海水资源开发利用的规模和水平，使海水淡化水成为沿海缺水城市和海岛的重要补充水源。引领海洋资源勘查和利用工程技术的发展方向，使我国在技术创新与工程利用上同步快速发展，从海洋大国发展为海洋强国，从海洋技术输入国发展为输出国。

（二）战略原则

1. 统筹规划，实现协调发展

根据海洋资源勘查与利用工程技术发展的条件和社会需求，结合海洋资源勘查与利用工程技术自身的特点，因地制宜、统筹规划、合理布局，有序发展。着手现有工程化成熟技术，形成一批固体矿产资源勘查、生物资源利用、海洋能开发与海水综合利用的工程产品；着力于解决目前急需的技术问题，开展深海矿产资源探测、水密接插件和浮力材料等通用技术、深海生物原位培养与基因提取技术、海洋能与海水利用规模化技术等核心技术的攻关；着眼于海洋资源勘查与利用工程技术的国产化长远战略，各项技术分步骤、分层次，相互协调发展。

2. 科技创新，促建工程技术体系

自主创新和引进消化吸收再创新相结合，多途并进。引进国际先进技术消化吸收，建立合理可行的引进与消化吸收机制，促进合理的引进，深化技术吸收。建设海洋资源勘查技术的工程化与规模化平台，为技术研发提供综合基础条件，促使引进、研发、创新与工程技术体系化建设。

3. 突出重点，加强产、学、研相结合

以需求为牵引，突出海洋资源勘查与利用工程技术的重点方向，以企业为主体，加强产、学、研相结合程度，扩宽产、学、研相结合的广度。重点开展深海资源探测、生物资源开发、海洋能开发和海水综合利用等方面的关键技术研发与工程化，建设示范工程，培育工程化企业，培训相关技术人才，推动自研装备的试用与推广，培育和推进海洋技术向产业化发展，形成海洋资源勘查设备制造、材料、海洋工程等产业链。

4. 政策激励，建设市场结合机制

制订财税优惠、多元化投资，通过国家或地方经济激励政策，鼓励使用国产自研海洋勘查装备、拓展海洋生物资源应用、限制高污染能源使用、拓宽生产与消费海洋可再生能源、建立无人岛或沿海城市的海水综合利用体制等。建立市场机制，吸引民有资本投入，建设海洋技术产业园、海洋生物研发与中试基地、设立能源创业基金等，确保经费投入，减少企业风险。

（三）发展思路

在"自主创新、支撑发展、引领未来"的发展方针指导下，紧紧围绕国家海洋主权与权益，开发深海资源，拓展生存的发展空间的战略需求，以提高我国在深海国际竞争中的技术支撑与保证能力为目标，统筹规划深海科学研究、高技术研发和支撑条件，坚持以国家需求和科学目标带动技术发展，大力发展具有自主知识产权的深海探测技术和装备，推动深海技术产业化进程，为向更深、更远的海洋进军打下基础。

二、战略目标

（一）总体目标

通过分阶段、分步骤的实施，力争通过 40 年左右的时间，采取关键技

术攻关与整体研发相结合、技术创新与示范应用相结合、产业化与标准化相结合等措施，使我国海洋资源勘查与利用工程技术达到国际先进水平，部分关键技术到达领先水平。为我国深海多金属硫化物、富钴结壳和多金属结核等海洋矿产资源的探测、勘查、评价与开采等，为深海生物资源、海洋能和海水淡化等的工程利用方面提供技术保障，维护我国在国际海底的资源权益。

（二）分阶段目标

1. 2020 年海洋资源勘查与利用工程整体装备达到初等海洋强国水平

进一步突破深海固体矿产资源的近底综合探测、深海生物基因开发利用、近岸百千瓦级波浪能和潮流能发电等核心技术，提升重点探测装备国产能力；进一步探索海洋科技创新的机制，增强产、学、研结合，建立海洋探测装备产业孵化基地，初步进行成熟装备或关键技术的产业试点；进一步完善海洋探测装备产业孵化基地，具备调查设备的生产与中试能力，并初步形成自主与集成创新的成熟国产装备系列化生产能力。深化多金属硫化物、富钴结壳和多金属结核等海洋矿产资源的多学科综合理论研究，提高国际海底矿产资源探测能力。增强国产设备在海洋矿产资源调查中的试验与应用。建立国外引进设备的体系，形成引进、应用与技术研发的良性循环，在充分消化引进设备的技术核心基础上提升自主创新。在国家863计划等相关项目的支撑下，继续对深海矿产资源多参量探测技术（地球物理、地球化学、海底声学等）、深海可视取样技术、深海原位长期观测技术、深海水下运载技术、关键传感器技术、水密接插件等通用技术和海洋材料等方面进行深入的研发。自主研究发的可视取样设备和水下机器人等成熟国产设备在我国海洋调查设备中占主导地位。提高对稀土等新型海洋矿产资源的探知能力。

推动深海生物基因利用，提升全球海洋生物基因探测能力。在已有的研究基础上，进一步深入开展深海生物资源探测和开发研究，开展海洋生物基因利用的研究，全面提升对全球海洋生物资源的探测、认知和开发利用的能力。重点在基因资源获取、资源潜力评估方面获得突破性进展。通过资源调查与评估，发现并获取新物种、新功能基因、新的代谢途径、新结构化合物；突破资源利用的关键技术"瓶颈"，深度发掘深海生物及其基因资源的科学和经济价值；提升生物资源拥有量、研究水平和利用率。通过国际合作，提升资源调查与研发的技术水平。

建立海洋可再生能源专项基金，完善以企业为主体的海洋可再生能源技术创新体系和创业机制，支持和培育以企业为主体的海洋可再生能源技术创新体系。完成近海重点区域海洋可再生能源资源储量的详查和评估。突破近岸百千瓦级波浪能、潮流能发电关键技术，研建一批多能互补示范电站，并逐步推广。兆瓦级潮流能电站、波浪能电站的示范并网运行。发展环境友好型潮汐电站关键技术，实现 10 万千瓦潮汐、潮流发电及百万千瓦海上风电的并网运行，清洁能源总装机容量达到 110 万千瓦。研发温差能发电装置。发展离岸风电技术并实现产业化。政府为主导，研究并制订海洋能开发特许权招投标办法、配额制度、优惠电价制度、行业补贴制度等相关制度及配套政策措施。建设和完善海洋能开发公共支撑平台，建设潮流能、波浪能发电装置海上试验场，启动海洋可再生能源开发利用综合测试基地建设，形成一批海洋可再生能源企业和公共服务体系。

我国海水淡化规模达到 340 万 ~ 380 万吨/日，海水直接利用规模达到 1 500 亿米^3/年；海水淡化对海岛新增供水量的贡献率达到 55% 以上，对沿海缺水地区新增工业供水量的贡献率达到 20% 以上；海水淡化原材料、装备制造自主创新率达到 80% 以上；攻克海水淡化和综合利用核心技术，关键技术、装备、材料的研发和制造能力达到国际领先水平。

2. 2030 年海洋资源勘查与利用工程整体装备达到中等海洋强国水平

进一步提升海洋装备的自主研发能力，国产化设备装船率达到 50%，形成了一批拳头产品和若干骨干企业，成熟装备开始向国际市场输出。通用技术与深海材料基本满足国内一般调查需求。海洋矿产资源勘查水平满足国内需求，初步实现向国际提供服务的水平。

到 2030 年，在深海生物资源调查、微生物菌种资源获取与研发达到或部分达到国际先进水平；以中国大洋深海生物及基因资源研究开发中心为核心，联合国内各优势单位，形成覆盖上、中、下游的研发梯队；建立产业化促进机制，推动研究成果的转化，初步实现深海生物资源的产业化。

到 2030 年，使海洋可再生能源成为主要清洁能源之一和能源供给体系中的重要能源之一。基本解决有人居住海岛的生活用电和部分生产用电，海洋可再生能源并网达到 100 万千瓦，离岸风电并网 1 000 万千瓦，完成

5 个温差能海上试验电站的研建,总装机容量达到 1 100 万千瓦以上。

到 2030 年,我国海水淡化规模达到 580 万~620 万米³/日,海水直接利用规模达到 2 000 亿米³/年;海水淡化对海岛新增供水量的贡献率达到 60% 以上,对沿海缺水地区新增工业供水量的贡献率达到 30% 以上;海水淡化原材料、装备制造自主创新率达到 85% 以上;掌握先进海水淡化和综合利用共性、关键和成套技术,关键技术、装备、材料的国际竞争力显著增强。

3. 2050 年海洋资源勘查与利用工程整体装备达到世界海洋强国水平

形成海洋资源勘查设备研发、生产、试验与应用的产业链,实现国产海洋装备向国际输出,水密接插件等通用技术和浮力材料等海洋材料达到国际水平。

未来 40 年,重点从国际海域生物资源调查、资源潜力评估,逐步转移到海洋遗传资源的产业开发。建成国际一流水平的资源中心和资源筛选平台;建立一支高素质的、具有较强的国际竞争力的研发队伍;深海生物资源产业化为国民经济发展带来明显效益。

海洋能的利用达到规模经营的产业化条件,海水利用全面启用,无人岛覆盖率达 100%,沿海城市的海洋综合利用达到国际水平。

(三) 战略任务与重点

强化调查探测研究,突破探测装备开发关键技术;拓展国际海底矿产资源,推动深海生物基因利用;开发利用海洋可再生能,大力促进海水综合利用;培育海洋探测装备产业,提升全球海洋探测能力。

1. 深海固体矿产资源勘查技术

持续开展国际海域固体矿产资源及相关海洋环境综合调查与评价,重点发展大洋海底多参数勘查技术、深海取样技术、海底原位观测技术,加强国际海域资源与环境的勘查基础能力建设,加大深海矿产资源勘查、开采、选冶等技术装备的研发力度,进一步提升我国开展国际海域资源调查与开发的技术保障水平。

2. 深海生物资源探测技术

持续开展深海生物资源及相关海洋环境综合调查与评价研究,重点发展深海极端环境生物获取与培养技术、深海生物及基因研究与利用技术,突破深海极端环境下的生物采样、保存、培养、功能基因研究等技术;研制深海生物采样工具、深海生态系长期观测系统、深海微生物原位培养系统，提升我国深海生物资源探测的技术保障水平。

提升我国的深海生物资源勘探能力，大量获取微生物与基因资源，申请知识产权保护，形成新兴产业。提升深海生物多样性调查关键技术与样品获取能力，利用各种潜器获取各类海洋生物及环境样品。建立与完善深海基因资源研发的技术体系，采用培养技术以及现代 DNA 测序技术，大量获取并保藏深海生物及基因资源。建立国际一流的海洋基因资源库，保障资源的可持续利用。开展深海生物资源潜力评估，研究深海基因资源在医药、化工、环保、农业等领域中的应用潜力，大量获取深海基因知识产权，保障国家的深海权益。开发深远海生物基因利用关键技术，开展深海基因资源利用的中试工艺研究。实现从资源拥有、到资源深度挖掘，再到开发利用的转变。建立深海基因资源产业化关键技术研发平台，实现产业化开发利用，服务国家经济。

3. 深海探测仪器及装备开发技术

加强深海探测仪器研发，重点突破重、磁、电、震、声、化学等常用探测仪器的核心技术；大力发展深海通用技术，重点发展深海材料技术、能源供给技术、水下定位与导航技术、深海装备加工工艺技术等；研制新型遥控操作、自治以及载人水下潜水器，重点发展强作业型深海遥控潜水器（ROV）、小型化和低成本的自治式潜水器（AUV）。

4. 海洋可再生能开发利用

突破环境友好型、低水头潮汐发电技术，形成示范运行能力；突破离岸式海上风机生产技术，形成产业规模，并大规模投入商业运用；开展百千瓦级新型波浪能发电装置研制，提高突破波能装置的海上生存能力技术；开展 500 千瓦级水平轴潮流能发电系统研制；开展温差能综合利用技术研究，为现场示范试验做好技术准备。

5. 海水资源综合利用技术

进一步研发和示范的关键技术：较大规模海水淡化及循环冷却技术及成套设备；鼓励发展风能、太阳能、潮汐能、波浪能等可再生能源与海水淡化结合工艺与技术；积极发展低温核能海水淡化工艺技术；综合利用海水淡化后的浓海水制盐，提取钾、镁、锂及其深加工等海水化学资源高附加值利用技术；适宜海岛使用的海水淡化装置等。

（四）发展路线图

发展路线见图 2 – 2 –12。

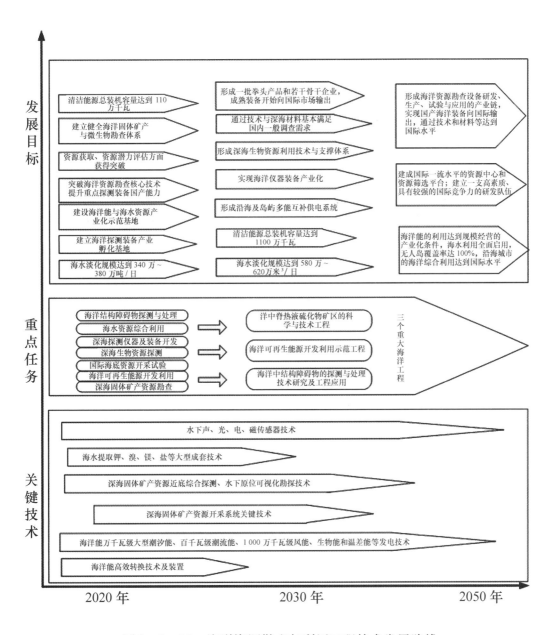

图 2 – 2 – 12　海洋资源勘查与利用工程技术发展路线

第六章 保障措施与政策建议

　　海洋资源从海域分布来说有深海与浅海资源，从类型上来说包括固体矿产资源、生物资源、再生资源与海水资源等类型，所以海洋资源勘查与利用工程技术的发展也是多类型、多方面的。针对国内海洋资源勘查与利用研究存在的问题，结合海洋资源勘查工程与技术发展特点，提出以下几点保障措施与政策建议。

一、政府统筹协调，部委联合建设共享体系　▶

　　海洋资源是国家层面的战略问题，不是哪一个单位、哪一个部门可以全面解决与实施的，需要在国家层面上进行顶层的设计，由政府依据国家需求，主导资源勘查工程与技术总体发展。我国深海资源勘查工程任务与技术研发常分散在不同的科研院所、高等院校和企业，由不同的部委管理，如国家海洋局、国家自然科学基金会、中国大洋协会以及造船、电子、机械、冶金等部门。由于海洋资源勘查与利用工程技术的复杂性和艰巨性，应在政府主导统筹下，协调全国各部委与单位，建立健全有效的共享体系，充分发挥各部委与单位的优势，来弥补我国在海洋资源勘查与利用方面相对人力、物力和财力投入的不足，并形成全国海洋资源利用"一盘棋"，有利于保护海洋生态环境、有利于海洋资源的可持续开发。

二、加大专项投入，技术创新与工程化应用并举　▶

　　目前我国在海洋资源勘查与利用工程技术上还远落后于发达国家，相对投入还较小。虽然我国总体经济水平提升，加大了海洋科技的投入，但在海洋科技上投入长期偏低的现状并未得到彻底改变。由于我国涉海科研部门分散，导致投入目标也相对分散，虽然在一定时间能调动全国各涉海单位的积极性，有百花齐放的效果，但无法实现合力对重大科学技术问题进行突破。在后续的投入中，应加大科技专项的投入，集中国内优势，实现一些资源勘查与利用的大工程建设。做好技术创新与工程化应用并举，深入开展关键技术研究，特别是前沿技术和基础性技术的攻关，提高我国深海技术的自主创新能力。建设国家级的公共试验平台，开展成熟技术的工程化和实用化研究与应用，进一步实施"科教兴海"战略，提升我国海洋资源勘查与利用工程技术的国产化能力，并逐步走向国际市场，打造技术上的"海洋强国"。

三、突出人才核心，深化国际合作机制　▶

　　人才是任何一个行业或领域的竞争核心，海洋资源勘查与利用工程技术更是一个高科技人才竞争的领域，但同时是一个不大众化的科技领域，技术人才的培养存在单位少、应用面窄等特点。需要从国家层面上建设完善的人才保障机制，突出人才的核心价值，能吸引人才、留住人才、鼓励人才。我国相对国外的技术水平落后，在人才培养环境、培养模式和培养条件等方面也存在较大的差距。而国内的涉海单位，尤其是一些部委的事业性海洋研究单位，在开展国际合作时受目前的机制影响较大。因此需要深化国际合作机制，在保证国家利益的前提下，将科学家从一般的公务人员中解放，要走得出去，请得进来，充分拓展国际合作条件，吸引国际先进技术，同时也将国内成熟技术打到国际市场。

第七章 重大科技专项工程

一、洋中脊热液硫化物矿区的科学与技术工程 ▶

(一) 需求分析

1. 资源的必要性

当前，国际海底资源形势严峻。2011年11月，我国在西南印度洋国际海底区域获得1万平方千米的专属勘探权的多金属硫化物矿区。目前我们面临的任务是如何开展硫化物矿区的硫化物的平面和三维分布特征探测、资源评价、环境评价、生物资源的分布、开采的可行性等研究，在10年内完成区域放弃义务。同时也需要进一步深化对三大洋、南北极等相关资源的调查研究。我国近几年虽然在热液探测方面取得了丰硕的成果，但在海底多金属硫化物资源调查、研究和评价尚处于起步阶段，与美、俄、英、法、日、德等国相比，无论在调查力度、技术水平和能力等方面都存在较大差距，需要实施有强针对性的科学与技术工程，为在洋中脊热液硫化物资源争夺提供科学与技术保障。

2. 科学的必要性

热液活动区具有高温、高压、点状不连续分布、空间尺度小、时间序列变化明显等特点。热液活动本身的演化过程是复杂区域地质过程，是地球深部地质活动在海底表面的表象，其产生与发展的条件、影响因素、演化特性、成矿控制、开采特性、生态环境变化、深部构造和表层及深层生物群落等科学问题还不是很清楚。需要具有精确定位、投放与取样、耐高温与高压、能长期监测环境参数变化等功能的探测、监测和取样等技术手段，需要进行深部钻探的调查研究。

西南印度洋洋中脊是全球两处超慢速洋中脊之一，超慢速洋脊的地形地貌、断裂分布、岩溶供给、折离构造等都有其特殊性，其发展与演化规律具有非常的独特性。这一系列的大地质背景，必然也影响着洋脊上的矿区的形成和分布，对全球洋中脊构造的演化研究具有特殊贡献。

3. 技术的必要性

我国应在 15 年内完成其采矿技术研究并进行采集试验；深海多金属硫化物为海底下三维分布矿藏，其采集技术及装备将不同于陆地矿及海底多金属结核或富钴结壳；由于矿区附近往往存在需要保护的生物多样性热液喷口，其采矿活动必将受到极为苛刻的环保要求。因此，研究海底多金属硫化物采矿技术，形成环境友好的采矿系统，不仅是我们应当履行国际合同的应尽职责，更是真正开发和利用国际海底多金属硫化物资源的不可缺少的必要手段。

我国已经在深海可视化调查与采样设备研发方面取得了长足的进步，先后研发了深海摄像系统、电视抓斗、电视多管和电视箱式等设备，在洋中脊活动热液区的探测发现方面取得了很大的成功。但与国际上发达国家相比，在技术装备方面还有一定的差距。如在大范围的洋中脊热液区与大洋底非活动热液多金属硫化物矿产资源的探测发现与详细勘查方面，缺少完善的科学研究手段、成熟的探测技术方法和先进的装备体系；而且目前从事大洋调查的科考船的能力尚不能满足搭载大型/重型勘查装备的能力，尚不能满足深海多金属硫化物资源勘查评价的要求。ROV 才正在形成能力，AUV 还在开发中，载人潜器还亟待使用，其上搭载的取样和传感器还需开发。在深海原位长期观测设备、开采系统、深海生物开发利用等方面几乎是空白。因此进一步开发先进的探测、勘查、监测、观测和开采技术，并形成装备体系，应当成为我国深海固体矿产资源勘探装备发展的重要目标。

（二）发展目标

围绕洋中脊硫化物矿区的各项需求，研发热液区的固体和生物资源的探测、勘查、观测、取样和开采等的关键技术与装备；突破环境监测与评价、资源评价和长期观测所需的关键技术。建立深海硫化物矿区的资源探测与评价技术体系，建立深海环境与生物长期监测与评价技术体系，建设深海矿产资源开采与开发利用技术体系，建设西南印度洋中脊长期试验场与观测系统。以满足深海资源勘查和科学研究的技术需求，为洋中脊硫化物资源的探测、评价和开发利用提供准确的技术手段，为维护我国国际海底的权益提供技术支撑。

（三）研究内容

洋中脊热液硫化物矿区的科学与技术工程实施的主要研究内容包括以下 4 个方面。

1. 洋中脊热液区的固体资源勘探系统

针对寻找和综合评价海底多金属硫化物资源的需求，以近底的地形地貌、地震、地磁和电法等地球物理勘探技术、近底原位地球化学勘探技术和可视定点地质样品获取与中大深度钻探技术为主要突破点，开发电、磁、震、钻、化学传感器等地质、地球物理和地球化学三维勘查技术，发展可大范围探测深海硫化物矿区的先进深海物探方法；研制开发深海物探系统。结合 GIS、地质、地球物理、水文和化学等参数，建立热液硫化物资源综合评价技术体系。

研制新一代多参数深海热液物理化学传感器，开发快速成图与正反演技术，研制光学和声学等非接触式探测传感器，开发热液羽状流的全断面探测和热液喷口的智能化定位技术体系。

研制开发深海底复杂地形原位勘查测量取样重载作业装备；研究 ROV、AUV、载人潜水器等深水配套作业技术，研制作业型拖体载体，研制开发海底中大深度取样的新型钻探取样装备；形成深水作业专用装备和作业工艺及技术的自主深水作业技术体系。

最终以西南印度洋中脊热液硫化物矿区为试验区，形成中脊固体矿产资源勘查装备体系并进行工程应用。

2. 洋中脊极端生物资源技术

（1）深海生物与基因多样性调查。深海最大的特点是生物和环境的相互关系极为密切。生物是环境的产物，反过来生物对海底环境的形成和维持也起作用，生物同时也是不同环境或环境变化最敏感的指示物。因此比较研究不同海底（微）生物多样性，找出两者关系和动态变化规律，并进而研究其机理（生物在环境形成中的作用，对环境的利用，适应极端环境的分子机制等）是深海研究的特点（有别于陆地）。搞清楚这些，在外交工作中就有了科学依据和发言权。

（2）深海基因资源的获取与保藏、建立国家深海生物资源中心。针对不同的典型深海环境（热液、冷泉、沉积物及水体等），利用各种载人、非载人潜器和采样调查设备等采样，获取国际海域内各类生物及环境样品。在多样性分析的基础上，采用培养技术以及现代 DNA 测序技术，获取并保藏来自国际海域的生物及基因资源。

（3）深海生物生态环境效应评估。海洋微生物在海洋生态系统乃至全球环境变化中扮演着举足轻重的角色。深海微生物具有特殊的代谢机制和巨大的生物量，其环境作用不可忽视。拟探讨：深海微生物的生态功能、深海微生物与其他生物共生关系、深海（微）生物的生命过程及进化机制，以及海洋微生物在生态维护与生物地球化学过程中的作用。

（4）深海基因资源研发关键技术突破。加强深海基因资源的应用基础研究，实现下述关键技术。深海环境与微环境原位检测技术；生物样品深海保真采集技术；极端微生物培养保藏技术。

（5）深远海生物资源的开发利用。建立深海生物技术产业化中试基地。大力发展深海生物资源在新能源、新型药物、生物化工、新型生物材料、环保及生物冶金等领域的应用技术；尽快开发出深海极端酶、新型活性产物、绿色农用杀菌剂及环境保护制剂等产品，大幅提高我国深远海生物资源研究开发水平。

3. 洋中脊环境监测、评价和长期观测系统技术

（1）针对洋中脊的地质、水文和生物等环境基线特征，开展环境监测与评价技术的研发。重点突破热液活动区环境监测与取样的关键技术与装备；以西南印度洋中脊热液硫化物矿区的环境监测与评价为主体，范围拓展到西南印度洋中脊，建立西南印度洋中脊环境基线，构建热液硫化物区及其邻近海域立体环境监测系统；开展环境影响参照区选划和硫化物矿开采环境影响评估，选划环境保全参照区。

（2）研制开发深海长期观测系统关键技术、研制开发深海长期能源关键技术、研制开发深海水声通信观测网络、研制开发深海底长期地球物理观测系统、研制开发深海生物观测系统、研制开发深海工作站定点投放回收装备、开发系列适合不同类型任务载荷的小型化远程深潜 AUV 运载平台、建立我国首个西南印度洋热液区域深海长期观测系统、基于热液区长期观测系统数据的矿区模型。

4. 西南印度洋中脊热液硫化物矿区的采矿系统

针对洋中脊热液硫化物矿的特点，结合环境、地质和水文等条件，开展深海多金属硫化物开采系统及其关键技术研究，重点突破研究深海多金属硫化物开采技术，突破深海多金属硫化物开采采集、深海多金属硫化物开采输运、水面支持等相关技术，研究采矿作业环境影响试验和资源综合评价。

根据西南印度洋中脊热液硫化物矿区工业性试开采的生产技术指标和作业条件，研制热液硫化物矿区工业性试开采系统，开展工业性试开采系统的集成和在西南印度洋中脊热液硫化物矿区的试开采。

（四）预期成效

掌握深海多金属硫化物资源勘查开发的关键技术，具备大洋深海资源勘查作业能力，为深海多金属硫化物资源勘查开发提供装备技术保障。

建立国家级深海生物资源研发平台，对关键科学问题进行探索研究，并为我国的深海生物及基因资源的产业化提供强有力的物质和技术支撑。

建立西南印度洋多金属硫化物勘探区及其邻近海域立体环境监测系统；建立多金属硫化物勘探与开采环境影响评价系统；建立西南印度洋多金属硫化物矿区环境影响参照区和保全参照区。

完成西南印度洋热液硫化物区的深部钻探工程，实现对矿区深部地质、矿藏、生物、环境等探测，为矿区的评价与科学研究提供支撑。

使我国具有深海长期观测网络系统自主研制开发应用能力，实现对深远海进行长期观测，为进一步开发深海固体矿产资源提供服务。

实现西南印度洋中脊热液硫化物矿区的工业性试开采，完成多金属硫化物商业开采技术储备。

二、海洋可再生能源开发利用示范工程

（一）必要性

海洋能开发利用产业是环境友好型朝阳产业，是典型的战略性新兴产业，具有较长的产业链。它的发展将促进和带动设备制造、安装、材料、海洋工程及设计等一批产业和技术的发展。在大力发展战略性新兴产业的背景下，开展海洋能产业示范基地建设是构筑科研部门与企业对接的平台，

加强产、学、研结合，是开展科技合作与交流，促进国内已成熟的海洋能装备达到大规模生产的必然需要。

（二）总体目标

力争到 2020 年，在舟山群岛地区完成包括一个国家级潮流能海上试验场、总装机容量达 10 兆瓦的潮流能示范基地以及一座海洋能装备制造工业园建设。

（三）主要任务

以舟山地区丰富的潮流能资源优势以及舟山地区雄厚的造船等装备制造能力为基础，依托浙江大学、国家海洋局第二海洋研究所等高校及研究机构的海洋能开发利用技术研发能力，建成集海洋能技术研发、装备制造、海上测试以及工程示范为一体的国家级海洋能产业示范基地。为我国海洋能开发，尤其是潮流能开发利用装置提供专业检测服务，与正在筹建的国家级波浪能、潮流能综合海上试验场共同组成我国海洋能装备海上检测体系。潮流能示范基地以及海洋能装备制造工业园的建设，将为未来大规模开发我国潮流能资源起到示范带动作用，推动我国海洋能装备制造业的发展，加速我国海洋能产业链形成，加快我国海洋能产业发展进程。

三、海洋中结构障碍物的探测与处理技术研究及工程应用 ▶

（一）必要性

要全面、准确地掌握我国海洋的环境状况，为海洋利用活动和海军军事行动提供可靠的安全保障，必须对海洋探测进行统筹和系统的规划。除了对我国所属海域的水文、地质、地球物理等进行系统的探测外，还必须探测、辨识和标注海洋中人为形成的结构障碍物，如：沉船、油井管架等，同时，对其安全影响和环保指标进行评估，确定海洋中结构障碍物的处理方案，以保证海洋环境信息的完整性。

开展海洋中结构障碍物的探测与处理技术研究及工程应用对于我国海洋探测技术的完善、完整准确地掌握第一岛链以内我国海域海洋环境信息，保障我国海洋开发利用安全，保护海洋环境以及水面和水下舰艇船的航行安全，促进我国的经济发展和国防建设具有重大的现实意义和深远的历史意义。

（二）总体目标

针对未知海洋结构障碍物对海洋资源开发利用、海洋环境保护和国防战场建设的潜在影响，在分析借鉴现有海洋探测技术的基础上，研究优化海洋中结构障碍物的探测方法、装备性能、分析评估和处理处置技术，提出海洋中结构障碍物的安全影响程度和环境评估程序与标准，研究制定海洋中结构障碍物的处理与处置技术方案，并用于海洋中结构障碍物探测与处理工程的具体实施。

（三）主要任务

涉及领域广、应用性强、工作量大、技术要求高，是军民结合的应用性研究项目。其研究任务包括：探测对象的确定、探测方法的提出、探测装备的优化、探测工程的实施及相关海域环境信息的收集和完善。

按照军民结合的应用要求，从分析确定探测的海洋结构障碍物的特征、种类和影响因素入手，分析借鉴现有的海洋探测技术，着重进行技术上的集成创新，有针对性地研究提出应采用的探测技术和方法，在此基础上进行装备的集成和性能的优化，并按照探测程序方案进行相关海域海洋结构障碍物的工程探测及海域环境信息修正和完善。

关键技术：

➢ 海洋结构障碍物的特征、种类和影响因素分析和确定；

➢ 海洋结构障碍物的探测技术分析和优化；

➢ 海洋结构障碍物的探测装备的性能优化与集成；

➢ 海洋结构障碍物的探测技术和装备的工程应用；

➢ 海洋结构障碍物的处理与处置技术；

➢ 海洋结构障碍物探测与处置海域的海洋环境信息系统建立。

主要参考文献

李裕伟，赵精满，李晨阳．2007．基于 GMS、DSS 和 GIS 的潜在矿产资源评价方法 ［M］．北京：地震出版社．

刘淮．2006．国内外深海技术发展研究（二）［J］．船艇，260（11）18 – 23．

刘淮．2006．国内外深海技术发展研究（三）［J］．船艇，262（12）16 – 23．

刘淮．2006．国内外深海技术发展研究（上）［J］．船艇，258（10）6 – 18．

美国地质调查局（USGS）．Commodity statistics and information ［EB/OL］http：//miner-als. usgs. gov/minerals/pubs/commodity

王晓民，孙竹贤．2010．世界海洋矿产资源研究现状与开发前景［J］．世界有色金属 （6）：21 – 25．

吴世迎．2000．世界海底热液硫化物资源［M］．北京：海洋出版社．

姚会强，陶春辉，宋成兵，等．2011．海底多金属硫化物找矿模型综合研究［J］．中南 大学学报（自然科学版），42（Suppl. 2）：114 – 122．

张国堙，陶春辉，李怀明，等．2012．多波束声参数在海底热液区底质分类中的应用 ——以东太平洋海隆"宝石山"热液区为例［J］．海洋地质前沿，8（7）：59 – 65．

Arnaud-Haond S，Arrieta JM，Duarte CM．2011．Global genetic resources：Marine biodiver-sity and gene patents ［J］．Science，331：1521 – 1522．

Arrieta J M，Arnaud-Haond S，Duarte C M．2010．What lies underneath：conserving the oceans' genetic resources ［J］．Proc Natl Acad Sci USA，107：18 318 – 18 324．

Chen Y J，Lin J. 1999．Mechanisms for the formation of ridge-axis topography at slow-sprea-ding ridges：a lithospheric-plate flexural model ［J］．Geophys J International，136（1）：8 – 18．

Cognetti G，Maltagliati F．2004．Strategies of genetic biodiversity conservation in the marine environment ［J］．Mar Pollut Bull，48：811 – 812．

Fautin D，Dalton P，Incze L S，et al．An overview of marine biodiversity in United States wa-ters ［J］．PLoS One 5：e11914．

Gross L. 2007. Untapped bounty：sampling the seas to survey microbial biodiversity ［J］．PLoS Biol 5：e85．

InterRidge：Third Decadal Plan 2014 – 23：From Ridge Crest to Deep-Ocean Trench：Forma-tion and Evolution of the Oceanic Crust and Its Interaction with the Ocean，Biosphere，Cli-mate and Human Society．http：//www. interridge. org/thirddecade．

Jorgensen BB，Boetius A. 2007. Feast and famine-microbial life in the deep-sea bed．Nat Rev Microbiol，（5）：770 – 781．

Karl DM. 2007. Microbial oceanography: paradigms, processes and promise. Nat Rev Microbiol, (5): 759 – 769.

Kennedy J, Flemer B, Jackson SA, et al. 2010. Marine metagenomics: new tools for the study and exploitation of marine microbial metabolism. Mar Drugs, (8): 608 – 628.

Legato MJ. 2010. Sailing the sea of synthetic biology: Dr. Venter and the Sorcerer II. Gend Med, (7): 276 – 277.

Nicholls H. 2007. Sorcerer II: the search for microbial diversity roils the waters. PLoS Biol, (5): e74.

Qiu Jane. 2010. China outlines deep-sea ambitions. Nature, News, 466 (7303): 166 – 166.

Qiu Jane. 2011. Indian Ocean vents challenge ridge theory. 'Football fields' of vents among the largest known. Nature, News, doi: 10. 1038/nature, 9689.

Rusch DB, Halpern AL, Sutton G, et al. 2007. The Sorcerer II Global Ocean Sampling expedition: northwest Atlantic through eastern tropical Pacific. PLoS Biol, (5): e77.

Tao Chunhui, Li Huaiming, Huang Wei, et al. 2011. Mineralogical and geochemical features of sulfide chimneys from the 49°39′E hydrothermal field on the Southwest Indian Ridge and their geological inferences. Chinese Science Bulletin, 56 (26): 2828 – 2838.

Tao Chunhui, Li Yuwei. 2008. Model for Estimating the Size of Area for Sulphides Exploration, International Seabed Authority, Fourteenth Session, 26 May – 6 Jun.

Tao Chunhui, Lin Jian, Guo Shiqin, et al. 2012. First active hydrothermal vents on an ultraslow spreading center: Southwest Indian Ridge. Geology, 40 (1): 47 – 50.

The International Seabed Authority (ISA). 2008. Workshop on polymetallic nodule mining technology-current status and Challenges ahead [R]. Nautilus Minerals Inc, 2010. Offshore Production System Definition and Cost study [R].

Tichet C, Nguyen HK, Yaakoubi SE, et al. 2011. Commercial product exploitation from marine microbial biodiversity: some legal and IP issues. Microb Biotechnol, (3): 507 – 513.

Williamson SJ, Rusch DB, Yooseph S, et al. 2008. The Sorcerer II Global Ocean Sampling Expedition: metagenomic characterization of viruses within aquatic microbial samples. PLoS One, (3): e1456.

Witze A. 2012. Crabs hither, shrimp thither. Science News, 181: 5.

Yooseph S, Sutton G, Rusch DB, et al. 2007. The Sorcerer II Global Ocean Sampling expedition: expanding the universe of protein families. PLoS Biol, (5): e16.

Zhu Jian, Lin Jian, Chen Yongshun, et al. 2010. A reduced crustal magnetization zone near the first observed active hydrothermal vent field on the Southwest Indian Ridge. Geophysical Research Letters, 37 (L18303): 1 – 5.

主要执笔人

陶春辉　国家海洋局第二海洋研究所　　研究员
夏登文　国家海洋技术中心　　　　　　研究员
刘少军　中南大学　　　　　　　　　　教授
邵宗泽　国家海洋局第三海洋研究所　　研究员
周建平　国家海洋局第二海洋研究所　　副研究员
朱心科　国家海洋局第二海洋研究所　　助理研究员
王　冀　国家海洋技术中心　　　　　　助理研究员
李　艳　中南大学　　　　　　　　　　副教授
刘淑静　国家海洋局天津海水淡化与综合利用研究所　研究员

专业领域三：深海作业装备工程技术研究

第一章　我国深海作业装备工程的战略需求

一、海洋矿产资源开采对深海作业装备工程的需求　▶

　　矿产资源作为一种重要的自然资源，是国民经济可持续发展的基础性物质保障条件。随着工业化程度的提高，我国经济对各类自然资源的消费和需求呈现持续增加态势，矿产资源的消耗正以惊人的速度增长，已经成为世界上最大的矿产进口国，到 2020 年我国对资源类，如锰、铅、镍、铜、钴、铂等矿产需求对外依存度都将超过 50% 以上；对于能源类，如天然气的需求量对外依赖度超过 50%，而石油将超过 70%。供需矛盾极有可能成为制约经济增长的"瓶颈"，并对国家安全构成潜在的威胁。

　　随着陆地资源的日益枯竭和人类对海洋认识的日益深化，海底异常丰富的金属矿产资源已成为世界各国高度关注的 21 世纪具有商业开发前景的战略资源，世界各主要工业国家和新兴工业国家一直都在投入大量的人力和物力，以加快其深海矿产资源开发技术的发展。由于我国人口众多，人均资源占有量少，资源紧缺将是我国经济发展中必须长期直面的重要问题。现已探明的深海金属矿产资源绝大多数属于我国的短缺金属资源，作为一个发展中的大国，在向工业化国家进军的过程中，对矿产资源的需求量还处于上升期，因此开发利用海洋矿产资源，对弥补我国自身资源不足、增强我国的战略资源保障程度具有重要意义。海洋作为接替新资源基地的经济和战略意义十分突出。

　　发展深海作业装备工程可为勘查、开采海洋矿产资源提供装备保障，若在将来海底矿产开采时我们不能提供配套的技术服务和装备，深海采矿业的大部分利润将转移到其他国家的企业中去。发展海洋装备工程在保障国家权益和支持国民经济可持续发展方面的重要意义已得到我国政府和科技界高度关注。深海作业装备工程技术既是集成现代先进技术的高新技术，又是面向未来民族利益的战略技术，应当加大投入、重点支持，以确保我国在国际海底矿产资源开发方面的发言权和竞争力。

深海矿产资源的开发涉及海洋地质、气象、环境、船舶和海洋工程，以及采矿、机械、冶金、材料、水声、电子及自动控制等众多学科，是众多高新技术的集成。由于深海环境恶劣，底质条件复杂，无外来光源，海水高压和腐蚀，电磁波及光波在水中的迅速衰减，其技术难度比太空技术更大，因此，在人造卫星漫天飞行的当今时代，却几乎见不到能在深海底自由行走的采矿作业装置，深海作业装备工程技术成为当今高新技术的洼地。当今世界正在从资本经济向知识经济转变，谁拥有和掌握了技术，谁就有能力获取更多的资源，更多的利益，要将矿产资源储量高效转化为国民经济建设所需要的矿产资源就必须大力发展深海作业装备工程技术。

(一) 深海矿产资源

深海多金属结核、富钴结壳和热液硫化物分布区无疑已成为人类社会未来发展极其重要的战略资源储备地。随着陆地资源的日趋减少与科学技术的发展，合理勘探、开发深海多金属结核、富钴结壳和热液硫化物资源已成为未来世界经济、政治、军事竞争和实现人类深海采矿梦想的重要内容。

海底热液硫化物是海底热液活动的产物之一，记录着热液活动的部分历史，富含铜、锌、金、银等有用的金属元素，一般赋存水深为 1 000 ~ 3 500 米，是极具开发远景的潜在资源。进行热液硫化物资源调查研究，了解热液活动区的深部结构，不仅能够缓解人类社会发展对矿产资源的需求，还可以很好地了解现代海底热液活动的形成机制、演化历史及其成矿规律等基本问题，掌握海底热液循环的发生机理及流体流动途径，为深入认识和勘探开发利用陆地上的古代海底热液硫化物提供新的视角，是当今国际上开展调查发现新的热液活动区、长期监测热液活动、发展用于热液活动调查研究的高新技术等工作必要的研究基础和知识源泉。深海热液活动及其硫化物、生物分布区与近岸海底资源分布区一样已成为国际高度关注的海洋区域之一。

深海还蕴藏着丰富的多金属结核和富钴结壳资源。其中，多金属结核分布于太平洋、大西洋和印度洋水深 4 000～5 500 米的海底，富含铜、镍、钴、锰等金属元素，其资源总量远远高出陆地的相应储量。而富钴结壳富含钴、镍、锰、铂、稀土等金属，主要分布在水深为 800～3 500 米的海山上部斜坡上，其厚度一般数厘米（较厚的结壳，其厚度可超过 12 厘米）。富钴结壳中的钴含量高达 2%～3%，是多金属结核中钴平均含量的 8 倍以上，较陆地原生钴矿高出几十倍，仅就海底富钴结壳的钴含量而言，陆地上尚未发现产出规模和钴富集程度相当的矿床。

（二）海洋油气资源

略（见第三领域"海洋能源工程发展战略"研究内容）。

（三）天然气水合物

略（见第三领域"海洋能源工程发展战略"研究内容）。

无论是大洋固体矿产资源的探查和开发还是深海油气资源开发，都离不开深海作业装备的支持，因此必须大力发展海洋探测与装备，为勘查、开采海洋矿产资源提供装备保障。

二、国家重大科学工程对无人潜水器的需求 ▶

无人潜水器（UUV，Unmanned Underwater Vehicle）是一种能在水中浮游或在海底行走、具有观察能力和使用机械手或其他工具进行水下作业的装置。从机器人学的角度看，无人潜水器属于特种机器人范畴，亦称为水下机器人；在海洋工程界，无人潜水器作为一种水下作业的平台，也称为水下航行器。本章统一使用无人潜水器这一名称。

无人潜水器通常分为两类：遥控潜水器（ROV，Remotely Operated Vehicle）和自治潜水器（AUV，Autonomous Underwater Vehicle）。前者需要人在载体外部（岸基或母船上）通过脐带电缆遥控操作，后者则由载体内的计算机控制系统代替人进行完全自主的作业。

无人潜水器是海洋探查和资源开发利用不可或缺的高科技海洋工程装备之一，也属于"开拓深海和大洋"的关键技术。无人潜水器技术水平在一定程度上标志着国家的海洋科技水平和国防能力，发展该项技术不仅对国家军事安全有极为重要的意义，还对海洋环境监测、海洋资源开发利用、极地科考等方面的国家重大科学工程有着不可估量的价值和战略意义。

（一）深远海海洋环境监测

世界海洋强国积极拓展深海发展战略空间，纷纷建立基于全球战略的海洋环境立体监测系统，为海洋军事活动、深远海资源开发和海上作业、交通等经济活动提供安全保障。在海洋环境立体监测系统中，除了各种水面、水中、海底的固定观测节点外，也需要无人潜水器等走航式智能观测平台，它们作为移动网络节点，或进行定点/走航观测，或进行数据传递。特别是面向深远海，无人潜水器的自主性和隐蔽性优势更为明显。

（二）国际深海战略性资源勘查开发

深海海底蕴藏着极为丰富的多金属结核、富钴结壳、海底热液硫化物等矿产资源和深海生物与基因资源。当前，各发达国家正加紧技术储备，竞相抢占这些国际海底战略性资源，为未来发展提供资源保障。无人潜水器是开展深海战略性资源勘查开发必不可少的一种搭载平台，AUV可以搭载各种物理、化学、生物传感器，对大洋海底进行多参数勘查技术，以确定资源的富有程度。ROV可以搭载取样器、作业工具、钻探设备进行深海取样或辅助资源的开发利用。中国大洋海底资源研究开发协会持续支持了海底多金属结核的开采设备研究，为将来深海矿产资源开采储备了必要的技术。"十二五"期间我国还将向国际海底管理局申请新矿区调查，还将组建新的科学考察船队，这将产生新的深海潜水器装备的需求。

（三）海底生物资源保护与利用

深海底生物物种丰富，许多物种处于独特的物理、化学和生态环境中，如热液喷口区的生物在高压、剧变的温度梯度和高浓度的有毒物质包围下，形成了极为独特的生物结构、代谢机制，体内产生了特殊的生物活性物质，例如嗜碱、耐压、嗜热、嗜冷、抗毒的各种极端酶。这些特殊的生物活性物质功能各异，是深海底生物资源中最具应用价值的部分。深海底生物资源在工业、医药、环保等领域都将有广泛的应用。目前国际上深海生物基因资源的应用已经带来数十亿美元的产业价值。从生物多样性与生态系统的角度看，深海底存在着多样化的种群与基因，而热液喷口区及部分海山区是高度敏感的稀有与脆弱的生态系统，具有独特的科学研究价值，也需要人类社会予以特别的重视与保护。无人潜水器也是保护与利用海底生物资源的重要观测和取样手段。

（四）极地科学考察

AUV 和 ROV 为获得极地冰层下的海洋环境和参数提供了可能的手段。无人潜水器可以搭载温盐仪、仰视声呐、光通量测量仪和水下摄像机等测量设备，记录冰下的视频图像，获得冰底形态，冰下生物、微生物的形态及生存状况；测量浮冰厚度、冰下温度、盐度、深度及有关光学参数。

第二章　我国深海作业装备工程发展现状

一、我国深海固体矿产资源开采装备技术发展现状　▶

　　我国的深海固体矿产资源开采技术研究始于 20 世纪 90 年代初。
"八五"期间，长沙矿冶研究院、长沙矿山研究院对深海多金属结核的集矿
与扬矿机理、工艺和装备技术原型等进行了研究。"九五"期间，完成了海
底集矿机（图 2-3-1）、扬矿泵及测控系统的设计与研制，并于 2001 年在
云南抚仙湖进行了部分水下系统的 135 米水深湖试（图 2-3-2）。"十五"
期间，我国深海采矿技术研究以 1 000 米海试为目标，完成了"1 000 米海
试采矿系统总体设计"和集矿、扬矿、水声、测检等水下部分的详细设计、
研制了两级高比转速深潜模型泵（图 2-3-3）、采用虚拟样机技术对 1 000
米海试系统动力学特性进行了较为系统的分析。

图 2-3-1　我国深海集矿中试样机（1∶10 规模）

图 2 – 3 – 2　我国深海采矿部分系统 135 米湖试（2001 年）

图 2 – 3 – 3　深海扬矿泵样机（1:4 规模）

　　同期，结合国际海底区域活动发展趋势，开展了富钴结壳采掘技术和行驶技术研究，研制了富钴结壳采集模型机，进行了截齿螺旋滚筒切削破碎、振动掘削破碎、机械水力复合式破碎 3 种采集方法实验研究和履带式、轮式、步行式、ROV 式 4 种行走方式实验研究。"十一五"期间完成了提升管高度为 224 米、内径为 200 毫米的水力管道提升试验（图 2-3-4），扬矿系统虚拟实验研究等工作。

图 2-3-4　模拟结核矿井提升试验（2009 年）

海底热液硫化物开采技术的研究，2011 年 11 月中国与国际海底管理局签订了《国际海底多金属硫化物矿区勘探合同》，但对多金属硫化物的研究还主要处于调查、取样阶段，其开采技术的研究还没有大规模启动。同期，对天然气水合物勘探开发关键技术进行了立项研究，分别从天然气水合物的海底热流原位探测技术、天然气水合物模拟开采技术研究、天然气水合物流体地球化学现场快速探测技术、天然气水合物成藏条件实验模拟技术 、天然气水合物矿体的三维地震与海底高频地震联合探测技术、天然气水合物钻探取心关键技术和天然气水合物的海底电磁探测技术等 7 个方面进行了重点研究，为我国天然气水合物试开采提供了技术储备。

总体上来说，我国深海固体资源开采技术的目前状况及发展水平和地位可以总结为以下 3 个方面。

（1）有基础。大洋多金属结核采矿中试系统海试水下部分已完成详细设计，研制了中试集矿机和提升泵，进行了湖试，开展了钴结壳和热液硫化物采集方法及技术原型的研究。

（2）有特色。我国大洋多金属结核采矿系统的研究始终坚持以自主设计研制为主、部分设备引进为辅的方针，在技术原型等方面拥有一批自主知识产权。

（3）有差距。国外在20世纪70年代末，便完成了5 000米水深的深海采矿试验，我国2001年才进行了135米深的湖试，2009年才进行了230米水深的矿井提升试验。我国对深海固体矿产开采的关键技术研究不够深入，设计和研发能力有待加强。我国深海技术整体基础较薄弱，许多基础元件依靠进口。

二、我国无人潜水器技术发展现状

20世纪70年代末，"中国机器人之父"蒋新松院士提出发展"水下机器人"的设想。1983年，"智能机器在海洋中的应用研究"正式被列为中国科学院的重点课题，中国科学院沈阳自动化研究所与上海交通大学合作研制出我国第一台ROV——"海人一号"，其可以称为我国最早的潜水器样机。随后"水下机器人"持续被列入"八五"、"九五"和"十五"国家发展规划，成为国家863计划自动化领域智能机器人主题重点支持的项目。

在AUV方面，我国第一台AUV"探索者"号由中国科学院沈阳自动化研究所于1994年研制成功，潜深1 000米（图2－3－5）。目前我国拥有两台6000米AUV：CR-01（图2－3－6）和CR-02，分别建造于1995年和2001年，它们可到达世界上除海沟之外的全部海底区域，占海洋面积的98%，为中国进军国际海洋区域、开发大洋资源提供了强有力的技术手段和工具。2003年我国第一台长航程AUV诞生，其全部采用国内先进技术，续航能力达数百千米，表明我国自治潜水器技术自主创新能力达到了新的水平。"十二五"期间，面向深海热液资源勘查正在研制4 500米AUV。

在ROV方面，1984年我国第一台ROV"海人一号"诞生（图2－3－7）。1987年，中国科学院沈阳自动化研究所与美国Perry公司合作生产出我国第一台中型ROV产品"RECON-IV-SIA300"。2008年上海交通大学研制的"海龙"号ROV在南海完成3 278米深海试验（图2－3－8）。此外，上海交通大学还研制出用于支持海底观测网节点布放的遥控潜水器。目前，

图 2 - 3 - 5　我国第一台自治潜水器"探索者"号 AUV（1994 年）

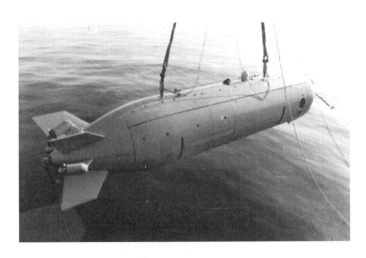

图 2 - 3 - 6　我国第一台 6000 米 AUV CR-01（1995 年）

我国在 ROV 技术水平、设计能力、总体集成和应用等方面与国际水平相齐；但是国外 20 世纪 80 年代已逐渐形成面向海上石油工业的 ROV 产业，而我国至今尚无专业生产 ROV 产品的单位。

2013 年 3 月 13 日，天津深之蓝海洋设备科技有限公司在天津市滨海新区开发区睦宁路 45 号正式挂牌成立。这是国内首家以无人潜水器为主要开发产品的高技术公司，目前有两款小型 ROV 产品"河豚Ⅰ"和"江豚Ⅰ"（图 2 - 3 - 9）。

在混合型潜水器方面，中国科学院沈阳自动化研究所于 2003 年在国内率先提出了 ARV（Autonomous & Remotely operated underwater Vehicle）概

图 2 – 3 – 7　我国第一台遥控潜水器 HR01（1984 年）

图 2 – 3 – 8　3 500 米深海观测和取样型 ROV "海龙"号（2008 年）

图 2 - 3 - 9 "河豚 I"和"江豚 I"产品

念。ARV 是一种集 AUV 和 ROV 功能于一身的新型潜水器,它具有准流线型、自带能源、可通过携带的光纤微缆进行实时通信,具有自治和遥控两种工作模式。并于 2005 年和 2006 年研制出 ARV-A 和 ARV-R 两型 ARV 系统,2008 年研制出"北极 ARV"(图 2 - 3 - 10),并分别应用于第三次和第四次北极科考,获取了大量有价值的试验科考数据,不仅极大地提高了我国北极科考的观测能力与水平,也提升了我国潜水器技术水平和国际影响力。

图 2 - 3 - 10 "北极 ARV"(2008 年)

此外,我国在水下滑翔机方面也有一些创新性研究成果。水下滑翔机被公认为是最有前景的新型海洋环境测量平台,不仅能有效弥补现有海洋环境监测手段的缺陷,而且能作为海洋环境立体监测网络的移动网络节点,在海洋环境立体监测网中发挥重要作用。近几年,水下滑翔机成为海洋工程领域研究热点之一,一些高校和研究所都致力于开发水下滑翔机系统。

2007 年中国科学院沈阳自动化研究所研制出 3 台水下滑翔机海试样机，并于 2011 年 7 月在西太平洋海域成功完成了海上试用，最大下潜深度 837 米（图 2 – 3 – 11）。

图 2 – 3 – 11　水下滑翔机海试样机
（中国科学院沈阳自动化研究所，2007 年）

　　总体而言，我国在潜水器领域取得了重要研究进展，在某些关键技术方面达到了国际先进水平。但从总体上与国际发达国家相比还有较大差距，没有形成规模产业，自主知识产权的成果相对较少，对其基本科学问题和技术研究不足，跟踪研究多，自主创新少。

三、我国深海通用技术发展现状

　　深海通用技术是支撑海洋探测与装备工程发展的基础支撑和相关配套技术，涉及深海浮力材料、水密接插件、水密电缆、深海潜水器作业工具与通用部件、深海温度传感器、深海液压动力源和深海电机等诸多方面。深海通用技术作为深海高技术领域的主要支撑技术，是在"十二五"863 计划主题项目"深海通用技术与产品研制"中首次明确作为专项技术提出的。在此之前，并无"通用技术"一说。但是从"九五"开始，我国一些从事海洋探测与装备研究的单位为满足自身科研及装备生产的需求开展了深海通用技术的研究和产品研制工作，形成了一些试验样机和原理样机。

在深海浮力材料方面，2006 年度国家高技术研究发展计划（863 计划）立专题进行大深度浮力材料的研究，研究目标是开展大深度、低密度、可加工或复合结构的浮力材料研究开发，形成大深度、实用化浮力材料的系列产品。主要技术指标：工作深度 2 060 米，弹性模量 1 513 兆帕，抗压强度 19 兆帕，破坏深度 3 089 米，吸水率在试验深度 24 小时内小于 3%；工作深度 3 570 米，弹性模量 1 750 兆帕，抗压强度 33 兆帕，破坏深度 4 270 米，吸水率在试验深度 24 小时内小于 3%；工作深度 7 000 米，弹性模量 3 656 兆帕，抗压强度 6 618 兆帕。

同期，国内相关科研院所及高校就深海探测用高强轻质浮力材料（高强度低密度 SBM）进行了一系列的研究、开发工作，取得了可喜的效果。国家海洋技术中心自 2000 年开始进行高强度轻质浮力材料的研究，目前已经在配方、工艺、成型技术等核心关键技术方面取得了突破，研究开发的高强度轻质浮力材料已在航天、海洋、国防等诸多领域中得到了广泛的应用。国家海洋技术中心高强度轻质浮力材料性能指标：密度 0.28 ~ 0.52 克/厘米^3，抗压强度 5.0 ~ 25 兆帕，可潜深度 500 ~ 4 000 米，吸水率小于 1%，使用温度 −45℃ ~ 80℃。

青岛海洋化工研究院自 2005 年研制成功可加工深海固体浮力材料以来，目前已形成系列化深海固体浮力材料产品（800 ~ 11 000 米），并获得了广泛的实际应用，如"海龙"号 3 500 米深海取样型无人遥控潜水器、4 000 米潜标主浮体、4 500 米深海作业系统等都采用了青岛海洋化工研究院制作的浮体，产品在海试及使用期间性能稳定可靠，获得了实海验证。"蛟龙"号 7 000 米载人潜水器海试过程中使用的固体浮力材料亦是由青岛海洋化工研究院自主研制生产。同时，产品在远程潜器、水下集矿机、潜（浮）标、救生装置、深拖装置、浮缆、海底探测装置等领域也得到了广泛应用。

在水密接插件、水密电缆方面，我国深海水密接插件研制起步较晚，目前的技术水平仅相当于西方水密接插件技术开发的初期阶段，差距较大。作为电源和信号传输的深海水密电缆及接插件是完成深海探测、资源勘察和评价不可缺少的配置。迄今，我国海上油气资源开发、深海工程、港湾工程及军事用途对深海水密电缆及接插件的潜在需求相当巨大，而目前我国使用的深海水密电缆及接插件主要靠进口，费用极其昂贵。

四川海洋特种技术研究所自 2003 年开始参与中国"7000 米载人潜水器"研制，承担水密接插件设计技术研究、水密接插件加工工艺技术研究关键课题。目前已完成了深海水密接插件高压密封技术、加工工艺技术，以及材料耐腐蚀抗老化技术、电性能稳定与电接触可靠性等多项技术攻关，并完全实现自主知识产权与产业化，实验室测试数据已达到海下 9 300 米运行"零差错"，成功应用于"蛟龙"号 7 000 米载人潜水器海试。

作为一种通用深海作业工具，水下机械手自 20 世纪 50 年代末伴随着潜水器一起问世以来，一直承担着代替人类进行深海复杂多变、艰难或危险的工作，是实现海洋开发中深海水下装备必不可少的一部分。

在水下机械手方面，中国科学院沈阳自动化研究所先后研制出轻型五功能液压开关机械手、六功能主从伺服液压机械手和五功能重型液压开关手，并装备在多台无人潜水器上使用。浙江大学研制出仿形手柄式水下机械手可适用于深海载人潜水器、遥控潜水器作业工具研究开发平台等。哈尔滨工程大学开发了具有工具自动换接功能的五自由度水下机械手用于 SI-WR-Ⅱ 型潜水器，可以完成夹持工件、剪切软缆等工作。近年来，华中科技大学在小型水下电动机械手的研究工作中也取得了一定的成果，所研制的 HUST-8FSA 型水下机械手可以应用于水下、化学等有害环境中，能完成取样、检查、装卸等比较复杂的作业任务。

在水下作业工具与通用部件方面，中国科学院沈阳自动化研究所现已具备水密接插件的生产能力，并开发出了多种水下作业工具与通用部件，包括多种水下切割和带缆挂钩作业工具已与研制的多款遥控潜水器配套使用。

在铠装缆方面，无人遥控深海机器人（ROV）具有非常好的机动性能以及对洋底微地形地貌进行探测、跟踪和爬坡能力，可进行多种深海资源调查。然而，作为深海 ROV、水下拖曳系统与母船的连接件之一的铠装缆技术却一直被国外厂家垄断。长期以来，我国无论是新上 ROV、拖体的配套缆，还是其运行和维护用缆，基本依赖进口。国内研制单位少，配套技术水平低，对铠装缆的设计、分析、制造、检测、海试等关键技术研究尚属空白，在一定程度上制约了我国海洋技术的发展。

目前，水深 500 米 ROV 用中性缆、水深 500 米拖体用金属铠装缆和水深 4 500 米深海 ROV 用金属铠装缆技术在国外已经较为成熟，国内适用水深超过 500 米的 ROV、拖体等设备用缆全部依赖进口。与国际先进水平相比，我国在中性缆和金属铠装缆的研究、设计、制造、检测领域还存在较大的差距。国内虽然有个别企业可以提供 ROV、拖体用中性缆，但适用水深一般不超过 350 米，尚未突破水深 500 米 ROV 用中性缆、水深 500 米拖体用金属铠装缆和水深 4 500 米深海 ROV 用金属铠装缆的关键技术和制造工艺，制造、检测、海试领域均为空白。2011 年 9 月由中天科技牵头承担的科技部"十二五"国家高技术研究发展计划（863 计划）无人遥控深海机器人（ROV）、拖体等设备用铠装缆研究项目在上海正式启动，将从铠装缆的结构和工艺设计、材料选择和制造工艺研究、制造装备和测试试验平台建设、性能测试技术和标准、海上试验等方面进行系统研究，标志着长期以来在该领域的国际垄断有望被打破。

在深海液压动力源方面，从国外已有探测装备和产品可以看出，液压传动，特别是油压源驱动技术，是此类设备系统中的重要组成部分，作为深海液压系统的心脏而得到广泛应用。和国外先进水平相比，国内在深海液压源研究方面起步较晚，总体发展水平相对较低。不过，近些年来，随着深海探测和开发的国家重大科技项目的实施和开展，国内海洋技术和装备水平得到了迅猛发展，相关科研院所积极开展深海液压技术和产品的研究工作。

哈尔滨工程大学、中国船舶重工集团公司第 702 研究所、西南交通大学、华中科技大学、浙江大学、上海交通大学、上海海事大学等研制了与各自项目配套的液压动力源，均采用压力补偿方式。

2006 年开始，在国家 863 计划资助下，西南交通大学、四川海洋特种技术研究所共同研究开发了深海 3 000 米节能型集成液压动力源。该动力源在结构上高度集成，解决了已有动力源外形尺寸大的问题，且控制便捷稳定，结构紧凑简单。液压源变量泵采用流量、压力双电液比例闭环控制，可实现按需供能，可有效地实现节能。

此外，宜宾普什驱动有限责任公司也开展了高端液压元件和系统的研制工作，2012 年 9 月宜宾普什驱动有限责任公司获国家 863 计划的支持，目标是通过高压高效高功率密度系列化深水电机、深海集成油压动力源的控制等完成深海 4 500 米级 5 种规格深海集成油压动力源的工程样机生产，主要突破的关键技术为深海环境高可靠的深海油压动力源主泵的研发。

目前海洋领域使用的温度传感器敏感元件主要为热敏电阻，中国科学院新疆理化技术研究所是国内一家专业从事热敏电阻器研究与开发的单位，并研制出海洋环境监测温度传感器专用的热敏电阻。我国在深海电机方面也已有较大发展，其中哈尔滨工业大学、林泉电机厂和中国海洋大学"十一五"期间在863计划的支持下，联合研制出4 000米深海电机、7 000米载人潜器高压海水泵驱动电机，技术水平达到了国际先进水平，并且开发出多种规格水下永磁电机用于深海装备。

从总体上看，过去对于深海通用技术的研究更多的是源于某一单位自身的需求，即属于单件样机试制，还没有形成标准化和系列化的深海通用技术产品。目前，国内只有少数几家专门从事深海通用技术产品研制的生产单位，现有深海探测装备所需的通用部件或设备很多依靠外购。我国深海通用技术研究起步较晚，整体水平相对落后，特别是在产品化、产业化方面与国外有较大差距。

第三章　世界深海作业装备工程发展现状与趋势

一、世界深海作业装备工程发展现状

（一）世界深海固体矿产资源开采装备发展现状

1.20 世纪 70 年代以来国外多金属结核采矿系统海试情况

国际上大规模的深海固体矿产资源开采技术研究始于 20 世纪 50 年代末对多金属结核开采技术的研究，出现过多种技术原型和样机。

1972 年，日本对连续绳斗法进行采矿试验。1979 年，法国对穿梭艇式采矿系统进行研究开发。这两种方法都由于技术方面的原因而终止了研究。

目前比较成功的是由一些以美国公司为主的跨国财团提出的气力（水气）管道提升式系统，由海底采矿机，长输送管道和水面支撑系统构成。比较典型的系统包括以下几种。

OMA（Ocean Mining Associates，美、比、意）：1970 年，OMA 在 1 000 米水深的大西洋 BLAKE 进行第一次结核采矿原型试验，采用的船舶为 6 750 吨的货轮 "Deepsea miner" 号，拖曳式水力式集矿机，气力提升。1978 年，OMA 在太平洋克拉里昂—克里帕顿地区用同样的系统进行了 5 500 米水深的中试。

OMCO（ocean mineral Co. 美国）：1978 年，OMCO 在加利福尼亚岸外水深 1 800 米处数次试验。1979 年进行了 5 500 米水深采矿试验，采用的系统为 Glomar Explorer 打捞船和阿基米德螺旋驱动自行式集矿机。

OMI（Ocean management Inc. 美、日、加、德）：1978 OMI 在太平洋克拉里昂—克里帕顿地区进行 5200 米水深采矿试验（图 2 - 3 - 12），系统构成为 "SEDCO 445" 动力系统钻探船、采用水力 - 机械采集头的拖曳式集矿机，用气力与水力管道提升。此次海试进行了 4 个航段，从海底采集了

800 吨多金属结核，产量达 40 吨/时，被认为验证了深海多金属结核采集的技术可行性。

图 2-3-12　美国 OMI 5200 米海试（1978 年）

可以认为，美国等西方发达国家已基本完成了深海多金属结核采矿的技术原型及中试研究，一旦时机成熟，便能组织工业性试验并投入商业开采。

近年来随着技术的不断进步和金属价格的上涨，深海金属矿物资源的开采成为矿物工业的一个发展前缘，逐渐受到商业重视。2012 年 6 月总部位于温哥华的海洋资源开采公司 DeepGreen Resources 和全球最大商品交易公司 Glencore International 达成协议。DeepGreen 计划从夏威夷和墨西哥湾之间 4 800 多米深的海底开采多金属结核，根据合同，Glencore 公司将负责购买 DeepGreen 公司该海底开采项目 50% 的铜、镍矿物产品。DeepGreen 公司预计在 2020 年之前实现商业生产。

此外，温哥华海洋钻石勘探及开采公司 Diamond Fields International 计划采用采矿船或开采平台，配置约 1 英里（1 600 米）长的软管从红海海底抽吸含有铜、锌、金、银等金属矿物的海泥。公司计划在 2014 年之前出产第一批深海矿物。

2. 近年来印度、日本、韩国和德国的深海采矿系统研究及计划

进入 20 世纪 90 年代后，国际海底区域活动开始在有关国际法律制度下进行。对各先驱投资者而言，发展深海采矿技术既是自身的需求又是应承

担的义务。

印度拥有一个预算庞大的深海资源开发研究计划，在采矿技术研究方面，采取与德国 Siegen 大学合作的方式进行，特点为全软管输送。已开发研制了一种海底采矿车，并于 2000 年进行了 410 米水深的海滩试验。2006 年在印度洋进行 500 米水深的扬矿试验（图 2 - 3 - 13），使用内径 100 毫米的软管，完成 500 米水深的扬矿试验成功后，将安排矿区的完整系统采矿试验。

图 2 - 3 - 13　印度 500 米海试（2006 年）

日本在 20 世纪 60—70 年代便致力于深海采矿技术研究，除一些企业参与了 70 年代 OMI 的海试外，其政府一直将多金属结核采矿系统研究与开发列为国家计划，投巨资予以支持。日本的东北大学、公害资源研究所在 30 米高、管径 157.2 毫米的扬矿试验系统中进行了模拟结核的水力提升试验，在此基础上，在 200 米深的竖井中进行了提升泵的试验，研制加工了两台 8 级离心式深潜电泵。1997 年。日本在北太平洋进行了 2000 米水深的海试（图 2 - 3 - 14）。系统中采用的是拖曳式集矿机。随后由于中国政府对稀土资源实施限制出口，日本政府决定支持《海洋能源与矿物资源开发计划》，计划显示，日本将从 2009 年度开始对其周边海域的石油天然气等能源资源以及稀土等矿物资源进行调查，主要调查其分布情况和储量，并在 10 年以内完成调查的基础上进行正式的开采。

韩国的研究由其国家"深海采矿技术开发与深海环境保护"项目支持，

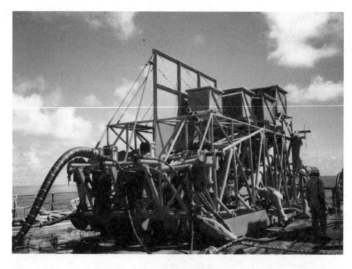

图 2 – 3 – 14　　日本 2000 米海试（1997 年）

多金属结核采矿系统采用 OMA 系统为原型的管道输送系统。2000 年，韩国地球科学与矿产资源研究院（KIGAM）建成了 30 米高的扬矿试验系统，并进行了水力和气力提升试验；韩国船舶与海洋工程研究所（KRISO）20 世纪 90 年代末开始履带式采矿车基础理论和关键技术研究，并于 2003 年建立了采矿车水池实验系统，目前已进入水池实验与中试采矿系统设计的阶段，2009 年 6 月在韩国东海 Hupo 海港附近进行了 100 米浅海试验，海试主要由韩国海洋研究院（KORDI）承担。此次海试的主要目的是为了检验集矿机各部件的功能，并验证连续采矿系统的作业性能。2013 年 7 月 19 日，韩国海洋科学技术院（KIOST）在韩国浦项东南 130 千米海域成功开展了"MineRo"号采矿机器人（25 吨）海底 1 380 米锰结核采矿实验（图 2 – 3 – 15）。基于试验结果，韩国计划在 2015 年完成 2 000 米深海底采集多金属结核的商业开采技术。

德国虽然直到 2005 年才向国际海底管理局申请矿区，但几十年来从未停止过深海采矿技术的研究。德国的 H. E. Engelman 利用管径 200 毫米、高 30 米的水力提升试验系统用 4 种不同粒径的模拟结核进行了扬矿试验，提出了扬矿管道稳定流的水力计算方法，并对粗颗粒在上升管流中的运动和受力状态进行了研究，在此研究成果的基础上，德国 KSB 泵业公司于 20 世纪 70 年代为 OMI 的海试研制了两台六级混流式深潜电泵。其后，德国一些大学和研究所一直在政府资助下开展深海多金属结核开采采集、行走和输

图 2 – 3 – 15 韩国采矿机器人海底 1 380 米锰结核采矿实验（2013 年）

运技术，提出了全软管输送方案并通过与印度的合作而进行了海试。

3. 国外深海富钴结壳和多金属硫化物开采技术研究情况

20 世纪后期，"国际海底区域"活动从多金属结核单一资源向富钴结壳、热液硫化物等多种资源扩展。面向富钴结壳和多金属硫化物的深海采矿技术成为一些国家的研究热点。

至目前为此，有关富钴结壳和多金属硫化物的开采技术研究基本上是在多金属结核采矿系统研究基础上进行拓展，主要集中在针对富钴结壳和多金属硫化物赋存状态的采集技术和行走技术方面。

美国夏威夷地球物理研究所、科罗拉多矿业学院等一大批院校、研究院所和公司在政府的组织下参与了钴结壳资源的勘查、开采系统和冶炼方案研究。科罗拉多矿业学院的 John E. Halkyard 1985 年就在"海洋工程及其环境"国际会议上提出了由履带式集矿机、水力管道运输系统和水面采矿船构成的富钴结壳采矿系统技术方案。日本于 1990 年采用耙削、盘刀切削、滚筒式切削等多种方式对富钴结壳样品进行了破碎对比试验，证明上述方法对富钴结壳破碎均是有效的。1993 年，日本 Masuda 等采用连续索斗法进行了富钴结壳海上开采试验，试验获得成功，每斗可采矿石约 100 千克，表明连续索斗法可用于小规模富钴结壳开采。俄罗斯在充分调查和勘探了富钴结壳资源后，于 1998 年率先向国际海底管理局提出"富钴结壳探矿章程"方案,并提出了电耙式钴结壳采掘车方案。最近,日本提出了一种自行式集矿机、机械输送矿石至中间仓和水力提升系统的钴结壳采矿系统。日本 Yamazaki 和美国 Chung 提出了自行式集矿机和连续索斗法组合的钴结壳采矿系统。日本、南非等国于 20 世纪 90 年代申请了数项深海钴结壳采集机的专利,这些专利中的技术方案基本上都是采用滚筒截齿式切割采集和履带式行走。

多金属硫化物由于所含金属品位高,赋存水深较浅,距离陆地较近,被认为具有较好的商业开采价值和优势,受到矿业公司的高度重视。近年来,澳大利亚的鹦鹉螺矿业和海王星矿业两家公司在多个西南太平洋国家专属经济区内申请了 100 多万平方千米的勘探区,开展了大量针对海底多金属硫化物的勘探。

鹦鹉螺矿业宣布已与 SMD 、Technip 等世界著名海洋工程公司签订了开发制造合同,曾计划于 2010 年进行商业开采。鹦鹉螺矿业提出的采矿系统设计方案见图 2 – 3 – 16。

图 2 – 3 – 16　鹦鹉螺采矿系统设计方案

整个系统由 3 部分组成：海底开采设备、提升系统、水面支持船。海底开采分别使用辅助采矿机、主体采矿机以及收集机来完成（图 2 - 3 - 17 至图 2 - 3 - 19），各个设备配置不同，所执行任务不同。提升系统关键组件包括提升泵、扬矿管以及安装在水面支持船上的井架（图 2 - 3 - 20）。

图 2 - 3 - 17　主采矿机

图 2 - 3 - 18　辅助采矿机

2006 年，鹦鹉螺矿业公司进行了一次海底多金属硫化物的原位切削采集试验。试验通过在一个 ROV 上加装旋轮式切削刀盘、泵、旋流器和储料仓等在海底进行了原位海底多金属硫化物切削及采集试验，试验结果表明

图 2 - 3 - 19　收集机

a. 水下提升泵　　　b. 安装在水面支撑船上的井架　　c. 扬矿管

图 2 - 3 - 20　提升系统关键组件

海底多金属硫化物能被切成合适的粒度并被泵送到储料仓中，并从海底采集了大约 15 吨矿石，证明了用这种开采方案和设备进行海底多金属硫化物采矿作业的技术可行性，而且为该矿区的资源评价提供了大量的矿石样品。

2008 年，由于世界金融危机影响，鹦鹉螺矿业公司宣布推迟了其采矿计划，但 2011 年 1 月，巴布亚新几内亚政府将世界上第一个深海采矿租约发给鹦鹉螺矿业公司，由该公司开发俾斯麦海内的 Solwara 1 号项目。该租约覆盖面积为位于拉包尔港以北约 50 千米的 Solwara 1 号周围 59 平方千米。Solwara 1 号矿床资源探明储量为 220 万吨矿石，其中包括 87 万吨含量为 6.8% 的铜矿石和含量为 4.8 克/吨的黄金矿石。鹦鹉螺矿业公司打算开采在海底约 1 600 米深处的高品位铜矿和金矿，计划年生产量超过 130 万吨矿石，分别含有约 80 000 吨铜和 150 000～200 000 盎司黄金。

2008 年，海王星矿业针对目前深海岩芯取样达不到大洋洲联合矿石储量委员会资源评价取样要求的问题，提出了一个命名为"三叉戟计划"的方案，该方案计划在勘探矿区进行一个 25% 商业开采能力的试开采，测试和验证矿物开采和提升方案，并为资源评价提供大规模的矿样。

（二）世界无人潜水器装备发展现状

加拿大 R. McFarlane 教授将潜水器的发展历史分为 4 个阶段：前 3 个阶段称为 3 次革命，第一次革命在 20 世纪 60 年代，以载人潜水器为标志。第二次革命为 70 年代，以遥控潜水器迅速发展为特征。第三次革命大体为 80 年代，以自治潜水器的发展和无人水面艇（USV, Unmanned Surface Vehicle）的出现为标志。而现在则是混合型海洋机器人的时代，这是因为任何一类潜水器都有其局限性，为了应对越来越高的复杂使命要求，使用多种类型的潜水器组合成新系统，是当前发展的主要趋势。

经过半个多世纪的发展，潜水器技术已日趋成熟。在发达国家，ROV 已发展成为一个成熟产业，有上百家专业从事 ROV 生产和服务的厂商，他们主要面向海上石油产业和越来越多的海底勘查应用提供各种大中小型 ROV 产品。近几年，一些国外 ROV 公司瞄准中国市场，在中国设立办事处或寻找代理商，向中国市场提供部分中小型 ROV 产品和售后服务。和 ROV 相比，AUV 还没有发展到产业化的阶段。但是，已有很多成熟的 AUV 系统在各个领域应用，而且国际上也有专业从事 AUV 研发、生产的厂家，如生产 REMUS、HUGIN AUV 的 Kongsberg 公司、生产 Bluefin 系列 AUV 产品的 Bluefin 公司等。

尽管潜水器逐步向产品化、产业化发展，但是面向深海，目前世界上只有少数国家具备研制 6 000 米及以深级别潜水器的能力。下面简要介绍一些国外知名的深海潜水器系统。

日本海洋科技中心（JAMSTEC, Japan Agency for Marine-Earth Science and Technology）在研制深海潜水器并用其进行深海科学研究方面闻名世界。1986 年，日本海洋科技中心开始研制"海沟"号（KAIKO）ROV 的计划——这是当时世界上唯一具有 11 000 米潜深能力的 ROV。1992 年"海沟"号研制成功，它长 3 米，重 5.4 吨，耗资 5 000 万美元。1995 年 3 月 24 日，

"海沟"号下潜到马里亚纳海沟 10 911.4 米的深度，创造了 ROV 深潜的纪录。2003 年"海沟"号不幸丢失，JAMSTEC 为了在短时间内满足国内深海科学研究的需要，将原有 7 000 米级 ROV UROV7K 改造成新的深海探测 ROV 系统——KAIKO 7000 Ⅱ（图 2 - 3 - 21）。

图 2 - 3 - 21　KAIKO 系统发展过程

2005 年，JAMSTEC 重新研制了一个全海深的 ROV，最初命名为 ASSS11k（Advanced Sampling System to 11 000 meter），后更名为 ABISMO（Automatic Bottom Inspection and Sampling Mobile）（图 2 - 3 - 22），主要用于获取马里亚纳海沟 Challenger Deep 区域的大量泥浆样品，因为在那里发现了大量的细菌。

由日本东京大学研制、Mitsui Engineering & Shipbuilding 公司生产的 r2D4 AUV（图 2 - 3 - 23），是世界上利用率较高的深海 AUV 之一。r 表示用于洋中脊探测的中脊系统，2 表示第 2 代产品；D4 表示最大工作水深 4 000 米。r2D4 能够拍摄高分辨率声呐图像和执行水下三维科学考察任务，2003 年完成海上试验，随后的 10 多年间东京大学和 JEMSTEC 利用 r2D4 对中印度洋和太平洋深海热液区域进行了多次考察。

美国深海潜水器代表之一是伍兹霍尔海洋研究所（WHOI）研制的"海神"号 HROV（Nereus Hybrid ROV），它自带能源，有两种工作模式（图 2 - 3 - 24）：无缆自主的 AUV 模式和由母船通过光纤遥控的 ROV 模式。"海神"号 HROV 于 2009 年 5 月 30 日下潜到马里亚纳海沟 10 903 米的深处。

ABE AUV 是一台商业化应用的深海潜水器，由伍兹霍尔海洋研究所

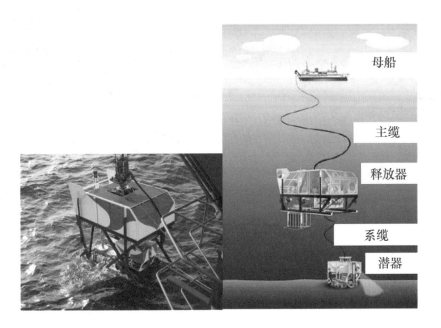

图 2 – 3 – 22　ABISMO ROV 系统及其工作示意图

图 2 – 3 – 23　日本 r2D4 AUV

1993 年研制（图 2 – 3 – 25）。ABE 采用 3 个浮体呈三角形布置的载体外形，具有较好的运动稳定性和垂直升降的能力，更加适应洋中脊复杂的地形环境。ABE 提供了搭载多种传感器的自适应平台，可搭载多波束声呐、成像侧扫声呐、磁力计、CTD、照相机、Eh 传感器、铁猛传感器等。ABE 先后

图 2-3-24 "海神"号 HROV（左图为 ROV 模式，右图为 AUV 模式）

在 Juan de Fuca Righe（北纬 46°18′，西经 129°43′）、East Pacific Rise（17°—19°S）、Explorer Ridge 等地进行热液考察，并作为商业产品以每天 3 000 美元的价格对外租用。2007 年 2 月在印度洋，我国在"大洋一号"考察船上利用 ABE 首次独立发现了热液喷口。

图 2-3-25 美国 ABE AUV

加拿大 ISE 公司具备研制 6 000 米 ROV 和 AUV 的能力。Explorer 系列 AUV 是模块化的，有多种配置和深度等级，最深可达 6 000 米。ISE 已为 Natural Resources Canada 提供了两台 Arctic Explorer AUV（图 2-3-26），用于绘制北极冰下的海底地形，2010 年 4 月其中一台 AUV 完成了超过 1 000 千米的冰下探测。Arctic Explorer AUV 配备变浮力调节系统，能够使其泊在海底或悬停在冰下。

图 2 - 3 - 26　Arctic Explorer AUV

(三) 世界深海通用技术发展现状

在深海浮力材料方面，美、日、俄等国家从 20 世纪 60 年代末开始研制高强度固体浮力材料，以用于深海海底的开发事业。美国洛克希德导弹空间公司研制了两种用途的固体浮力材料，一种用于浅海的 OPS (offshore petro leum system) 级固体浮力材料，密度 0.35 克/厘米^3，抗压强度 5.6 兆帕，可潜水深 540 米；另一种是深潜用 SPD (submersible deep quest) 级固体浮力材料，密度为 0.45 ~ 0.48 克/厘米^3，抗压强度 25 兆帕，可潜水深 2 430 米。美国 Flotec 公司生产的浮力材料，由高强度环氧基材料作基材，根据不同的使用水深，填充不同的浮力调节介质，选用适当的合成方法加工而成。为提高抗冲击性和耐侵蚀，其外表面浇注聚乙烯或 ABS 外壳，外壳厚度为 13 ~ 15 毫米。日本海洋技术中心对固体浮力材料的研制开发大体上分 3 个时期，第一时期是 1970 年水深 300 米的潜水作业；第二时期是 80 年代初研制载人深潜器 "深海 6500"；第三时期是 1987 年开始研制 10 000 米 深的无人潜水器。俄罗斯目前也研制出用于 6 000 米水深固体浮力材料，密度为 0.7 克/厘米^3、耐压 70 兆帕。

目前美国、日本和俄罗斯等国家已经解决了水下 6 000 米用低密度浮力材料的技术难题，并已形成系列标准。客户可以选用标准部件，也可根据需要提出要求，由公司的专业人员根据使用条件，设计满足耐压要求的各种复杂形状的结构件。下面是美国 Flotec 公司的浮力材料产品 (图 2 - 3 - 27)。

在水密接插件、水密电缆方面，水密接插件最早是由美国 Marsh & Marine 公司在 20 世纪 50 年代初推出的，其结构为橡胶模压；60 年代后期，为

图 2 - 3 - 27 美国 Flotec 公司的浮力材料产品

配合著名的"深海开发技术计划（DOTP）"，美国研制成功了 1 800 米的大功率水下电力及信号接插件；80 年代后，随着水下设备的大量应用，对动力、控制信号传输的要求更高，水密接插件技术又一次飞速提高。目前，西方各国研制、生产、销售水密接插件的著名厂商有 30 多家，产品系列 100 多种。

在水下机械手方面，国外水下作业型机械手的研究，美国、法国、日本和俄罗斯的水平比较高，所研制的水下机械手大部分用于 ROV、载人深潜器及深海作业型水下工作站上。

1992 年，日本海洋科技中心耗资 5 000 万美元研制出"海沟"号无人潜水器。"海沟"号长 3 米，重量 5.4 吨，"海沟号"上的水下作业机械手曾经创下探测深度之最，它到达了马里亚纳海沟底部，深度为 10 911.4 米，尽管后来装载了水下作业机械手的子机在太平洋水域的某次海试中意外和母机脱落至今下落不明，但不可否认的是国外在水下机械手操纵控制方面研究的深入性和先进性。

Alvin 载人潜水器是美国海洋科学界最重要的科学考察装备之一，它近年来下潜工作了近 4 100 次，为人类探索深海未知世界，立下了不可磨灭的功勋。所配置的两只机械手，在无数次的科考活动中发挥了不可或缺的作用。安装在美国"Alvin"号载人潜水器上的液压机械手，有 7 自由度，均采用高强度防腐钛合金材料，其主要技术指标为：最大举力为 1 千牛，最大伸距为 1.75 米，最大夹紧力矩为 40 牛·米，自身重量低于 160 千克。机械手臂上还装有一台摄像机和化学传感器。

商用 ROV 机械手产品中较为常见的有美国 Schilling 公司的 Orion、Conan、Titan3 以及 Rigmaster；加拿大 ISE 公司的 Magnum3-7F；美国 WS & M 公司的 The Arm 66 及 MK37 Arm；英国 Hydro-Lek 公司的 HLK-MA4、MB4、

EH4、EI-I5、HD5、HD6/6B/6R、CRA6 等；美国 Kratf 公司的 Grips、Predator Ⅱ 和 Raptor 等。

（1）Orion 7P 这是一种紧凑而灵巧的 7 功能位控型机械手，由于重量轻，非常适合在对运载体积有要求的无人潜水器上使用；功能丰富，宜用作 ROV 右手以完成绝大部分海底作业；操作简单，性能可靠，零部件通用性强，维护方便（图 2-3-28）。

（2）Magnum 7F：可以是主从式也可以是开关式，还可加上力反馈控制方法，这就使得用户能根据不同的应用要求来进行选择。该机械手可以完成的功能非常丰富，且强劲有力，接插件设计使其能抵抗非常强的冲击力，整个手臂的装载空间也很小（图 2-3-29）。

图 2-3-28　美国 Schilling　　　　　图 2-3-29　加拿大 ISE
公司的 Orion　　　　　　　　　　公司 Magnum 7F

（3）The Arm 66：它采用了力反馈方法，能提供非常良好的灵巧性、速度及负载能力，在美国海军 DSV-3 深潜器前 4 年的零服务纪录验证了其可靠性。全面的压力补偿方案使其轻松适应 1 800 米的深海作业；更大的深度也可通过对一些特殊环节进行除气及预负载补偿来实现。

（4）HLK-HD6：是强有力的 6 功能机械手，可以承受较重的工作负荷，适用于新兴的较小型及中型工作级 ROV。该机械手支持两种不同的装载方式，可用作 ROV 右手或左手，目前在 MAX Rover 和 Panther 等 ROV 上均有应用。

在深海液压动力源方面，日本三菱重工业公司于 1970 年就开始深海液压设备方面的研究和试验工作。研制的深潜器液压源主要由动力源（电动机和油泵)、液压阀、储油油箱、压力补偿装置、抽气器、油滤装置等组成。动力源及其液压元件内浸充满油液的储油油箱中,油箱为均压型耐海水腐蚀的薄板壳体,把海水和液压油隔离开来,海水压力作用于压力补偿器使油箱内外压力平衡。

美国佩里(PERRY)公司于 1961 年开始"PERRY CUBMARINE"深潜器的研制工作,目前已是全球深潜器最大生产厂家和深海动力装置的重要提供商。该公司先后开发出深海 3 000 米级不同功率的液压动力源(图 2 - 3 - 30)。作为深海油压源产品的典型代表,其组成结构为电机和恒压液压泵间省去联轴器部分,采用通轴连接。密闭圆柱形储油器将泵、溢流阀、自动液压柔性开启阀、温度传感器、系统压力变送器、储油器容积传感器、液压系统进水检测器等元件封装其中。外部压力补偿单元维持储油器内公称压力高于周围环境压力 0.03 兆帕,电机则独自封装并采用单独的压力补偿装置。目前 5 千瓦低功率液压源应用于 ROV 液压泵站系统及自驱式水下工具,如深海钻;55 千瓦以上液压源可满足较大型深海液压系统与装置的驱动要求,如 AUV、海底埋缆系统、大功率 ROV 工作站等。

5 千瓦液压动力源　　　　　55 千瓦 - 75 千瓦 - 95 千瓦液压动力源

图 2 - 3 - 30　佩里(PERRY)公司深海液压源

法国 Ifremer 海洋探测研究所也掌握了深海液压源的关键技术,于 1985 年研制出下潜深度为 6 000 米的深潜器及水下装备,可以到达世界 97% 的海底。俄罗斯 P. P. Shirshov 研究所在深海液压系统的研究方面也处于世界领先地位,于 1987 年研制出 6000 米级 MIR Ⅰ/Ⅱ 型深潜器,已多次完成大深度范围内的海洋考察、探索、打捞、水下作业和救生等任务。

总之,世界深海通用技术发展特点如下:①国际合作紧密度日趋加强。深海探测与太空探测一样,需要庞大的资金投入和技术合作,类似太空站的共建与信息共享,深海高技术领域的国际合作也日趋紧密。美、欧等发达国家在海洋技术领域发展十分迅速，紧密的国际合作关系是重要的因素之一。②依托于国家主导。当今海洋领域内的竞争，无一不是国与国之间的竞争，进军海洋都已被列为世界各国发展的长远战略，近年来海洋技术尤其是深海高技术的发展十分迅速，深海通用技术作为其支撑技术，也得到了空前的发展。③最新科研成果能够及时转化成产品。美、欧等国有很多专门从事深海通用产品和设备生产的公司，他们能够将最新的科研成果转化为实用产品。④开展多功能、实用化、高可靠的深海运载和作业平台，并实现装备之间的相互支持和联合作业，支持深海资源和环境调查及资源开发，已成为国际深海运载与作业技术的发展趋势。新型深海运载和作业平台将不断涌现，而且功能不断完善，性能不断提高，能力不断增强，并获得广泛应用。

二、面向 2030 年的世界深海作业装备工程发展趋势

（一）面向 2030 年的世界深海固体矿产资源开采技术发展趋势

在深海采矿技术研究方面，20 世纪 50 年代末国际上开始多金属结核开采技术的研究。日本、美国、法国等提出过多种采矿系统技术原型和样机，70 年代末至 80 年代初，以美国为首的几个财团先后在太平洋成功进行了数次水深达 5500 米、以管道提升式系统为原型的采矿试验，验证了深海多金属结核开采的可行性。

进入 21 世纪，"国际海底区域"活动从面向多金属结核单一资源扩展到面向富钴结壳、热液硫化物等多种资源发展。面向富钴结壳和多金属硫化物的深海采矿技术，已成为一些国家的研究热点。尤其是多金属硫化物资源，由于其成矿相对集中、水深浅、大多位于相关国家专属经济区等优点，被认为将早于多金属结核而进行商业开采，已进入商业化开采前预研阶段。澳大利亚的两家公司在多个西南太平洋国家专属经济区内申请了 100 多万平方千米的硫化物勘探区，开展了大量针对海底多金属硫化物的勘探，并宣布已与 SMD、Technip 等世界著名海洋工程公司合作提出采矿系统方案，签订采矿系统开发制造合同。到目前为止，有关富钴结壳和多金属硫化物的开采技术研究基本上是在多金属结核采矿系统研究基础上进行拓展，主要集中在针对富钴结壳和多金属硫化物特殊赋存状态，进行资源评价、采集技术和行走技术研究。

（二）面向 2030 年的世界无人潜水器装备发展趋势

当前，无人潜水器的应用和开发非常活跃。人们已经发展了各式各样的具有感知、决策和作业能力的无人潜水器，如 ROV、AUV、USV、水下滑翔机、两栖无人潜水器、海底爬行机器人等。一些世界发达国家都提出了无人潜水器总体发展计划。展望未来 20 年，ROV 产业将成熟、稳健地发展，小型 ROV 越来越多地走向普通用户（如水产养殖者、水库大坝维护人员等）；AUV 将向航程更远、智能更高、导航定位精度更高的方向发展，中小型 AUV 将逐步走向产业化。同时，面向特定用途，混合型无人潜水器也将快速发展。

（三）面向 2030 年的世界深海通用技术发展趋势

世界各国在海洋领域的竞争越发激烈，其竞争的实质就是技术实力的比拼，深海通用技术作为海洋领域内的一大核心技术，也必然成为竞争的焦点之一。目前，深海通用技术水平整体较高，但国与国之间的实力相差甚大，美、欧等发达国家一直处于垄断地位，对外实行技术封锁，企图阻碍别国的深海通用技术发展。但是，已经有越来越多的国家意识到了发展海洋技术尤其是深海高技术的重要性和紧迫性，也越发认识到了深海通用技术对推动整体海洋技术发展的关键作用，这对世界深海通用技术水平的发展将起到积极的推动作用。在未来的 20 年内，随着全球的经济发展更大地依赖于海洋，对发展海洋技术特别是深海高技术的需求也越来越强烈，必将促使海洋整体技术向着更高的水平迈进。深海通用技术的发展也将面临更大的机遇和挑战，以满足更广泛的应用需求，大致说来，世界深海通用技术有以下发展趋势。

（1）技术日臻完善，深海通用技术的研究将围绕着高、精、尖的方向开展。

（2）在深海开展作业任务的需求增加，深海机械手的作用进一步凸显。深海机械手作为深海通用作业工具，在深海通用技术领域内具有很重要的地位。绝大多数深海作业任务的开展都离不开机械手，机械手的技术水平决定了能够开展的深海作业任务的水平，深入研究深海机械手技术具有重大战略意义。

（3）深海通用技术将进一步朝着产品化、系列化和标准化的进程发

展。深海通用产品和设备的系列将更齐全，能够满足不同深海作业任务的
需求。

（4）为了满足更广泛的应用需求，深海通用技术将朝着更深的海域，
甚至是全海深范围的方向发展。

第四章 我国深海作业装备工程面临的主要问题

一、我国深海固体矿产资源开采装备技术面临的主要问题 ▶

我国深海固体矿产资源开采装备技术的研究与发展，不论与目前先进工业国家的水平相比还是与未来商业开采的要求相比都存在很大的差距：国外20世纪70年代末便完成了5 000米水深的深海采矿试验，我国2001年才进行135米深的湖试，而且湖试中实际上对其采集和行走技术的验证并不充分。由于湖试之后没有再进行过大的工程试验，因此，对湖试中暴露的一些问题是否已完全解决并未得到验证。此外，新研制的扬矿泵在实验室试验中，亦暴露了一些问题，无法适应商业化开采的需要，有待进行典型工况的试验和改进研究。

在富钴结壳开采技术研究方面，所提出的一些采集和行走技术方案仅进行了原理验证性实验，尚未进行实物试验，特别是就富钴结壳开采的特殊性而言，其采集装置和行走装置对复杂地形的适应性等问题还需要深入研究。

在水面支持方面，虽然在2001—2004年期间，开展了1 000米中试采矿系统水面支持子系统的布放回收、采矿工作母船旧船改造等方案的初步设计，进行了大量的研究设计工作，但由于条件受限，并未完成工程设计。在方案设计中发现水面支持子系统的布放回收、动力定位及协调移动、防摇止荡及波浪补偿等关键技术对整个采矿系统的安全可靠作业起到决定性的作用，而国内外并无成熟技术可借鉴，应该进行先期预研并创造条件进行海上试验。同时，也因为条件受限，对水面支持子系统未进行海试，无法验证海上采矿作业时的安全性和可靠性。同时，我国对富钴结壳和海底多金属硫化物矿的采矿方法和装备的研究还处于起步阶段。这些都表明，我国对深海矿产资源开采关键技术的研究不深入、不充分，亟待加强。

此外，我国对深海固体矿产资源开采技术装备的共性、基础性关键技术的研究比较少，配套能力较差，如：深水液压元器件、水下摄像、声呐技术、水下导航定位、材料技术以及检测仪器等，国外很多已有成熟产品，而国内或尚处研制阶段、或对其关键技术的研究还处于空白。基础共性技术的薄弱，关键设备、材料大量依赖进口，严重地制约了我国深海矿产资源开采技术水平和能力的提高。

二、我国潜水器装备面临的主要问题

我国潜水器技术在海军、863 计划、极地中心等多年大力资助下，已取得了一些研究成果。可以说，在 2000 年以前，国内从事潜水器研究的单位屈指可数，以中国科学院沈阳自动化研究所、上海交通大学、哈尔滨工程大学、西北工业大学为首。近几年，随着国家科研经费的增多，才逐渐有越来越多的大学投入到潜水器研究中（如中国海洋大学、上海海事大学、浙江大学等）。

总体而言，我国潜水器科学研究和技术开发水平比较落后，主要存在如下问题。

（1）潜水器无论在机器人领域还是在海洋领域都处于边缘地位，这使得潜水器未形成协调一致的发展体系，同时也很难获得大型项目的连续资助。潜水器是一种海洋探测不可或缺的重要工具。我国对潜水器广阔的军民应用潜力认识不足，以至于长期得不到重视，错失了许多发展时机，导致我国潜水器水平与国外先进国家相比，差距不断拉大。

（2）潜水器发展的多个环节彼此脱节，未形成互动的机制。我国尚缺乏致力于潜水器产品研发的公司，公司还没有和研究机构组成有效的产品化机制。国外潜水器的发展从研究、开发、生产到服务已形成一套完整的社会分工体系。而我国在这些环节上都存在很多问题，更谈不上形成协调一致的互动机制。

（3）资源分散，缺乏有效的协调和共享机制。从事潜水器研究的单位之间竞争多于合作，未形成多个具有独特优势的科研团队。当前，我国有越来越多的机构开始开展潜水器的研究工作，但很大一部分是重复性的，而不是优势互补的。

（4）深海通用技术的落后也大大限制了我国潜水器产业化进程。例如潜水器大多需要小型、高精度的导航、定位传感器，需要性能可靠的水声通信设备，而我国目前尚不具备生产这类产品的能力，而国外又对我国进口该类产品有诸多限制，这必然导致我国潜水器装备产业化的进程受阻。

三、我国深海通用技术发展面临的主要问题 ▶

我国深海通用技术尚不成熟，和国外先进水平差距较为明显，起步时间晚是一方面因素，正因为如此，我们更应当加快步伐，加大发展力度，缩小与国外先进水平的差距。纵观我国深海通用技术发展现状，可以看出我们的不足以及面临的主要问题大致体现在以下几个方面。

（1）我国在深海通用技术领域的投资力度和关注程度仍不够。对海洋技术这一科研成本昂贵的特殊领域，如果国家没有大量资金的投入，相关科研单位很难自筹充足的科研经费从事新技术的研发工作。虽然近年来国家加大了投资的力度，设立了很多专项研究经费，但深海通用技术领域的涉及面很广，一时难以全面兼顾。

（2）自主研发的创新能力不够，深海通用技术的发展缺乏创新性。大多数深海通用设备的研制仍处在引进再消化吸收的阶段，在很多核心技术的研究上缺乏创新性，少有突破性进展。

（3）科研力量分散，缺乏专业的深海通用技术研发机构。目前，从事深海通用技术研究的队伍分散在各大高校和科研院所，力量较为分散，而相互之间的技术交流相对较少，使我国的研发团队缺乏国际竞争力。

（4）虽然我国目前已有一些自主研发的深海通用技术产品，但品种较少，且产品的稳定性、可靠性及标准化等指标有待进一步完善和提高。此外，部分已经投入使用的深海通用技术设备仍处于实验研究阶段，技术不够成熟，不能形成产品。

（5）相关基础理论研究薄弱。在我国深海通用技术的发展过程中，把很多的精力集中到工程项目中去了，很少有从事相关基础理论的研究工作，导致理论积累不足、根基薄弱，这也是我们缺乏创新能力的一个重要原因。

（6）研发力量大多集中在高校及科研院所，未能将技术研发与市场机制有效结合。国外已经有很多技术成熟的产品和专业的生产公司，他们能够很好地将科研成果转化为产品，通过产品产生的利益来促进科研的发展，形成了良性循环。这一问题在我国现阶段体现得尤为突出，国内还没有专门从事深海通用技术产品的生产单位。

第五章　我国深海作业装备工程发展的战略定位、目标与重点

一、战略定位与发展思路

（一）我国深海固体矿产资源开采装备技术战略定位与发展思路

战略定位

深海矿产资源是我国可持续发展的接替资源，深海矿产资源开发关系到我国海洋权益的维护，关系到中华民族的长远利益。深海固体矿产资源开采装备技术是占有深海矿产资源的能力保证。由于深海矿产资源的特殊极端环境和特殊赋存状态，深海矿产资源的真正占有必须依靠先进的深海资源开采技术和装备。

发展思路

以深海矿产资源开采关键技术攻关为重点，以研究相对成熟的多金属结核开采技术为主线、面向富钴结壳、多金属硫化矿等多种深海矿产资源，强调自主创新，同时广泛开展平等互利的国际合作，加强深海采矿系统关键技术理论分析研究和试验研究，提高自主研发能力，力争在关键技术上有突破，技术原型上有创新，构架我国深海矿产资源开采技术与装备设计分析和实验研究平台，形成具有我国自主知识产权的深海固体矿产资源开采技术体系，提高我国占有和开发国际海底区域及深海矿产资源的国际竞争力。

（二）我国潜水器技术发展战略定位与发展思路

战略定位

潜水器是开展海洋环境探测与监测、海洋资源勘查与利用等作业必不可少的新型海洋工程装备。潜水器技术作为深海运载与作业的核心关键技术将成为未来相当长一段时间内海洋装备领域和海洋科学领域的共同研究热点。

发展思路

充分发挥各种类型潜水器的优势，研究其在提高海洋环境探测与监测

的精度、海洋资源勘查与利用的作业效率等方面的应用模式，研制面向海洋探测工程的潜水器系列化产品。扶持一批专业从事潜水器生产和售后服务的小型企业。

（三）我国深海通用技术发展战略定位与发展思路

战略定位

通用组件是潜水器等深海作业装备的基础支撑，深海通用技术涉及学科和研究内容广泛，包括材料、能源、通信、导航定位以及通用部件和配套设备等内容，是实施深海工程、深海仪器和装备研发的基础配套技术，对于我国深海技术的发展将起到重要支撑作用。研究深海通用技术既是我国深海资源开发战略的需要，也是立足国产化，实现自主设计、制造、检测、配套等能力储备的需要，是一项极为重要的基础技术研究。

发展思路

从抓好深海通用基础技术研究开始，开展深海基础材料和元器件研发，并带动相关技术的产业化发展，使我国在深海装备关键技术方面不受制于人。鼓励拥有成熟技术的科研院所与企业联合开发具有自主知识产权的深海通用组件产品。逐步建立并完善技术标准体系，促进深海通用组件的产品化和产业化。

二、战略目标

（一）我国深海固体矿产资源开采装备技术发展战略目标

近期战略目标（至 2020 年）

关键技术突破，形成自主知识产权的深海采矿系统方案

以基础理论研究、系统关键部件研制为主线，开展开采系统设计。依据我国与国际海底管理局签订的勘探合同，以具有一定基础的多金属结核开采系统为主体，有针对性地安排相关海上试验，结合勘探合同所要求的深海采矿对环境影响研究，对关键技术和新研制设备进行海试验证。完成多金属硫化物和富钴结壳采掘样机研制，并进行相关海试验证，完成水面支持子系统关键设备样机研制，扬矿子系统关键设备样机研制并进行相关海试验证。

中期战略目标（至 2030 年）

完成采矿海试，技术水平达到或接近同期国际先进水平

实现采矿系统原位规模海试，完成深海矿产资源商业开采技术储备，全面掌握多金属结核、多金属硫化物和富钴结壳等深海矿产资源开采技术，形成节能低耗、可靠高效、技术先进、环境友好的开采技术原型，构建具有自主知识产权的深海矿产资源开采体系，技术水平达到或接近同期国际先进水平。

远期战略目标（至 2050 年）

实施商业开采，成为世界深海采矿装备设计制造强国

持续完善多金属结核、多金属硫化物和富钴结壳等深海矿产资源开采的关键技术及装备，实现国际海底区域多金属结核、多金属硫化物和富钴结壳商业化开采，成为世界深海采矿装备设计制造强国。

（二）我国潜水器技术发展战略目标

近期目标（至 2020 年）：技术突破

提高潜水器技术自主创新能力，突破一批核心技术，自主研发一批潜水器产品和重大装备；初步建立起潜水器产业体系，促进中小型 AUV 的产品化，促进 ROV 的产业化；培养一批具有世界先进水平的潜水器科学技术团队；为提升我国海洋竞争力奠定技术基础。

中期目标（至 2030 年）：创新增强

潜水器关键核心技术逐步进入世界先进行列，自主创新能力显著增强，基于潜水器的海洋探测及应用研究能力和海洋资源开发利用能力明显增强；培育出具有国际影响力的潜水器高层次人才和团队。

远期目标（至 2050 年）：形成产业

在我国形成包括潜水器制造及其产业链在内的新型战略高技术产业，进而带动我国海洋高技术装备产业的发展，使之成为我国制造业转型升级的重要组成部分。逐步使我国成为潜水器及海洋高技术装备制造业大国。

（三）我国深海通用技术发展战略目标

近期目标（至 2020 年）：逐步实现深海通用组件国产化，建立其技术标准体系，提高深海通用技术成果向产品的转化率。

中期目标（至 2030 年）：实现深海通用组件的产品化，培育一批专注于深海通用组件开发的、有潜力的创新性企业。

远期目标（至 2050 年）：形成深海通用组件产业，建立完善的具有自主知识产权的产业技术体系。

三、战略任务与重点　▶

（一）我国深海固体矿产资源开采装备技术发展战略任务与重点

战略任务

以采矿系统技术经济评价为主线，以搭建深海采矿系统技术原型为目的，通过海试验证设计，结合海上勘探任务，安排关键技术开发。通过15~20年时间，形成深海采矿产业和配套装备制造业所需要的技术储备。结合采矿系统原位规模海试验证，完善深海采矿系统设计，形成我国深海采矿系统技术体系，进行商业开采可行性研究，搭建商业开采系统，2050年实现我国深海固体矿产资源商业开采。

重点任务

1. 深海矿产资源开采总体技术研究

针对不同深海矿产资源及地质特点，不同赋存条件，以及海洋环保要求，进行深海矿产资源开发总体方案、开采工艺以及开采设备配置方案研究，组织实施关键技术和设备的海试验证，建立深海矿产资源开采技术体系，构建技术原型，提出虚实结合的设计方法，完成可能开采矿种的采矿系统施工设计，确立矿区圈定条件，提出可靠的开采技术经济评价模型和商业化开采边界条件，完成商业化开采技术储备。

2. 采集与行走技术研究

针对不同的矿石赋存状态，分别进行：

（1）多金属结核：采集、破碎及行走技术深入研究，完成多金属结核采集技术储备。重点解决采集头对地形的自适应技术，低振动高效矿石破碎技术，稀软沉积物车辆支撑、驱动及行走控制技术，自动行驶和采矿路径规划及控制技术。研制多种稀软底行走试验装置，对不同行走方式进行对比性试验，完善原理样机的试验验证，解决可行驶性和可控制性问题；进行中试样机的设计、制造及试验验证。

（2）深海多金属硫化物：根据开采工艺所确定的不同阶段，研究确定矿区基本条件，为样机设计提供依据；开展水下环境的破碎与切削机理研究，切削方法的理论分析、试验比较，切削碎片采集的流体力学分析和试验研究，进行与阶段相适应的原理样机设计、制造和试验验证；进行中试样机的设计及海试验证，完成多金属硫化物开采技术储备。

（3）富钴结壳：根据开采工艺所确定的不同阶段，进行开采条件与系统技术原型研究，不同赋存状态富钴结壳采掘方法与装置研究，收集方法和破碎方法及装置研究，采集机构、行走方式与机构研究，以及必要的原位验证，进行对应的原理样机设计、制造和试验验证；进行中试样机设计及海试验证，完成富钴结壳采集技术储备。

3. 输运技术研究

针对多金属结核、富钴结壳、多金属硫化物等不同矿物，开展输运方式与工艺参数研究；长距离垂直管道粗颗粒固液两相流输送技术研究；高效节能防堵粗粒浆体特殊混输泵设计技术研究、输送管道及接头等研发；粗颗粒管道提升通畅性防堵塞技术研究；粗颗粒管道提升水击抑制研究；管线形态、受力及输送工艺参数检测技术研究；进行输运系统海上试验，形成可适用于商业开采需要、技术先进的海底矿物输送技术，探索深海矿产资源输运新方法、新技术。

4. 水面支持技术研究

针对水面支持系统的功能需求分析，开展采矿工作母船的总体技术研究，采矿系统船上集成布置与储存、快速转运与组拆装技术研究；开展布放回收、防摇止荡及波浪补偿、动力定位、协调移动等技术的研究，开展系统关键设备样机研制。结合采矿作业的总体要求，开展矿浆处理和储存技术的研究，整合智能监控操作控制技术和海洋环境保护的技术成果，完成水面支持子系统的设计。

5. 采矿作业环境影响试验和资源综合评价研究

结合与国际海底管理局签订的勘探合同规定的义务，开展深海采矿作业及尾矿排放对海洋环境的影响研究，科学评价深海采矿作业对海洋环境的影响。

开展深海矿产资源开发技术经济评价影响因素及概率分布、评价方法研究，构建经济评价指标体系与技术经济评价模型，开发计算机辅助多种资源技术经济评价分析系统。根据与国际海底管理局勘探合同要求，结合我国勘探工作、国内外采选冶技术发展及国际金属市场动态，持续开展不同程度、不同阶段的技术经济评价。

（二）我国潜水器技术发展战略任务与重点

战略任务

面向我国重大科学工程、海洋商业开发、海洋科学研究等领域的迫切需求，突破潜水器核心关键技术，研发大深度、超远航程等高端潜水器，培养具有世界一流水平的研究团队；逐步形成大、中、小型潜水器产品，培育一批从事潜水器生产和服务的中小型企业。

重点任务

1. 无人潜水器核心关键技术研究

面向现有潜水器出现的问题以及下一代潜水器亟待解决的关键技术深入开展基础理论研究。开展智能规划与决策技术、目标/环境的探测与自主识别技术、自主综合驾控技术、多机器人协同控制技术、AUV－机械手的协同控制技术等自主/智能技术研究。为超远程潜水器，开发高密度、高效率的新型能源和高效率、低噪声的推进系统。针对水下特殊环境，研制低功耗、高精度、响应快、集成度较高的先进电子自动化设备。研究潜水器鱼雷管发射/回收技术和极地冰盖环境下 AUV 与临时基站的对接技术。通过开发标准接口，使用通用产品，促进潜水器的模块化和标准化等方面取得突破。

2. 高端无人潜水器研制

针对大深度、超远航程、高智能、大功率、重载荷等特征，加大高端海洋机器人研究的资助力度。

"十二五"期间，研制出 4 500 米深海资源自主勘查系统（AUV）、长期自主连续观测 AUV 系统等一系列高端无人潜水器，使我国具备深海探查能力。开展全海深 AUV 研究，开展跨海域、超远航程（大于 1 000 千米）AUV 研究，研制强作业型 ROV。

3. 中小型无人潜水器产品研发

鼓励拥有成熟潜水器技术的科研机构与企业联合开发具有自主知识产权的无人潜水器产品，特别是小型化、低成本的无人潜水器。

国家应大力支持小型化、低成本无人潜水器技术研究；并从政策和管理机制上为科研机构与企业的联合创造条件。开展 50 千克级、300 千克级两种 AUV 产品开发，面向安保、军用、核相关、水电力相关、近海海洋油气田开采、科学研究、教育、渔业、救援、管道检查等研制 ROV 产品。

（三）我国深海通用技术发展战略任务与重点

战略任务

针对深海资源的探查、开发、施工作业的需求，大力推进深海通用材料开发、基础件和通用件产业化开发，重点研究深海通用配套技术，集中力量突破关键技术，开发出一批实用的、可靠的深海通用化、专业化技术和产品，形成一批海洋工程装备设备工艺和技术标准。

重点任务

1. 开展深海装备材料技术研究

对于深海装备来讲，最重要的通用性材料有两类：一是耐压性好的结构材料；二是深潜器上大量使用的作为浮力补偿用的浮力材料。

对于第一类，我国目前已具备生产、加工金属或非金属耐压结构材料的生产、加工能力，并广泛用于我国自行研制的各类无人潜水器上。未来，需发展大尺度非金属材料结构成型、激光加强等技术。对于第二类，我国目前尚不具备大规模生产深海浮力材料的能力，需针对低密度、高强度深海浮力材料，开展高性能微珠技术研究。

2. 开展深海连接器技术研究

重点开展水密接插件、脐带缆的研究。突破水密电缆接插件及深海ROV用脐带缆等通用产品生产工艺与工程化制备技术。制定规范性工艺流程，编制产品的详细规范，建立起能保障深海相关通用产品高可靠性高稳定性的工程化产品检测试验平台，开展规范化海上对比测试和试验。实现这些通用技术产品的工程化生产能力，为我国深海技术领域提供可靠的、系列化的深海水密电缆接插件、脐带缆等产品，打破国外技术封锁。

3. 研制一批深海潜水器作业工具与通用部件产品

面向深海装备特别是4 500米载人潜水器通用部件开展研制工作，研制一批通用的液压机械手、液压传动部件及深海液压动力源、深海电机等产品，以实现相关部件的国产化、产品化、系列化。

四、发展路线图

我国深海固体矿产资源开采装备技术发展路线见图2-3-31。潜水器技术发展路线见图2-3-32。

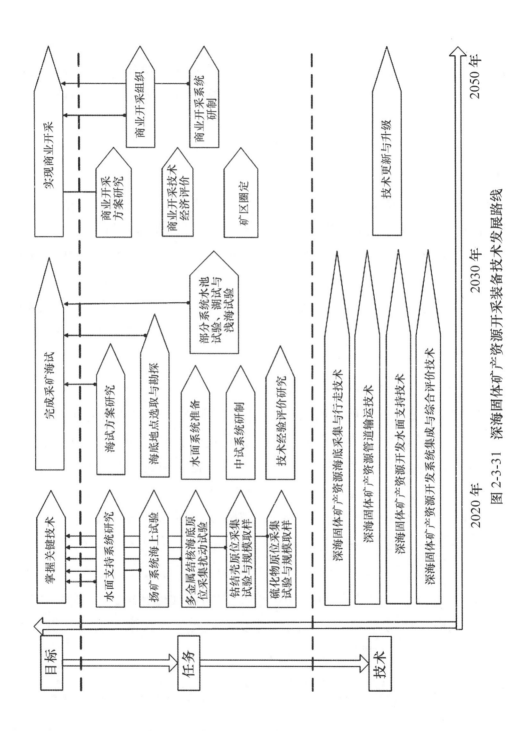

图 2-3-31 深海固体矿产资源开采装备技术发展路线

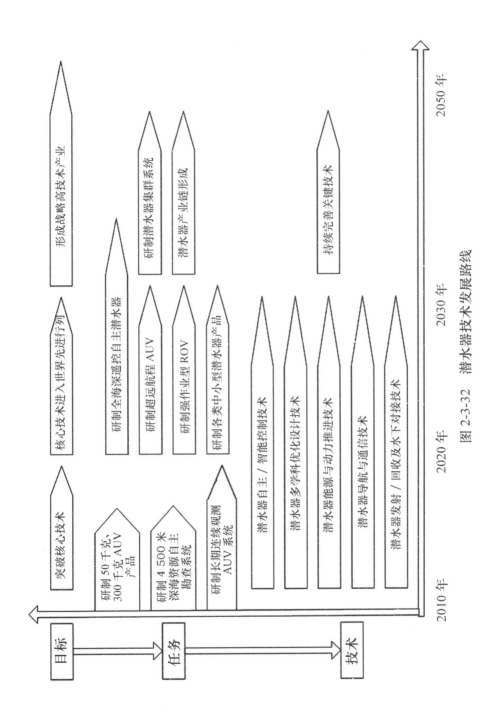

图 2-3-32　潜水器技术发展路线

第六章 保障措施与政策建议

深海作业装备工程技术是高难度的复杂技术，又是面向未来的战略储备技术，其发展需要政府代表国家意志予以大力的投入和支持，需要稳定的专业研究队伍长期持续地研究积累和推进，也需要科技界和公众的充分参与和关注。为了确保我国深海作业装备工程技术中长期规划的圆满实现和持续高效发展，必须从资金、条件、组织等方面予以充分的保障。

一、投资保障

深海作业装备工程技术是维护国家在国际海底区域权益的条件保障，是国家长远战略利益的一个技术储备，应当由政府代表国家意志来直接组织。我国应从多个方面对深海作业装备工程技术研究给予投资保障。

比如在国家科技计划中设立"深海作业装备工程技术"专题，对深海作业装备工程技术中的基础性技术，共性技术和一些关键技术立项，以在全国范围内组织优势科研力量进行攻关。

鼓励从事装备制造的大型国有企业参与深海作业装备工程技术研发工作，并引导他们投入企业自有资金到这项事业中来，承担国企的社会义务。

二、组织保障

深海作业装备工程技术研究难度大、专业性强、持续时间长，可靠的组织保障不可或缺。建议选择深海作业装备工程技术研发力量较强相对集中的单位和地区，成立"深海作业装备工程技术研发中心"。这些中心可参考国家工程技术研究中心的机制运行，具有独立法人资格，可对由国家大洋专项，863 计划等国家投资研发的装备及资助购买的研究实验设备进行集中管理使用，通过中心形成一支相对集中稳定的研究队伍，其他研究人员则可通过承担课题形式参加基地的研究开发工作，形成我国相对稳定的深海作业装备工程技术研发基地。

三、人才队伍建设

深海作业装备工程技术研究难度大，专业性强，需要有一支相对稳定的专业队伍长期持续坚持研究；深海作业装备工程技术是诸多高新技术的高度集成，涉及领域多，需要有一个良好的机制吸引各方面优势力量参与研究。因此，我国深海作业装备工程技术研究人才队伍建设应注重以下3个方面。

（1）结合基地建设稳定一支专业队伍。结合深海作业装备工程技术研发基地的建设，集聚和稳定研究力量，形成一支高水平的深海作业装备工程技术研究的国家队。

（2）结合项目开展形成广泛的研究网络。深海作业装备工程技术涉及多个研究领域，应注意通过研究课题的联系，建立更加广泛牢固的研究网络，更好地集成全国的优势力量和优势研究成果推进深海作业装备工程技术研究的发展。

（3）扩大社会影响争取社会支持。深海作业装备工程技术发展关系到民族的长远利益，应当充分吸引社会和公众的关注和参与以保障其可持续发展。除通过各种方式和渠道扩大社会影响外，应注意发挥高校作用，利用高校的体制和优势，吸引更多青年学生关注和投身深海作业装备工程事业，保障我国深海作业装备工程技术研究队伍后继有人。

四、国际合作

在保护我国自身利益的前提下，通过共同设立和承担合作课题、交换研究人员等方式，有组织地开展平等互利的双边或多边国际技术合作。根据不同的合作对象选择不同的业务层面进行合作，以达到与最具深海作业装备工程技术实力的国家共同分享开发利益的战略目的。

设立专门的项目和资金，以组织深海作业装备工程技术代表团出国考察、资助研究人员参加国际学术会议或短期出国留学与合作科研，鼓励和支持研究人员参与国际学术交流和科研合作。

利用我国日益增强的经济活动能力和日益完善的市场经济机制，在条件成熟时，组织现有企业或组织公司，以技术和资金入股形式参与深海作业装备工程的合作开发。

第七章 重大科技专项

一、西南印度洋中脊热液硫化物矿区的采矿系统 ▶

(一)需求分析

我国于 2011 年在西南印度洋国际海底区域获得了 1 万平方千米多金属硫化物专属勘探矿区,根据国际海底管理局《"区域"内多金属硫化物探矿和勘探规章》及与我国签订的《勘探合同》,我国应在 15 年内完成其采矿技术研究并进行采集试验;据目前调查,深海多金属硫化物为海底三维大块矿藏,其采集技术及装备将不同于陆地矿及海底多金属结核或富钴结壳;由于矿区附近很可能存在有科研价值极高的活热液喷口,其采矿活动必将受到极为苛刻的环保要求。因此,研究海底多金属硫化物采矿技术,形成可靠环保的采矿系统,不仅是我们应当履行国际合同的应尽职责,更是真正开发和利用国际海底多金属硫化物资源的不可缺少的必要手段。

(二)总体目标

掌握多金属硫化物开采的关键技术,形成技术先进、可靠高效、节能低耗、环境友好的开采技术原型,构建具有自主知识产权的多金属硫化物开采技术体系。

研制一套完整、可靠的多金属硫化物工业性试开采系统,在西南印度洋中脊热液硫化物矿区进行多金属硫化物工业性试开采,检测系统各组成部分及其设备的所有功能和工作的可靠性,考核系统及设备达到的生产能力及技术指标,完成多金属硫化物商业开采技术储备。

（三）主要任务

1. 深海多金属硫化物开采系统及其关键技术研究

（1）深海多金属硫化物开采技术方案研究。针对我国西南印度洋中脊多金属硫化物矿区资源及地质特点，以及海洋环保要求，进行深海多金属硫化物资源开采技术方案、开采工艺以及开采设备配置方案研究，提出我国深海多金属硫化物资源开采技术原型和开采边界条件，完成深海多金属硫化物采矿技术可行性研究，构建深海多金属硫化物开采技术经济评价模型并开展初步技术经济评价。

（2）深海多金属硫化物开采采集技术研究。针对西南印度洋中脊矿区多金属硫化物资源赋存状态和力学特性，开展深海环境下多金属硫化物的破碎与切削机理、切削方法的理论与试验研究、切削碎片采集的流体力学分析和试验研究、采掘与集矿装置的设计研究，进行与阶段相适应的原理样机设计、制造和试验验证；进行中试样机的设计及海试验证，完成多金属硫化物开采技术储备。

（3）深海多金属硫化物开采输运技术研究。针对多金属硫化物物料特性和采矿作业特点开展输运方式与工艺参数研究；进行输运系统海上试验，形成可适用于商业开采需要、技术先进的多金属硫化物输送技术，探索深海矿产资源输运新方法和新技术。

（4）水面支持技术研究。根据深海多金属硫化物商业化开采工艺、流程对水面支持系统的技术要求和作业需求，开展采矿工作母船的总体技术研究；开展布放回收、防摇止荡及波浪补偿、动力定位、协调移动等技术的研究。结合采矿作业的总体要求，开展矿浆处理和储存技术的研究，整合智能监控操作控制技术和海洋环境保护的技术成果，完成水面支持子系统的设计。

（5）采矿作业环境影响试验和资源综合评价研究。结合与国际海底管理局签订的勘探合同规定的义务，开展多金属硫化物采矿作业及尾矿排放对海洋环境的影响研究，科学评价多金属硫化物采矿作业对海洋环境的影响。针对西南印度洋矿区开展多金属硫化物资源开发技术经济评价影响因素及概率分布、评价方法研究，构建经济评价指标体系与评价模型，开发分析软件平台，对矿区勘探和采矿准备的不同阶段开展相应技术经济评价。

2. 西南印度洋中脊热液硫化物矿区工业性试开采系统

1）工业性试开采系统的集成

（1）工业性试开采系统总体设计。根据西南印度洋中脊热液硫化物矿区工业性试开采的生产技术指标和作业条件，研究提出工业性试开采总体方案，确定系统设备的组成及工作特性与结构参数，通过总体设计协调和解决系统各部分的接口问题。

（2）多金属硫化物试开采采集输送系统开发。在深海多金属硫化物资源开采技术原型与关键技术研究的基础上，以西南印度洋中脊热液硫化物矿区工业性试开采为背景和目标，开展多金属硫化物海底采矿机、提升泵及扬矿管系、采集输送控制系统等设计研制，进行实验室大型水池、浅海等水下试验和调试。

（3）工业性试开采水面支持系统构建。根据西南印度洋中脊热液硫化物矿区工业性试开采的技术要求，通过选船改造或新建等方式构建深海采矿水面支持平台，研制布放回收及搬运吊装设备，以及导航定位设施，形成完整的水面支持系统。

（4）工业性试开采系统整体集成。解决系统各部分结构及工作性能的匹配和接口技术，进行一体化控制的硬件配置和软件设计。

2）完成工业性试开采任务

（1）试开采地点选取和详勘。结合西南印度洋中脊热液硫化物矿区资源勘探工作，选定试开采区域，并针对试开采区域进行详勘。

（2）制定工业性试开采规划和进行海上试开采准备。制定西南印度洋中脊热液硫化物矿区工业性试开采规划，包括确定试开采内容、制定试开采大纲和组织规程。

（3）组织实施工业性试开采。组织完成工业性试开采工作，验证系统各组成部分及其设备的所有功能和工作的可靠性，考核系统及设备达到的生产能力及技术指标，积累系统运行操作和开采组织经验。

（4）进行试开采结果总结。进行试开采结果分析，总结试开采所取得的经验教训，完善多金属硫化物采矿系统设计，完成多金属硫化物商业开采技术储备。

（四）预期成效

实现西南印度洋中脊热液硫化物矿区的工业性试开采，完成多金属硫化物商业开采技术储备。

二、海洋无人机动测量系统工程 ▶

(一) 需求分析

海洋无人机动测量系统包括岸基监控中心和海上无人系统两部分。岸基监控中心集成了监视、指挥控制海上无人系统的所有专用设备。海上无人系统由无人机（UAV）、无人水面艇（USV）、自治潜水器、水下滑翔机等无人自主观测平台组成，主要面向深远海对某一区域或某一现象开展实时机动立体观测或跟踪。它将极大地促进海洋测绘信息化的发展，为我国海洋经济可持续发展、海洋生态环境保护与海洋灾害预警以及海洋科技发展提供一种新概念的无人机动测量平台。

1. 海洋灾害实时预警的需求

我国是多发海洋灾害的国家之一，特别是飓风和风暴潮危害巨大。海洋动力环境变化规律的掌握和预测，是提高我国气候预测和灾害性极端气候事件预警能力的关键，特别是对飓风、风暴潮等主要海洋灾害的预测预报能力。现有海洋灾害预测预警系统中的常规装备难以完全满足快速、精细、低成本测量的需求。

海洋无人机动测量系统可以对海洋灾害实行高频率、高密度的实时监视监测，实时掌握海洋灾害发生以及发展动态，快速做出预测预警，为防灾减灾提供平台支持。特别地，海洋无人机动测量系统可以对飓风、风暴潮等海洋灾害进行实时动态跟踪，甚至接近飓风中心获得现场最新数据，可大大提高预报的实时性和准确率。

同时，海洋无人机动测量系统还可作为溢油、海难和其他重大突发性海洋环境灾害的应急响应装备。当飓风来袭或特别恶劣海况下有人救援无法展开时，海洋无人机动测量系统既能够及时准确地提供现场信息给处于危险中的船只，同时可作为现场勘查和救援平台。

2. 建设数字海洋的需求

当前，世界主要海洋国家如美国、俄罗斯、日本、加拿大等国都在积极推进各自的数字海洋建设。我国在《国家十一五海洋科技发展规划纲要》中明确提出开展"数字海洋"建设；《国家海洋事业和海洋经济发展规划纲要》要求将"数字海洋"工程作为海洋重大专项加以推进。目前，我国"数字海洋"信息基础框架已经搭建起来，铺设了连接全国主要涉海部门的"数字海洋"专线网络，并初步建立了海洋观测和监测网络体系。

海洋环境信息是建设数字海洋的重要核心，它具有动态性、海量性、复杂性等特点。因此对海洋环境信息在密度、精度和原位上的要求越来越高，海洋机器人作为获取海洋环境信息的新型装备越来越受到海洋学家的关注，并可能成为数字海洋高精度海洋测绘的重要组成部分。海洋无人机动测量系统是各类海洋机器人的集群，相当于移动的海洋环境立体监测系统。海洋无人机动测量系统最突出的优势是能够极大地扩展载人平台、固定/漂浮平台的作业范围，提高作业效率；并且可同时完成海洋重力、磁力、水深、声速、温度、盐度、密度等数十种综合海洋环境要素测量。

假设应用海洋无人机动测量系统对南海海域（总面积 350 万平方千米）进行全面精细测量，测深精度在厘米级，计算结果如表 2 - 3 - 1 所示。理论上应用由 10 个机动平台组成的海洋无人机动测量系统需 2.2 年完成南海海域全面精细测量，费用估计 59.78 亿元。

表 2 - 3 - 1 对南海海域全面测量的理论估算

理论系统规模	航行速度/节	单个平台探测宽度/千米	所需时间/年	估计费用/亿元
2 个	10	1	10.8	74.46
10 个	10	1	2.2	59.78
100 个	10	1	0.216	46.87

海洋无人机动测量系统由于完全的自主性，无需人员在现场参与测量工作，因此可以实现 24 小时全天候的连续作业，具有较高的效费比。海洋无人机动测量系统作为海洋环境信息获取的重要工具，不仅能大大提高测量精度、特别是深海测量精度，而且能大大节约海洋全面测绘的成本。

（二）总体目标

结合国家"拓展深远海"的长期规划，面向高精度全面收集海洋环境信息的需求，开展 UAV、USV、AUV、ROV、水下滑翔机等各类型无人自主观测平台的研究工作，重点突破大规模异构集群系统控制技术、自主的综合测量技术、新型高效能源技术、自主收放技术等关键技术，最终构建海洋无人机动测量系统，并逐步完成我国全部海洋国土的精细测绘，为"数字海洋"建设提供原始数据基础。

（三）主要任务

1. 实现综合测量船的部分功能（约20%），完成南海争端海域的精细测量

建立由 USV 和 AUV 无人自主观测平台组成的深远海无人机动测量原型系统，实现海底地形、海底地貌、海流、海水温度/盐度、海面气温/湿度、水下障碍物、海洋磁力和海洋重力等海洋要素的自主测量，以及拖曳声呐线阵列进行海洋声学环境监测，可部分实现海道测量船、海洋调查船、海洋科学考察船和海洋监测船的功能，约占综合测量功能的40%。实现与现有综合测量船、遥感测量系统、信息处理分析系统等其他海洋测绘系统的数据共享。利用该原型系统完成南海争端海域的精细测量。

2. 实现综合测量船的部分功能（约40%），完成全部海洋国土的精细测量

建立由 UAV、USV、AUV、水下滑翔机等无人机动平台组成的深远海无人机动测量示范系统，系统规模为 10 ~ 20 个。在原型系统的基础上实现海浪、潮汐、大气波导、风速、风向、红外辐射，以及海底地质等海洋要素的自主测量，可基本实现海道测量船、海洋调查船、海洋科学考察船和海洋监测船的全部功能，约占综合测量功能的60%。实现与其他海洋测绘系统的协同工作。利用该原型系统完成全部海洋国土的精细测量。

3. 实现综合测量船的大部分功能（60%），面向全球海域开展海洋环境信息收集和精细测量

建立由 UAV、USV、AUV、ROV、水下滑翔机等无人机动平台组成的海洋无人机动测量系统，系统规模为 100 ~ 200 个。增加拖曳地震探测系统等功能，具备深海海底表层底质取样和近海钻井取样的能力。实现与海洋测绘信息化系统、数字海洋系统的集成；并最终建立海洋无人机动测量系统长期自主作业规范。

主要参考文献

曹学鹏，王晓娟．2010．深海液压动力源发展现状及关键技术［J］．海洋通报，29（4）：466 – 471．

陈鹰，杨灿军，顾临怡．2003．基于载人潜水器的深海资源勘探作业技术研究［J］．机械工程学报，39（11）：38 – 42．

封锡盛，李一平，徐红丽．2011．下一代海洋机器人——写在人类创造下潜深度世界记录10 912米50周年之际［J］．机器人，33（1）：113 – 118．

蒋新松，封锡盛，王棣棠．2000．水下机器人［M］．沈阳：辽宁科学技术出版社．

路道庆，邓斌．2008．深海水密接插件结构设计［J］．机械工程师，（7）：53 – 55．

吕宁．2011．我国深海机器人铠装缆系统技术研究项目在沪正式启动为深海探测提供关键技术支撑［N］．中国海洋报，2009 – 30 – 003．

缪琴．2011．"蛟龙"潜海"成都造"给力［N］．成都日报，2008 – 12 – 004．

"十五"采矿海试系统编写组．2004．大洋多金属结核中试采矿系统1 000米海上试验总体系统技术设计［R］．

唐达生，阳宁，等．2011．深海采矿扬矿模拟系统的试验研究［J］．中南大学学报（自然科学版），42（suppl. 2）：214 – 220．

杨喜荣．2006．深海水下作业型机械手控制系统研究［D］．杭州：浙江大学．

中国大洋协会．2001．大洋多金属结核中试开采系统"九五"综合湖试［R］．

中国大洋协会．2006．进军大洋十五年［M］．北京：海洋出版社．

朱志斌，吴平伟．2009．深海探测用高强轻质浮力材料的研究与发展［J］．现代技术陶瓷，（1）：15 – 20．

Andrew D Bowen, Dana R Yoerger. 2009. Field Trials of the Nereus Hybrid Underwater Robotic Vehicle in the Challenger Deep of the Mariana Trench［C］. OCEANS, 1 – 10.

Dana R. Yoerger, Michael Jakuba, et al. 2007. Techniques for deep sea near bottom survey using an autonomous underwater vehicle［J］. Robotics Research, 416 – 429.

Deepak C R, Ramji S, Ramesh N R. 2007. Development and testing of underwater mining systems for long term operations using flexible riser concept［C］// Proceedings of The Seventh 2007 ISOPE Ocean Mining (and Gas Hydrates) Symposium, 166 – 170.

Hidehiko Nakjoh, Murashima Takashi, et al. 2007. Development of deep sea ROV "KAIKO7000II"［C］. UT 2007.

James R McFarlane. 2009. Tethered and untethered vehicles：the future is in the past［J］. Marine Technology Society Journal, 43（2）.

McDonald Alistair, Welsch Edward. 2012. Next Frontier：Mining the Ocean Floor. Wall

Street Journal, Eastern edition [New York, N. Y] 05 June.

Nautilus Minerals Inc. 2010. Offshore Production System Definition and Cost study [R].

News World. 2013. Deep-Sea Mining Robot 'Minero' Undergoes Testing off Pohang [OL]. http：//newsworld. co. kr/detail. htm? no＝995

T Sawa, T Aoki, et al. 2009. Full depth ROV "ABISMO" and its transponder [C]. OCEANS, 1 –4.

Tamaki Ura, Kensaku Tamaki, et al. 2007. Dives of AUV "r2D4" to Rift Valley of Central Indian Mid-Ocean Ridge System [C]. IEEE. 1 –6.

Taro Aoki, Takashi Murashima. 1997. Development of high-speed data transmission equipment for the full-depth remotely operated vehicle "KAIKO" [C]. OCEANS, 87 –92.

The International Seabed Authority (ISA). 2008. Workshop on polymetallic nodule mining technology-current status and Challenges ahead [R].

Yamada H, Yamazaki T. 1998. Japan's ocean test of the nodule mining system [J]. Proceedings of the International Offshore and Polar Engineering Conference, (1)：13 –19.

主要执笔人

封锡盛　中国科学院沈阳自动化研究所　　中国工程院院士
刘少军　中南大学　　　　　　　　　　　教授
王晓辉　中国科学院沈阳自动化研究所　　研究员
李　艳　中南大学　　　　　　　　　　　副教授
徐红丽　中国科学院沈阳自动化研究所　　副研究员